JN096749
プログラミングも！
工作も！
マイクロビット
micro:bitで楽しむ
ワークショップ
レシピ集
パンダ ちょきんばこ
CLEMATIS COTTAGE
VERANDA GARDENING
PLANTS
ANTIQUE
Green & Herb Garden
ラッキー おみくじ
凶 小吉 中吉 吉 大吉
HAPPY BIRTHDAY!!
ダウンロード
デジタルサイコロ

Jam House

目次

基本編 5

レシピ編 25

初級レシピ

上級レシピ

第1章
基本編

micro:bitで
どんなことができるのか、特ちょうや
基本的な機能をしょうかいします。

micro:bitってなに？

「micro:bit」は自分が作ったプログラムで動かせる小さなコンピューター

「micro:bit」は、手のひらに乗る大きさの
とても小さなコンピューターです。
どんな特ちょうがあって、どんなことができるのかをしょうかいします。

パソコンやタブレット、けいたい電話など、わたしたちの周りには、いろいろなコンピューターがあります。コンピューターは、“命令”がないと動きません。この命令のことを「プログラム」といい、プログラムを作ることを「プログラミング」といいます。

この本で使う「BBC micro:bit」（以下、micro:bit）は、プログラムによって動かすことができる、手のひらサイズのコンピューターです。

micro:bitの特ちょうの1つは、「LEDライト」や「ボタンスイッチ」のほか、「光センサー」や「加速度センサー」、「地磁気センサー」など、さまざまなセンサーが付いていることです。たった1つのmicro:bit本体で、センサーからの情報を受け取り、LEDライトを光らせたり、出力端子からほかの機械へ命令を出したりできます。

2つ目の特ちょうは、プログラミングソフトの「MakeCode」が使えることです。

micro:bitのプログラムは、パソコンやタブレットで作ります。MakeCodeはそのときに使うソフトで、自分で考えた命令を、直感的にプログラムにできます。このソフトは、インターネット上にあるので、パソコンやタブレットにインストールする必要はありません。インターネットにつながるパソコンさえあれば、いつでもどこでも使えます。

micro:bitは、スイッチエデュケーションのWebサイトなどから買えます。
https://switch-education.com/products/

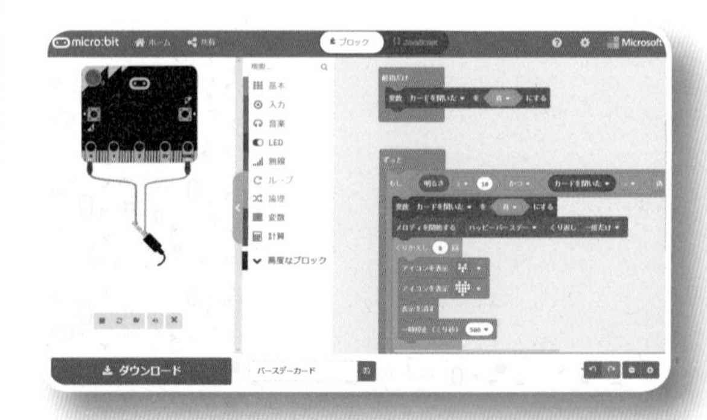

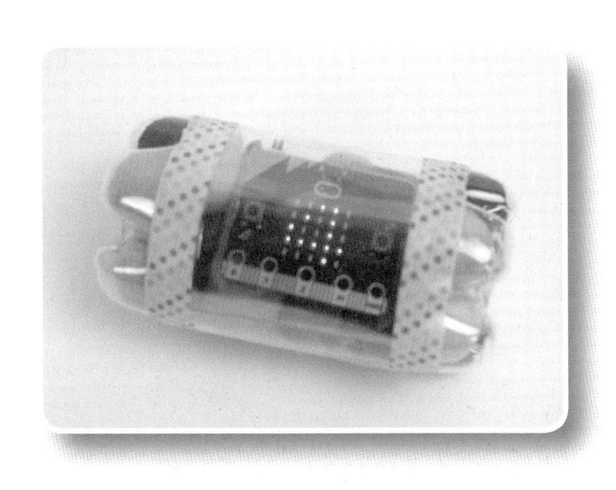

3つ目の特ちょうは、無線の通信機能が付いていることです。作ったプログラムをほかのパソコンやタブレットに電波で送ったり、1つのmicro:bitをコントローラーにして、複数のmicro:bitを同時に動かすといったことが、かんたんにできます。話題の「IoT」(「Internet of Things」の略。モノとモノとがインターネットでつながって動くこと)が体験できます。

どのセンサーを使って、どうプログラミングして、どんな機械を動かすのか——。すべてあなたのアイデアしだいです。

この本では、「デジタルサイコロ」や「バースデーカード」、「おみくじ」など、プログラミングのいろいろな“レシピ”を、レベルごとにしょうかいしています。気になるレシピをぜひためしてみてください。

さらに、複数のmicro:bitどうしを通信機能でつないだり、豊富なモジュール類(いろいろな機能を付け加えられる電子基板)を使えば、アイデアはさらに広がるでしょう。micro:bitでいろいろなものを作るうちに、プログラミングの基本的な考え方が身に付き、コンピューターを使うとどんなことができるのか、自然と分かるようになっていきます。

自分で考えたものがコンピューターで動くことは、とても楽しい体験です。ぜひmicro:bitを使って、いろいろなもの作りにチャレンジしてください。

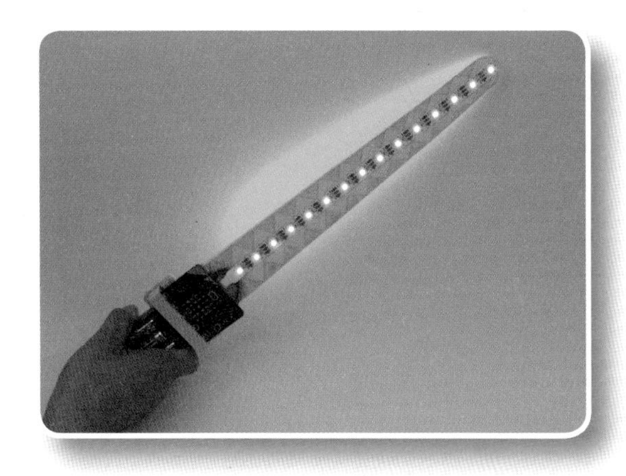

micro:bitの各部の名前と役わり

手のひらに乗るほど小さなmicro:bitですが、機能はいっぱいあります。それぞれの部品の名前と役わりについて、見ていきましょう。

表 ※色付きのロゴマークが書かれているほうが表です。

1 LED＆光センサー

真ん中にある、小さな四角い部品は、赤色に光るLEDライトです。たて5列、横5列の合計25個あります。周りの明るさを感じ取る「光センサー」の機能も持っています。

2 ボタンA

押しボタンのスイッチです。ゲームのコントロールやメニューを選ぶボタンとして使えます。

3 ボタンB

押しボタンのスイッチです。ゲームのコントロールやメニューを選ぶボタンとして使えます。

4 端子

モーターやセンサーなど、ほかのそうちをつなぐことができます。指先でさわって、タッチセンサーとして使うこともできます。

5 電げん端子

micro:bitを電池やUSBケーブルでパソコンなどとつないで動かしているときに、ほかのそうちをつなぐと、3V（ボルト）の電力をそうちに送ることができます。逆に、ここからmicro:bitに電力を送って、micro:bitを動かすこともできます。

6 グラウンド（GND）端子

電げんや、ほかのそうちをつなぐときに、マイナス（−）側をつなぎます。

うら ※「micro:bit」の文字が書かれているほうがうらです。

7 プロセッサー&温度センサー

micro:bitの頭のうとなるのが、「プロセッサー」です。プログラムを実行したり、ほぞんしたりします。プロセッサーの中には「温度センサー」の「ICチップ」が入っていて、温度の変化も調べられます。

※実際には、ICチップの温度を測るため、部屋の温度とはちがいます。

8 地磁気センサー

東西南北の方位を調べられます。実は、地球は北極がS極、南極がN極の大きな磁石になっています。電気が流れているところに磁石の磁気が作用すると、電圧が変化することから、方位を調べています。

9 加速度センサー

物のかたむきやしんどう、しょうげきの大きさが分かります。micro:bitがどの方向に何度かたむいているか、何回ふられたかなどを調べることができます。

10 BLEアンテナ

micro:bitどうしや、タブレットなどのそうちと、電波を使った「無線通信」ができます。

11 USB用コネクター

USBケーブルでパソコンにmicro:bitをつないで、プログラムを送る（書きこむ）ことができます。

12 かくにん用LED

パソコンからプログラムを送るときなどに、点灯・点めつします。

13 リセットボタン

ボタンを押すと、実行しているプログラムがリセットされます。

14 電池ボックス用コネクター

電池ボックスをつないで、乾電池でmicro:bitを動かすことができます。

基本のそうさを覚えよう

プログラミングを始める準備をしよう！

プログラムは、パソコンやタブレット、スマホのソフト／アプリの中で作って、micro:bitに送ります。まずは、micro:bitとパソコンをつなぐ方法から覚えましょう。

ステップ1 ▶ パソコンとmicro:bitをつなぐ

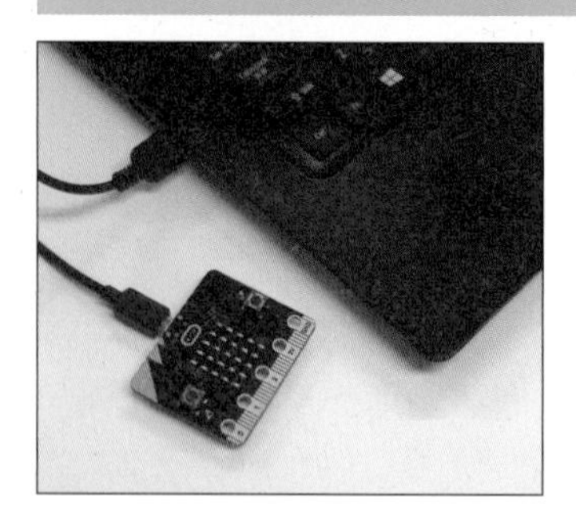

1 パソコンのスイッチを入れて、データ転送できるUSBケーブルでmicro:bitとつなぎます。
※充電専用のUSBケーブルは使えません。注意してください。手順 **2** の画面が表示されないときは、USBケーブルを確認してください。

➡ USBケーブルの、micro:bit側の端子は、「micro USB」という形です。パソコン側は、それぞれのパソコンに応じたものを選んでください。

➡ 初めてmicro:bitの電げんがオンになると、LEDにいろいろなメッセージが表示されます。表示が出れば、正しく接続できたことが分かります。

● Windows

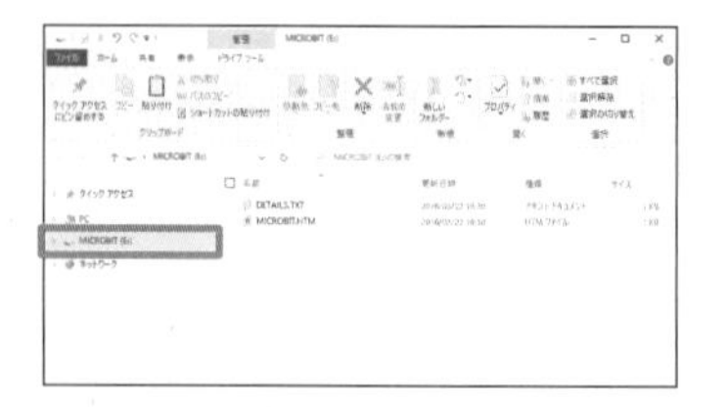

● Mac

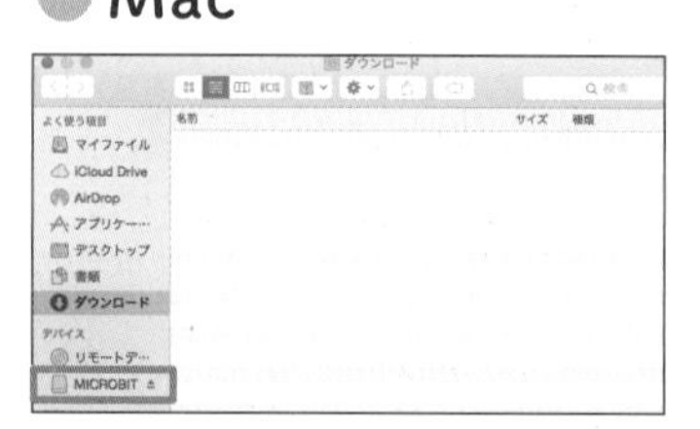

2 パソコンのフォルダーを開くと、「MICROBIT」という名前のフォルダーが新しくできています。WindowsとMacで画面はちがいます。

学びのポイント

micro:bitのプログラムは、MakeCodeというプログラミングソフトで作ります。プログラムが完成したあと、micro:bitにプログラムを送るときにパソコンとつなぐのですが、最初に正しくつながることを確認しておきましょう。

ステップ2 ▶ プログラミングソフトを開く

1 プログラミングソフトは、ホームページを見るときに使う、ブラウザーソフトで開きます。下のURLを入力するか、QRコードを読み取って、プログラミングソフトを開いてみましょう。開いた画面で「新しいプロジェクト」をクリックすると、プロジェクトの作成が始まります（13ページ参照）。

●URL　https://makecode.microbit.org　　●QRコード

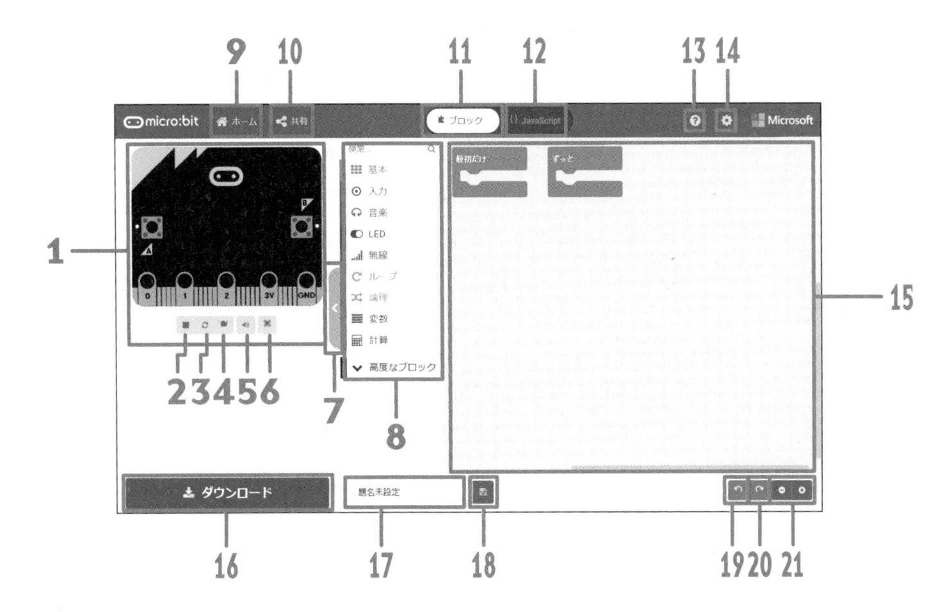

1 シミュレーター：作ったプログラムどおりにmicro:bitが動くかどうかをかくにんできます。

2 停止/開始：シミュレーターを停止/開始します。

3 再起動：シミュレーターを再起動します。再起動ごとにふちの色などが変わります。

4 スロー：シミュレーターの動作をおそくすることができます。

5 サウンド：シミュレーターの音を出したり消したりできます。

6 フルスクリーン：シミュレーターを全画面で表示します。

7 シミュレーターをかくす：シミュレーターをかくして、プログラミングエリアを広げます。

8 ツールボックス：プログラミングで使うブロックが入っている場所です。ここから選んだブロックをプログラミングエリアにならべます。

9 ホーム：最初の画面にもどります。

10 共有：作ったプログラムをほかの人に見せることができます。

11 プログラムがブロックで表示されます。

12 プログラムがJavaScriptというプログラムの言葉で表示されます。

13 初心者向けのチュートリアル（使い方の説明）が始まります。

14 プロジェクトをさくじょしたり、さまざまな設定ができます。

15 プログラミングエリア：プログラムのブロックをならべる場所です。

16 作ったプログラムをパソコンにダウンロードします。

17 プロジェクトに名前を付けます。

18 プロジェクトをほぞんします。

19 ひとつ前の作業にもどります。

20 ひとつ先の作業に進みます。

21 ブロックの表示サイズを変えられます。「+」をクリックすると大きく、「−」をクリックすると小さくなります。

ステップ3 ▶ プログラムの作り方を考える

micro:bitで次のプログラムを作り、プログラミングの流れを覚えましょう。LEDを光らせて、えがおマークをくり返し点めつさせます。

作り方を書く

まず最初に、えがおマークを点めつさせるために、micro:bitがやらなければならないことを考えて、順番に書いてみましょう。

1 どのLEDを光らせればいいか決める

2 どのくらいの時間、光らせるのかを決める

3 点めつの方法を決める

この3つの流れでプログラムを作ってmicro:bitを動かしてみましょう。

作るプログラムは下のようになります。

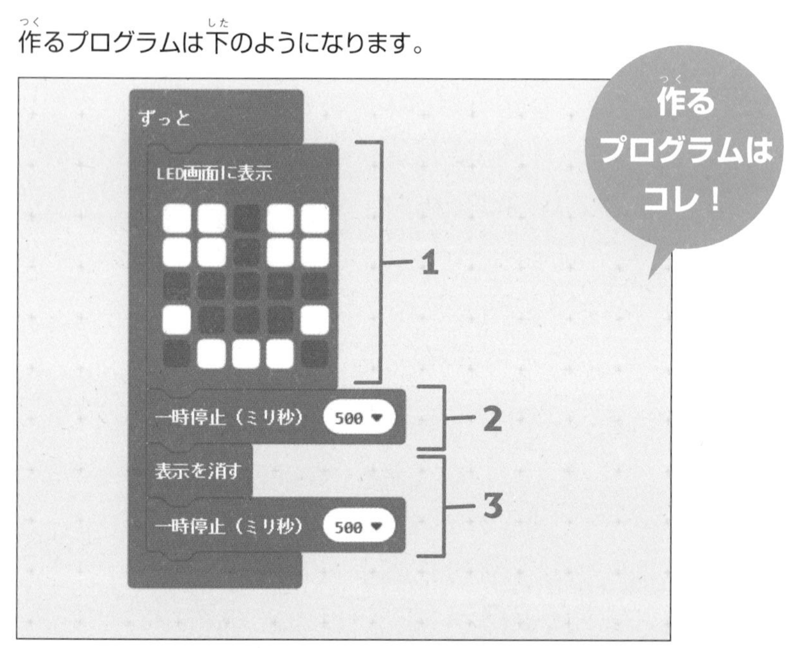

1 「LED画面に表示」ブロックを使って、光らせるLEDを指定します。

2 LEDを光らせる時間（長さ）を指定します。

3 LEDを消し、再び点灯させるまでの時間を指定します。

➡ LEDは、たて5個×横5個の計25個ならんでいます。プログラミングソフトの「LED画面に表示」ブロックを使えば、簡単に光らせるLEDを指定できます。1個1個のLEDの場所を指定して、光らせることもできます。

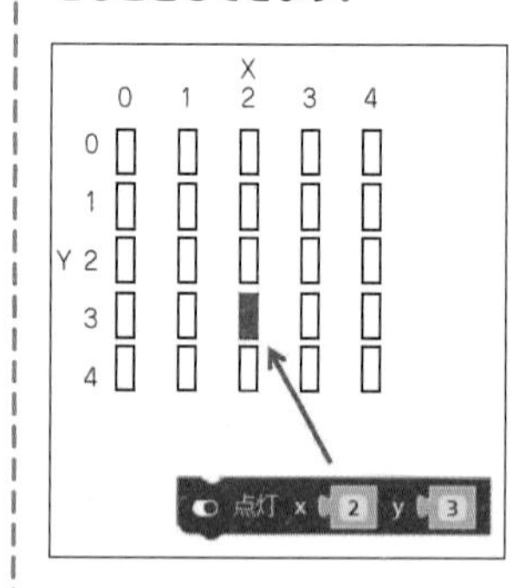

ステップ4 ▶ ブロックをならべてプログラムを作る

「新しいプロジェクト」から始める

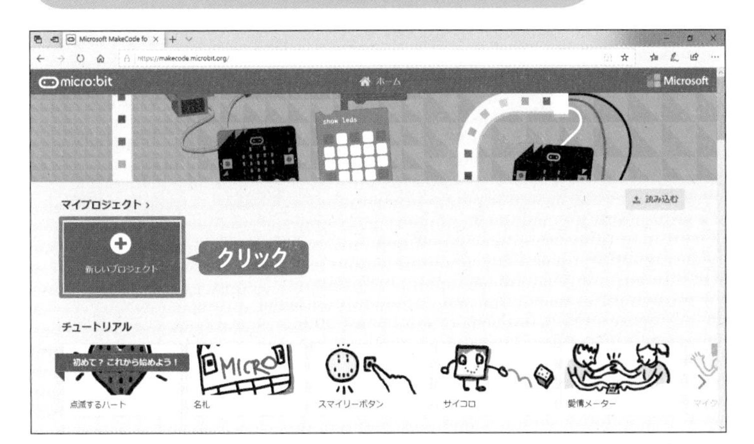

1 プログラミングソフトの最初の画面で、「新しいプロジェクト」をクリックします。

プログラムの名前を入力する

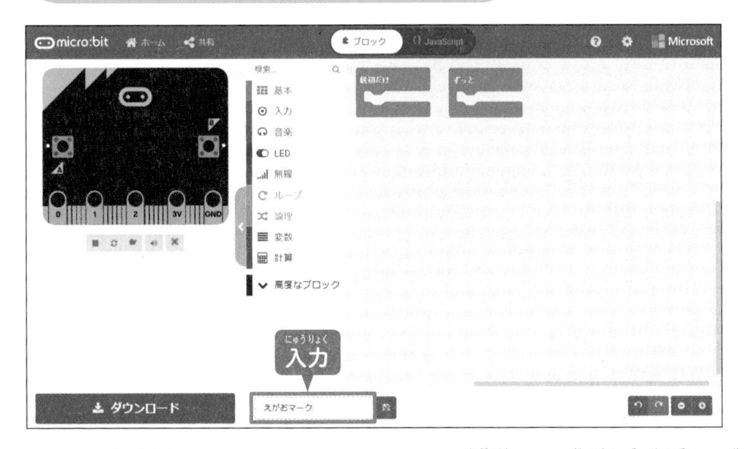

2 画面下の「ダウンロード」ボタンの右側に、「題名未設定」と表示されています。ここに、これから作るプログラムの名前「えがおマーク」と文字を入れてください。

学びのポイント

作成したプロジェクトは、WebブラウザのCookie上にほぞんされます。次に同じパソコンの同じブラウザで開くと、あとから読みこむことができます。

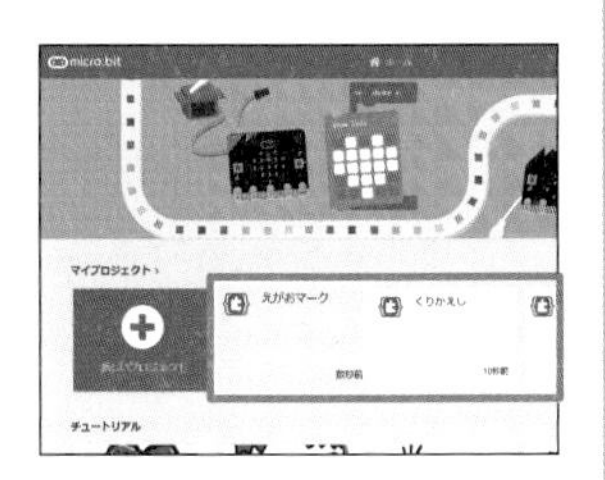

➡ 「題名未設定」の部分をクリックすると、文字を入力できる状態になるので、キーボードから入力しましょう。

➡ ほかのプログラムを作っている途中の場合は、画面の左上にある「ホーム」をクリックしてください。プログラムが自動で保存され、最初の画面にもどります。

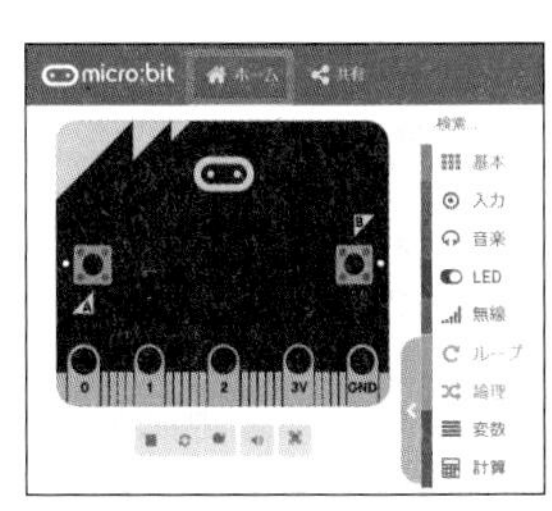

ブロックをならべていく

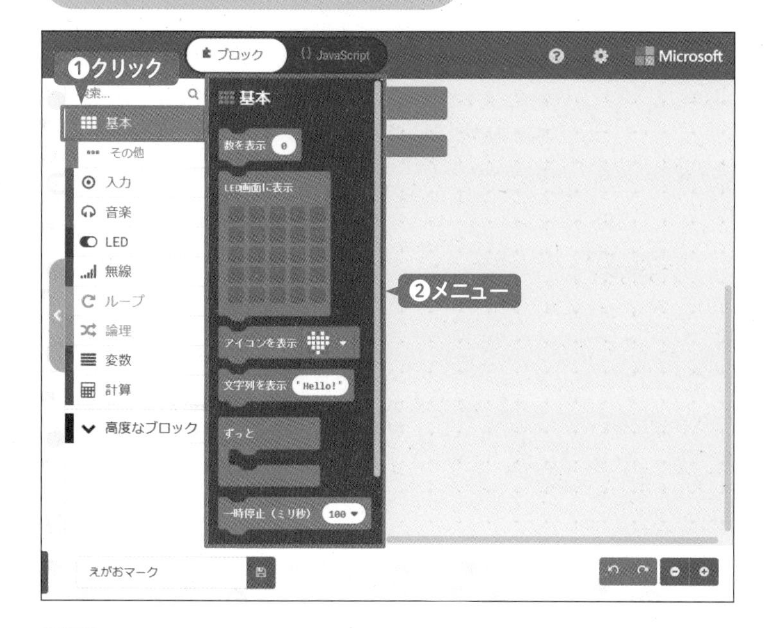

3 ツールボックスの「基本」をクリックして、メニューを開きます。

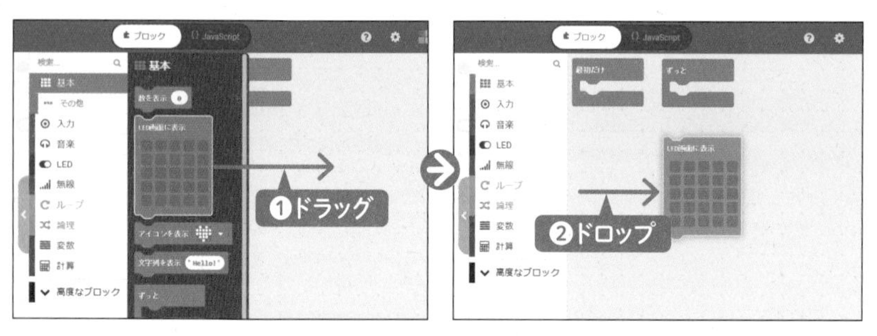

4 「LED画面に表示」ブロックをドラッグ＆ドロップでプログラミングエリアにならべます。ドラッグを始めるとメニューが消えます。

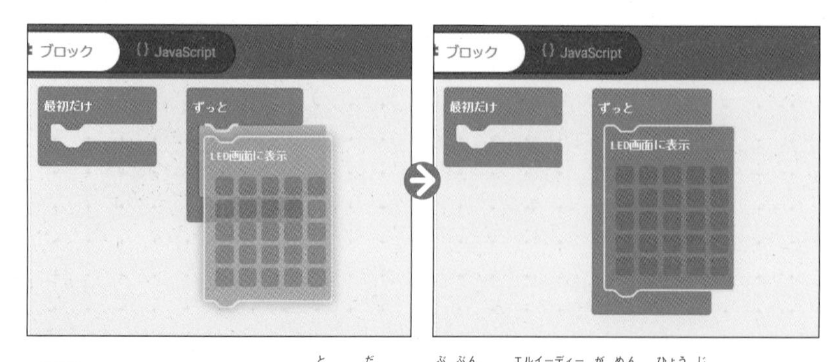

5 「ずっと」ブロックの飛び出した部分に「LED画面に表示」ブロックをドラッグ＆ドロップして、へこんだ部分をつないでください。カチッと音がしてブロックどうしがつながります。

学びのポイント

プログラムを作るために使うブロックは、「基本」「入力」「音楽」など、機能ごとに分類されています。クリックすると、中のブロックを見ることができます。

➡ メニューの中のブロックをクリックしても、プログラミングエリアによび出せます。

➡ パソコンの設定で音をミュートにしている（消している）場合は、「カチッ」という音は聞こえません。

ブロックの消し方、見つけ方

使わないブロックを消すには

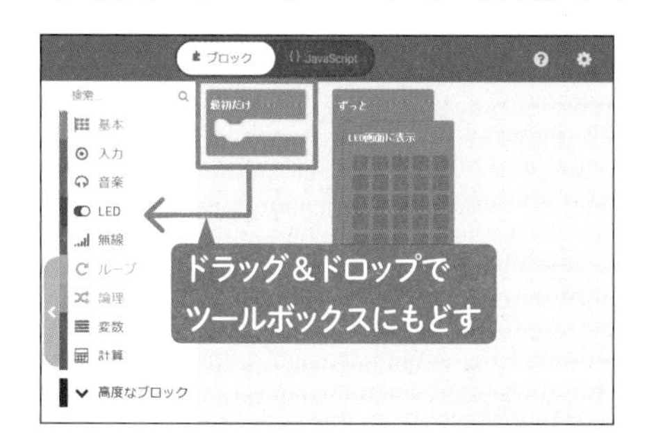

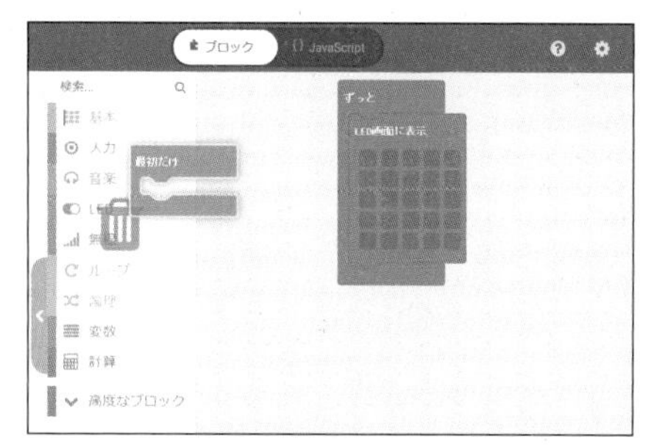

ドラッグしてブロックを出したものの、やっぱり使わないときは、ツールボックスまでドラッグしましょう。ゴミ箱マークが表示されたらドロップします。すると、ブロックが消えます。
ブロックを右クリックして、表示されるメニューから「ブロックを削除する」を選ぶか、ブロックをクリックして選んだあと、「delete」キーを押して消す方法もあります。

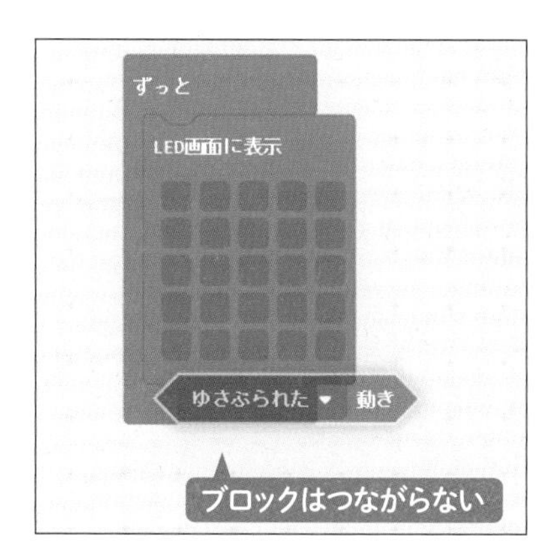

実行できないプログラム

プログラミングとして実行できない命令となるブロックは、形が合いません。また、かげがうすいままでつながりません。

ブロックが見つからないときは

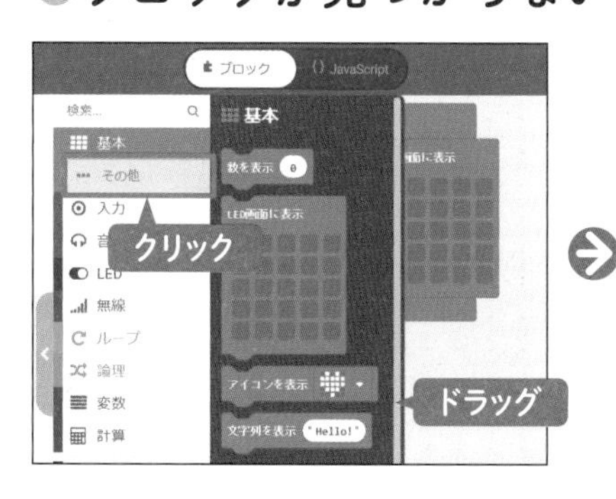

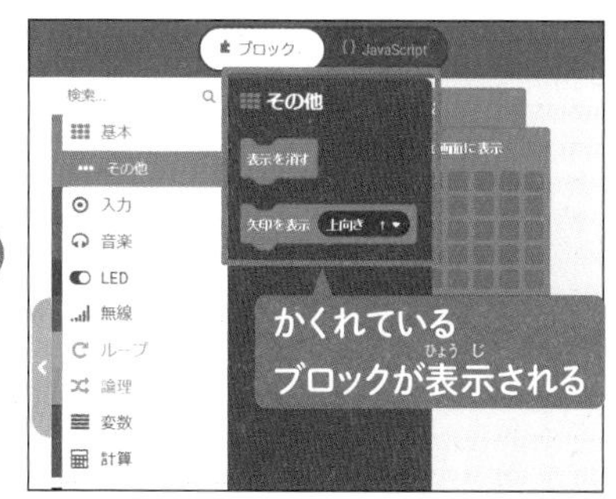

ツールボックスのブロックのグループを選んでも、目的のブロックが見当たらないときがあります。その場合は、「その他」をクリックすると、かくれているブロックが表示されます。「その他」がないときは、メニューの右側のバーを上下にドラッグしてみましょう。

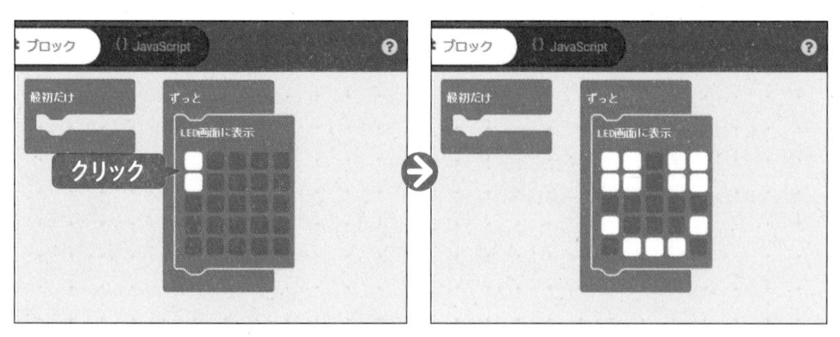

➡ クリックして、白くなったところが光ります。もう一度クリックすると元の色にもどり、光らなくなります。

6 光らせたいLEDをクリックして、えがおの形になるように指定しましょう。

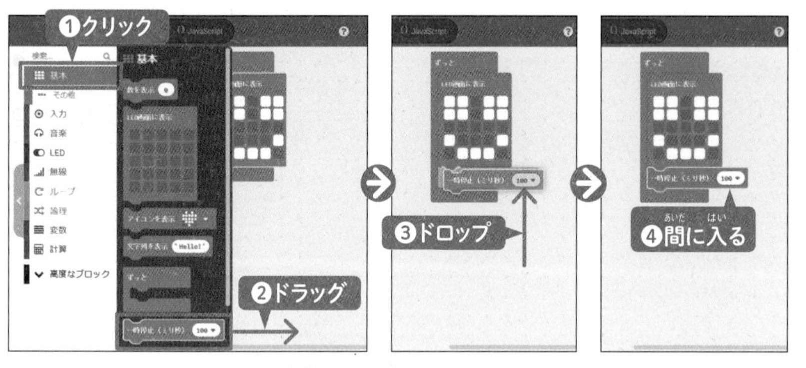

7 ツールボックスの「基本」をクリックしてメニューを表示します。「一時停止（ミリ秒）(100)」ブロックをドラッグ＆ドロップして、「ずっと」ブロックの間に入れます。

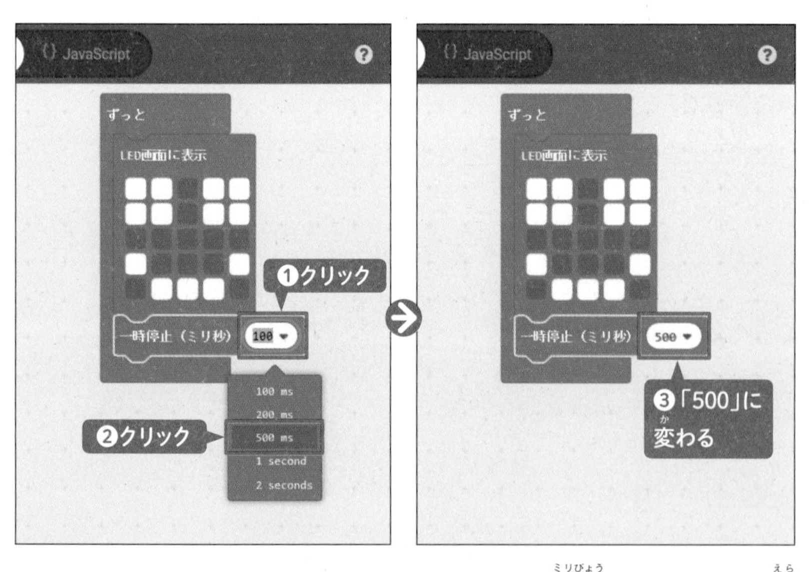

8 「100」をクリックして、メニューから「500m s」をクリックして選びます。キーボードから直接「500」と入力してもかまいません。

学びのポイント

「一時停止」の意味は、プログラミングされた命令が一時停止するということです。プログラム全体が止まるということではありません。命令が止まっても、プログラムは実行されたままになります。それにより、直前の命令が決められた時間の間、実行されることになります。
8の場合、「0.5秒の間、LEDにえがおマークを表示する」という命令が実行されます。

➡ ブロックの時間の単位は「ミリ秒」です。1秒が1000ミリ秒です。ここでは0.5秒にしたいので、「500」にしています。

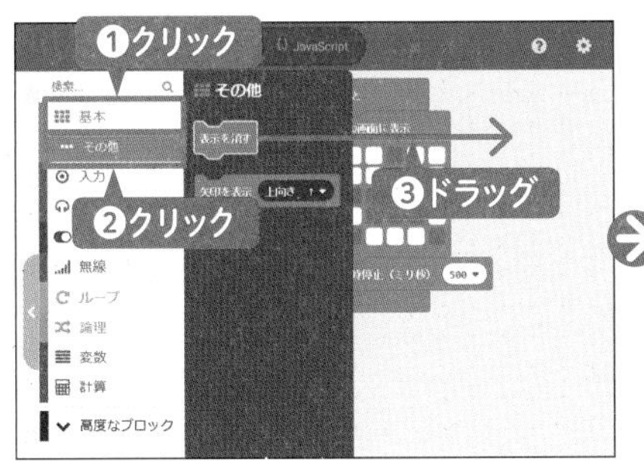

9 ツールボックスの「基本」の「その他」をクリックします。「表示を消す」ブロックをドラッグして、「ずっと」ブロックの間に入れます。これで、「500ミリ秒（0.5秒）光らせたあとにLEDを消す」という命令ができました。

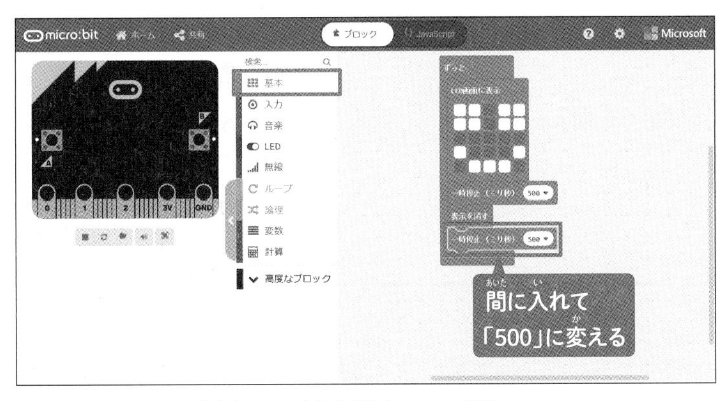

10 さらに、「基本」の「一時停止（ミリ秒）」ブロックを「ずっと」ブロックの間に入れます。数を「500」に変えたら完成です。

シミュレーターでかくにんする

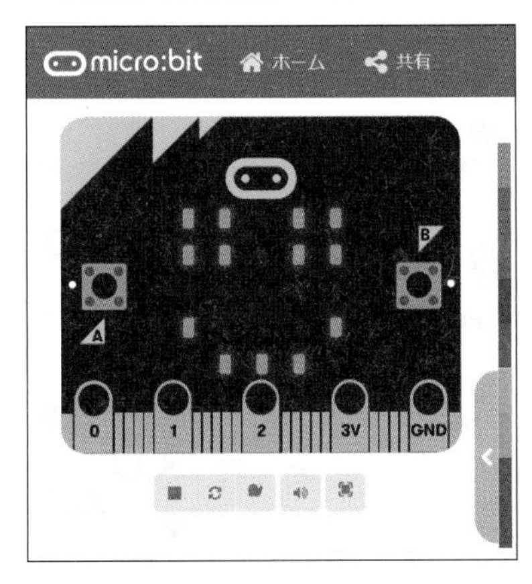

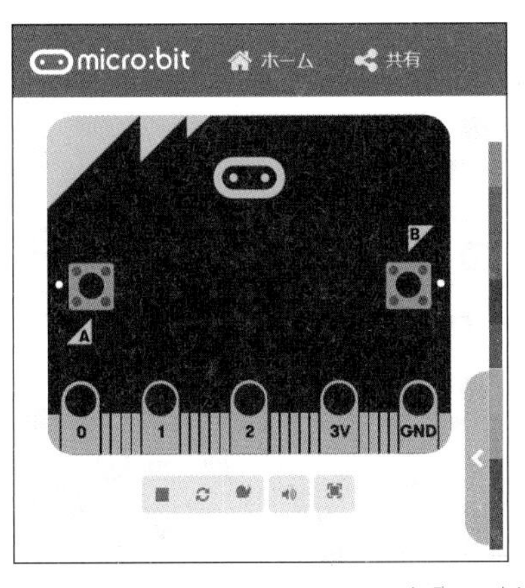

11 シミュレーターを見ると、**6** のそうさを終えたところで、LEDの赤いえがおがつくはずです。**10**のそうさを終えると、チカチカと0.5秒間かくで点めつし始めます。

➡ シミュレーターが動いていない場合は、シミュレーターの下に表示されている▶（開始）をクリックしてください。

ステップ5 ▶ プログラムをmicro:bitに書きこむ

プログラミングソフトでインターネット上に作ったプログラムは、いったんパソコンの中にダウンロード（ほぞん）します。そのあと、micro:bitに送って、プログラムを書きこみます。

パソコンにプログラムをダウンロードする

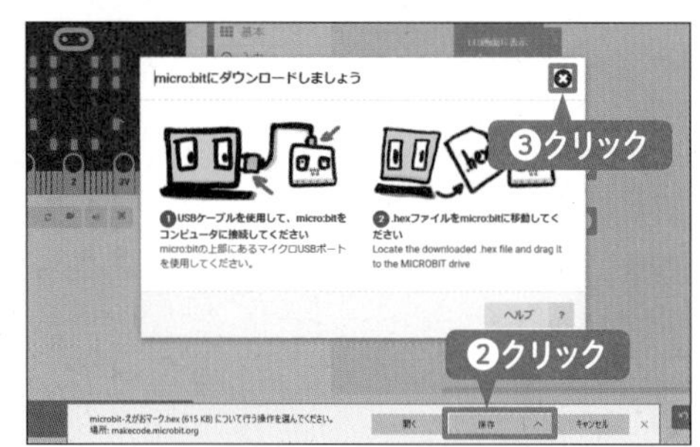

1 パソコンとmicro:bitをUSBケーブルでつないだら、画面下の「ダウンロード」をクリックします。下にメニューが表示されたら、「保存」をクリックしてください。真ん中に上のような画面が開いたら、右上の「×」をクリックして閉じます。

> **学びのポイント**
>
> micro:bitのデータは、「micro:bit-（プログラムの名前）.hex」というファイルになります。

パソコンからmicro:bitにプログラムを送る

パソコンにダウンロードされた「microbit-えがおマーク.hex」という名前のファイルをmicro:bitに送って書きこみます。
Windowsの場合は手順 **2** に、Macの場合は、手順 **3** に進んでください。

● Windowsの場合

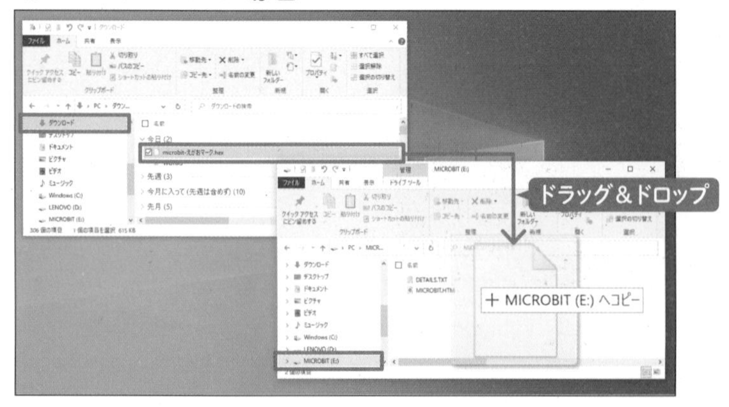

2 パソコンの「ダウンロード」フォルダにあるファイルを選んで、「MICROBIT」フォルダにドラッグ＆ドロップします。コピーできたら、手順 **4** に進んでください。

➡ ファイルを右クリックして、表示されるメニューから「送る」を選んで「MICROBIT」にファイルをコピーする方法もあります。

➡ コピーする場合の一例です。画面やダウンロードしたファイルの名前は、ちがう場合があります。また、コピー後にMICROBITのフォルダを開けても「microbit-えがおマーク.hex」は見えません。

●Macの場合

➡ Macを使っている場合、プログラムの書きこみ直後やリセットスイッチを押したときなどに画面のようなアラート（注意）が出ることがあります。特に問題はありませんので、「閉じる」をクリックしてください。

3 パソコンのダウンロードフォルダにあるファイルを「MICROBIT」フォルダにドラッグ＆ドロップでコピーしてください。

➡ リセットボタンを押したあとの点めつはいっしゅんのことなので、見のがしてしまうかもしれません。プログラム通りにmicro:bitが動けば問題ありません。

4 コピーしている間、micro:bitのうらにあるかくにん用LEDがオレンジ色に点めつし、再び点灯に変わります。

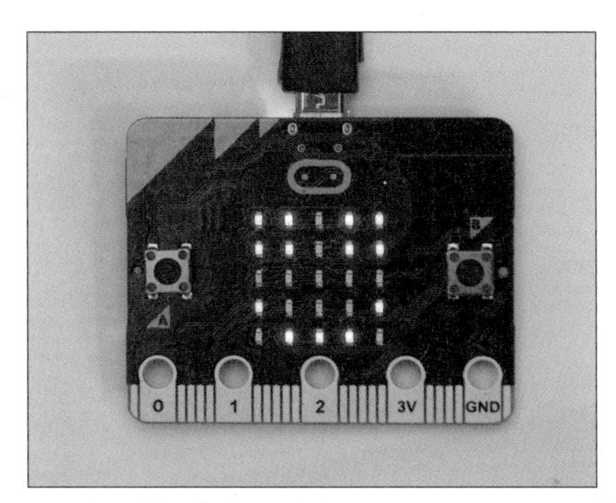

5 micro:bitのLEDで、えがおマークの点めつが始まったことをかくにんしましょう。

ステップ6 ▶ micro:bitを終わらせる／ファイルを開く

micro:bitを終わらせる方法や、作ったプログラムをあとから開く方法をかくにんしておきましょう。

micro:bitを終わらせる

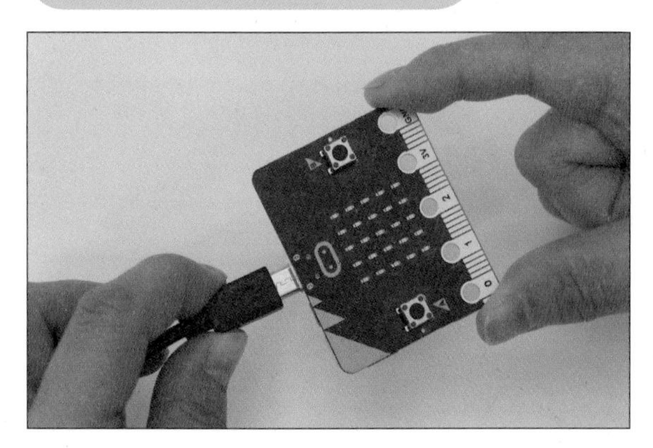

micro:bit本体には、電げんをオン／オフするスイッチがついていません。USBケーブルや、電池ボックスのケーブルをぬくと、終わりです。micro:bit本体にほぞんされているプログラムは、そのまま残ります。

➡ Windowsパソコンとの接続を終わらせるときは、タスクバーのアイコンを右クリックして、「MICROBITの取り出し」を選びます。

ほぞんしたプロジェクトを開く

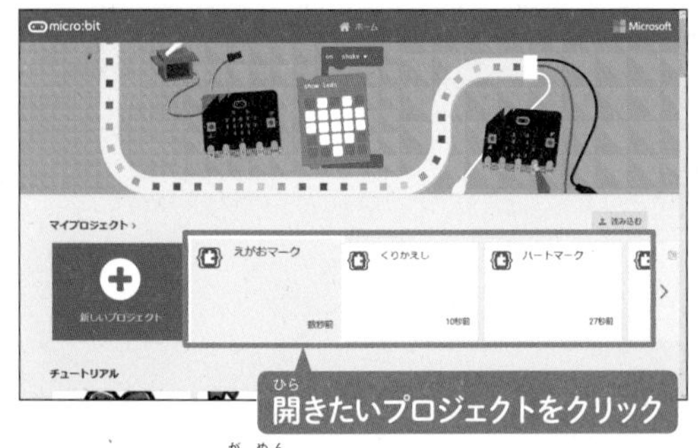

1 ホーム画面にほぞんしたプロジェクトがリスト表示されます。プロジェクトをクリックすると、プログラミングエリアによび出せます。

➡「読み込む」をクリックすると、パソコンの中にほぞんした「.hex」ファイル（micro:bitのプロジェクトのファイル）をよび出すことができます。

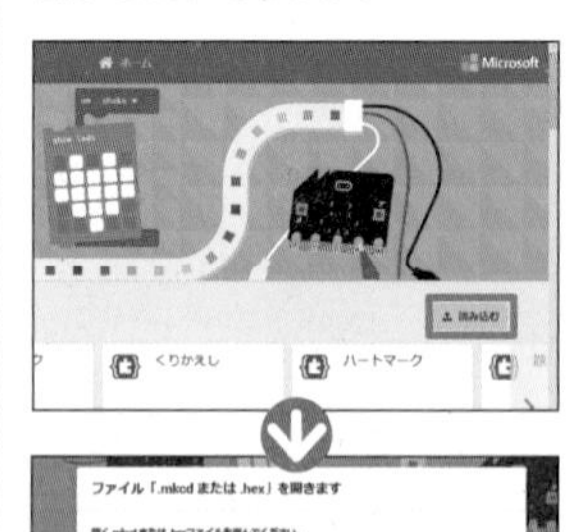

プロジェクトをさくじょする

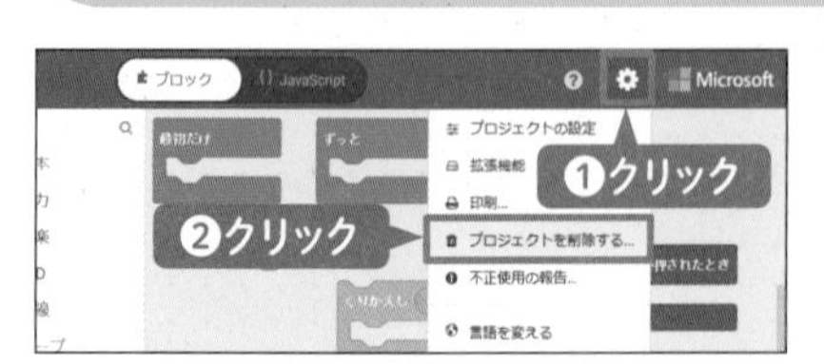

1 さくじょしたいプロジェクトをプログラミングエリアによび出します。設定マークをクリックして「プロジェクトを削除する」を選びます。

➡ ホーム画面の「マイプロジェクト」をクリックすると、プロジェクトの一覧が表示されます。消したいプロジェクトを選んで、「削除」をクリックして削除する方法もあります。

micro:bitをパソコンから外して使うには？

micro:bitに電げんをつなげば、パソコンから外して使うことができます。電げんをつなぐ方法をしょうかいします。

●電池ボックスを使う

コネクターのついた電池ボックスに乾電池を入れ、接続ケーブルをmicro:bitの電池ボックス用コネクターに差しこみます。

●バングルモジュールを使う

別売のmicro:bit用バングルモジュール（くわしくは170ページ）にボタン電池を入れ、micro:bitにネジで固定します。スイッチを「ON」にして使います。

➡ 電池ボックスやバングルモジュールは、パーツショップやネットショップ、スイッチエデュケーションのWebサイトなどから買うことができます。

スマートフォンやタブレットで作るには

micro:bitのプログラムは、iPhoneやiPad、Androidのスマートフォンやタブレットでも作ることができます。プログラムは、せんようアプリをダウンロードして作ります。micro:bitとの接続は、無線のBluetoothです。micro:bitは、21ページでしょうかいした方法で、電げんをつないでおく必要があります。

アプリをダウンロードする

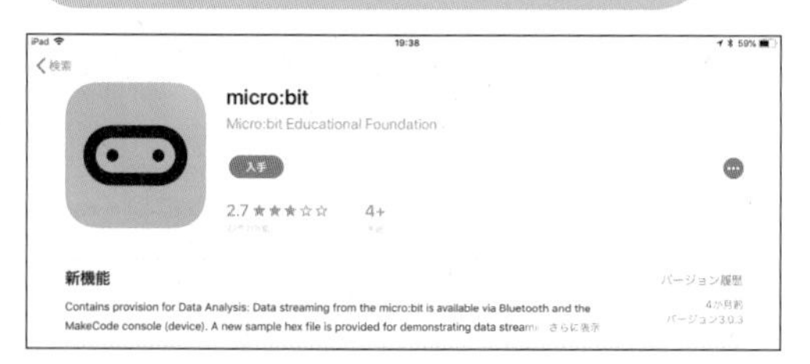

1 iPhone／iPadの場合はAppStoreからmicro:bitのモバイルアプリをダウンロードします。

micro:bitと無線接続する

2 micro:bitを電げんにつなぎます。

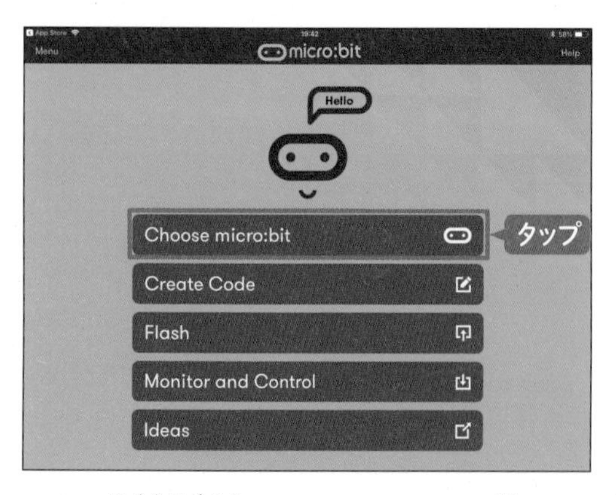

3 micro:bitのせんようアプリを開きます。表示は英語ですが、まずはいちばん上の「Choose microbit」をタップします。

学びのポイント

アプリを使って、タブレットやスマートフォンとmicro:bitがつながるようにします。プログラムは、パソコンの場合と同じように、MakeCodeで作ります。

➡ Androidの場合は、Google Playストアから、micro:bitのモバイルアプリをダウンロードします。

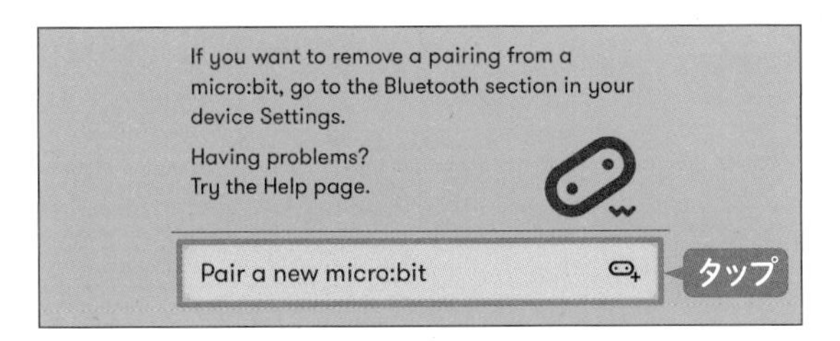

4 「Pair a new micro:bit」をタップします。

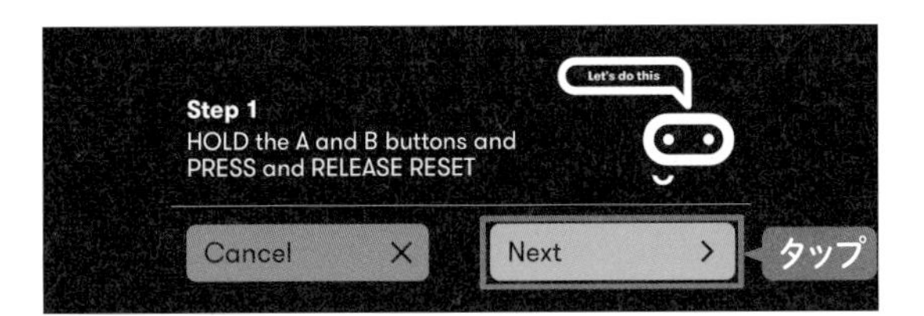

5 micro:bitのボタンAとボタンBを同時に押しながら、うら面のリセットボタンを押して先に指をはなします。ボタンAとボタンBをしばらく押したら、指をはなしてアプリの「Next」をタップします。

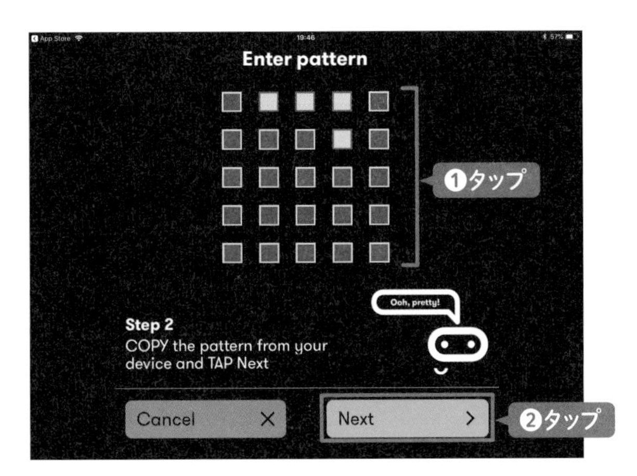

6 micro:bitのLED表示と同じパターンになるように、アプリ画面の表示をタップしたら、「Next」をタップします。

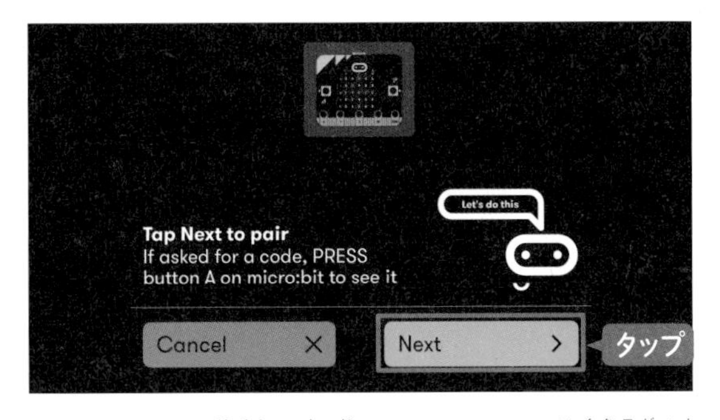

7 アプリ画面の指示にしたがって、micro:bitのボタンAを押します。押したら、「Next」をタップします。

➡ micro:bitの表面とうら面にある、3カ所のボタンをいっしょに押します。ボタンの位置を確認して押しましょう。

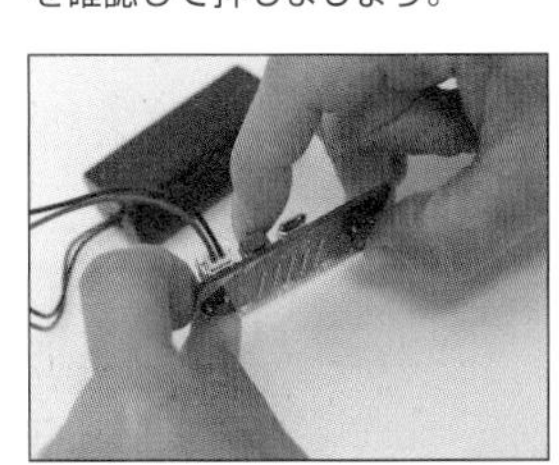

➡ このあと、「Bluetoothペアリングの要求」という画面が表示されたら、「ペアリング」をタップしてください。

8 「ペアリング」が実行されます。「Pairing successful」のメッセージが表示されたら、ペアリングは成功です。「OK」をタップします。次に、micro:bitのリセットボタンを押します。

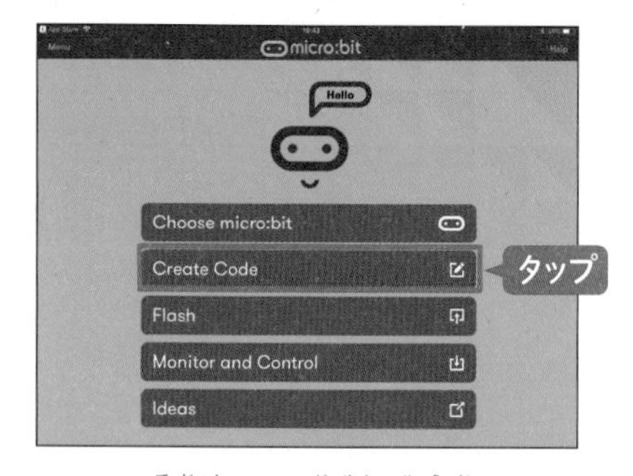

9 手順4の画面が表示されたら、左上の「Back」をタップして、アプリのホーム画面にもどり、「Create Code」をタップします。

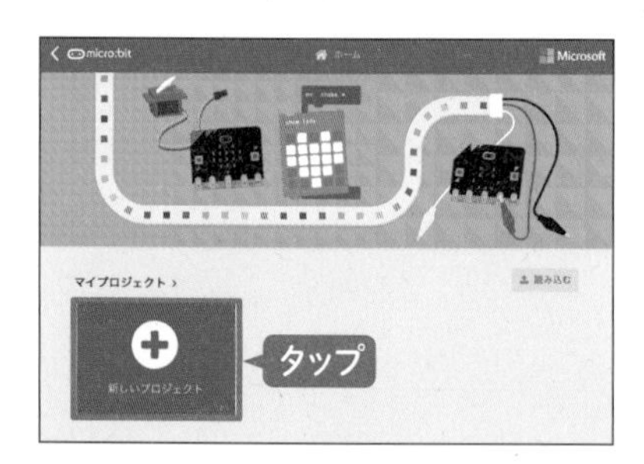

10 パソコンと同じように、プログラミングの画面が表示されます。13ページからの手順と同じように、「新しいプロジェクト」をタップすると、プログラムを作れます。

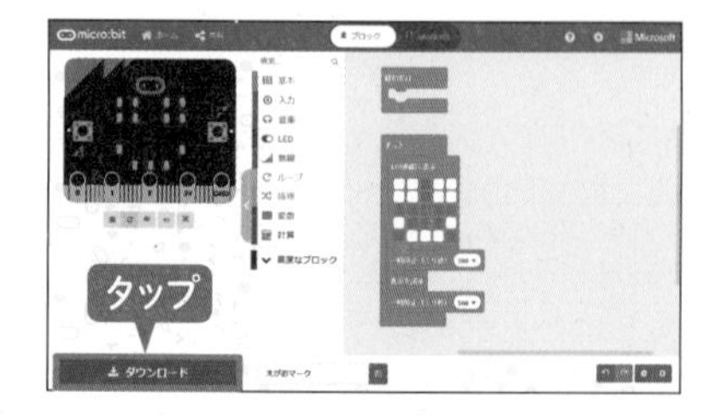

11 プログラムが完成したら、「ダウンロード」をタップします。micro:bitにプログラムが送られます。

用語

●ペアリング

タブレットやスマートフォンとmicro:bitは、無線通信のBluetoothでつながります。2つの機器が通信できるようにすることを「ペアリング」といいます。

➡「Create Code」をタップすると、ブラウザーにMake Codeのプログラミングソフトが読みこまれます。

➡ペアリングが切れている場合、もう一度ボタンAとボタンBを押しながら、リセットボタンを押してみてください。

第2章

レシピ編

「初級」「中級」「上級」のレベルごとに、
プログラミング＋工作の“レシピ”を
しょうかいしています。
プログラムを作って、作ったプログラムで
工作したものを動かしてみましょう！

数字をデジタルで表示

ランダムに目を出す「デジタルサイコロ」を作ろう

ゲームをするときに使うサイコロ。ランダムに目（数字）が出るデジタルサイコロを作りましょう。どんな目が出るのか、四角いサイコロにはないワクワク感で、ゲームももり上がるでしょう！

［レベル］★☆☆　［時間の目安］50分［プログラミング20分＋工作30分］

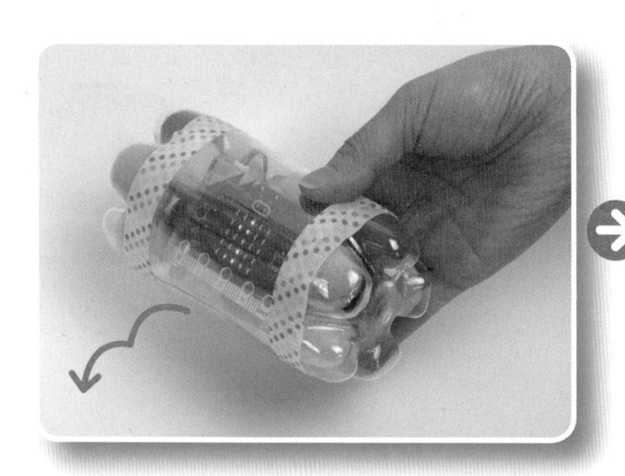

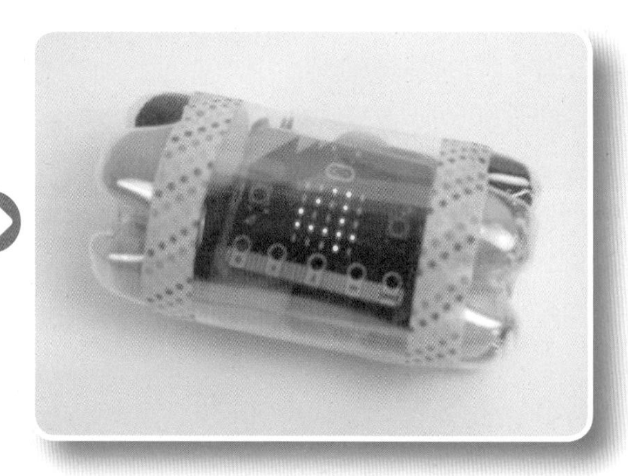

デジタルサイコロを転がして……動きが止まったら、目（数字）が表示されます。

用意する物

■ プログラミング

micro:bit、パソコン、USBケーブル

■ 工作

micro:bit用ケース、電池ボックス、単4形乾電池2本、500mlのペットボトル、ハサミ、セロハンテープ、スポンジなどのつめ物など

※この作例では「電池ボックス」を使います。電池ボックスについては、170ページでしょうかいしています。

レシピのポイント

micro:bitには、かたむきを検知する「加速度センサー」が内蔵されています。サイコロを転がすと加速度センサーがかたむきを検知して、1～6までの数字をランダムに表示するプログラムを作ります。加速度センサーは、ロボットの姿勢制御や、ゲームのコントローラーなどでも使われています。

プログラムを作る

サイコロを転がし、動きが止まってmicro:bitのＬＥＤ画面が上になったときに、1〜6の中からランダムに数字を表示するプログラムを作ります。

作るプログラムはコレ！

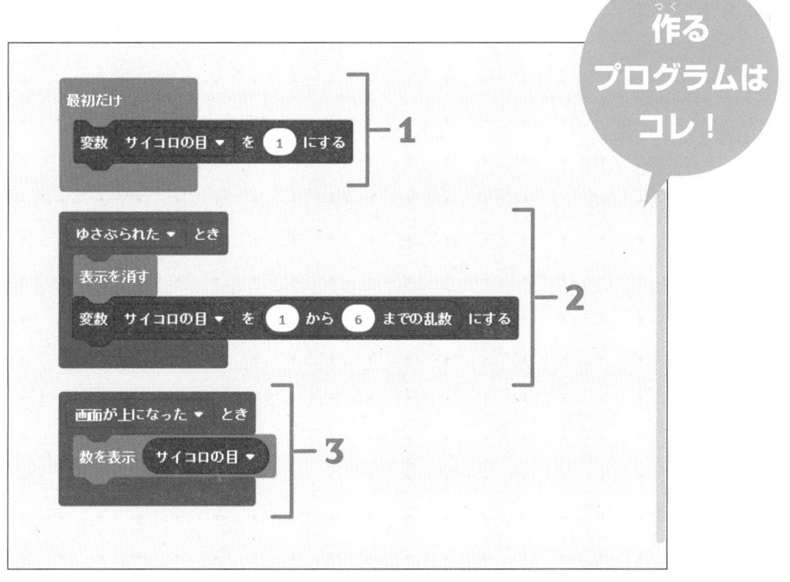

1 サイコロの目を「変数」として設定し、最初は「1」を表示しておきます。

2 サイコロをゆさぶった（転がした）ときに、変数「1」の表示をいったん消します。そして、新たに1〜6の中から、コンピューターがランダム（バラバラ）に数字を選びます。

3 ＬＥＤ画面が上になったら、**2**で選んだ数字を表示します。

「変数」のプログラムを作ろう

プログラム作りスタート！

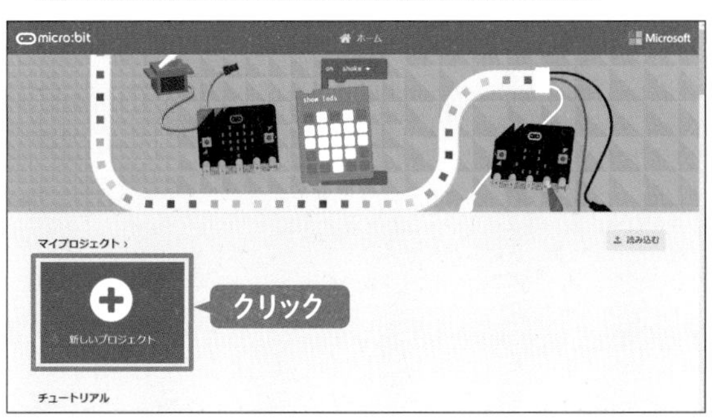

1 micro:bitのプログラミングソフトの最初の画面で、「新しいプロジェクト」をクリックします。

学びのポイント

このプログラムでは、「加速度センサー」「変数」「乱数」を使います。最初に、プログラム全体の構造と作り方を確認しましょう。

用語

●加速度（かそくど）センサー
傾きや振動、衝撃の度合いを測ることができるセンサーです（9ページ参照）。

●変数（へんすう）
プログラムの中で、常に変化する数字のことです。「数字を入れる箱」と考えるとよいでしょう。ここでは「サイコロの目」という名前の変数を作ります。

●乱数（らんすう）
コンピューターがバラバラに出してくれる数字のことです。たとえば、「1、2、3、1、2、3……」のように決まった順番とならないため、予想ができません。サイコロの目なので「1〜6」の数を乱数に設定します。

➡インターネットに接続したパソコンでブラウザーソフトを起動し、プログラミングソフトのホーム画面（ http://makecode.microbit.org/）を開きます。

2 プログラムの名前を入力します。画面下のダウンロードボタン右側の入力らんに、「デジタルサイコロ」と入力しましょう。

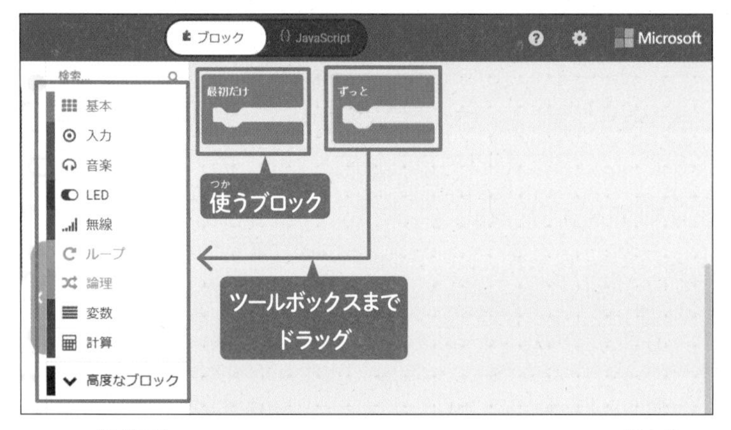

3 今回作るプログラムでは、プログラミングエリアに表示されている「最初だけ」ブロックを使います。「ずっと」ブロックは使わないので、ツールボックスまでドラッグして動かしましょう。

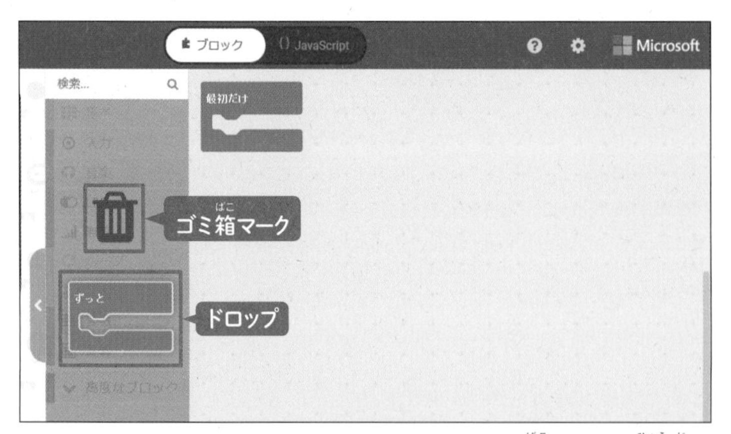

4 ツールボックスまでドラッグすると、ゴミ箱マークが表示されます。ここでドロップします。

➡ 名前はあとから入力することもできますが、最初に付けておくとよいでしょう。作ったプログラムを保存するときも、スムーズに行えます。

●ドラッグ
マウスの矢印をブロックに重ねて、マウスボタンを押したまま動かします。

●ドロップ
ドラッグ操作で押していたマウスボタンをはなします。

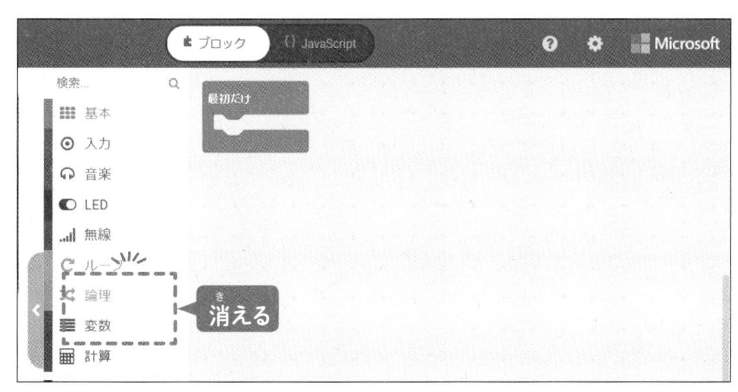

5 「ずっと」ブロックが消えます。

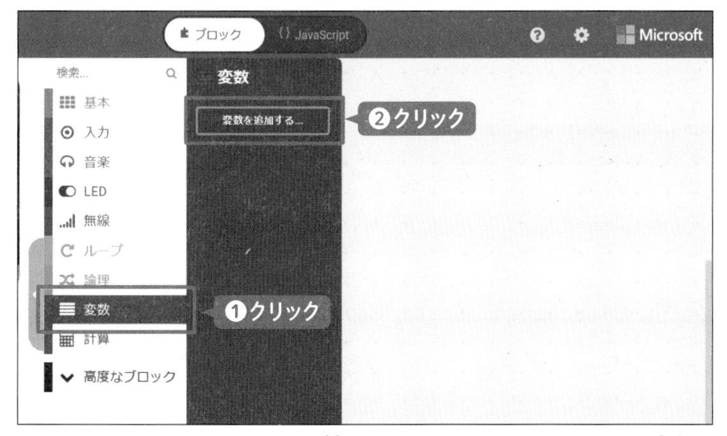

6 ツールボックスの「変数」をクリックしてメニューを表示し、「変数を追加する」をクリックします。

7 変数の名前を入力します。「サイコロの目」と入力して「OK」をクリックしましょう。

➡ ブロックを右クリックして、表示されるメニューから「ブロックを削除する」を選んでも、ブロックを消せます。

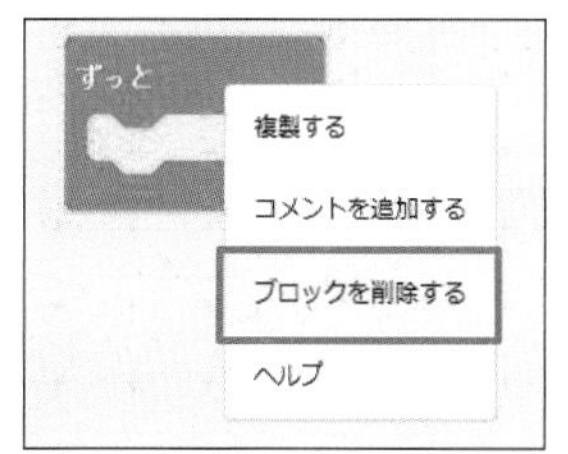

ブロックをクリックして選択し、「delete」キーを押して消す方法もあります。

➡ 変数の名前は、自由に付けられます。作る変数に合わせた名前を付けるようにしましょう。

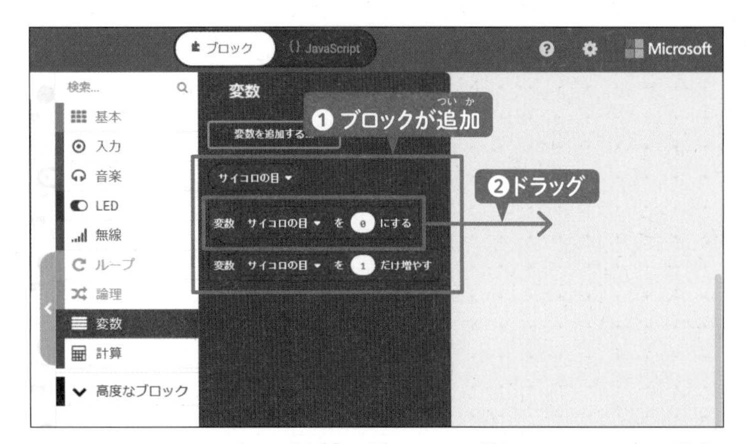

8 「サイコロの目」の変数が作られて、新しいブロックが追加されました。「変数サイコロの目を0にする」ブロックを、プログラミングエリアにドラッグしていきます。

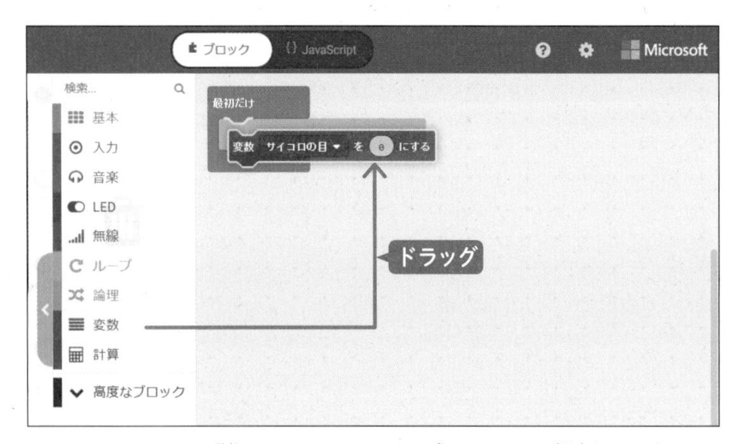

9 ドラッグを始めるとメニューが消えます。「最初だけ」ブロックの間に入れます。

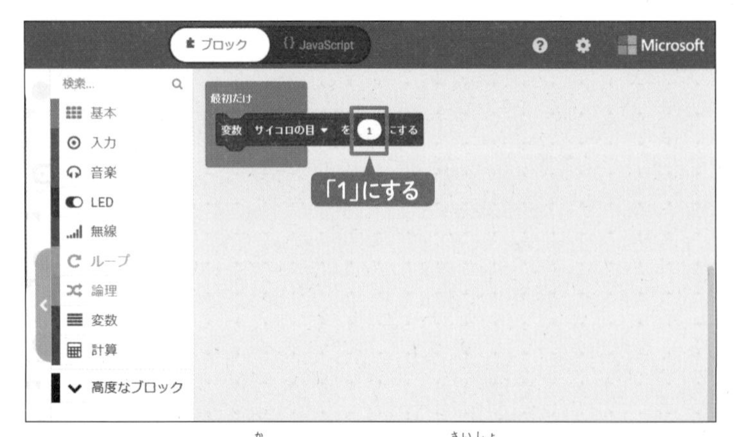

10 「0」を「1」に変えます。これで、最初のプログラムのかたまりは完成です。

➡ 変数を追加すると、「サイコロの目（変数の名前）」「変数サイコロの目を0にする」「変数サイコロを1だけ増やす」ブロックが作られます。

➡ ブロックの上にマウスポインターを重ねると、ブロックの説明が表示されます。どんな機能を持ったブロックなのかくわしく知りたいときに、利用しましょう。

※環境によっては、説明文が英語で表示されます。

「乱数」のプログラムを作ろう

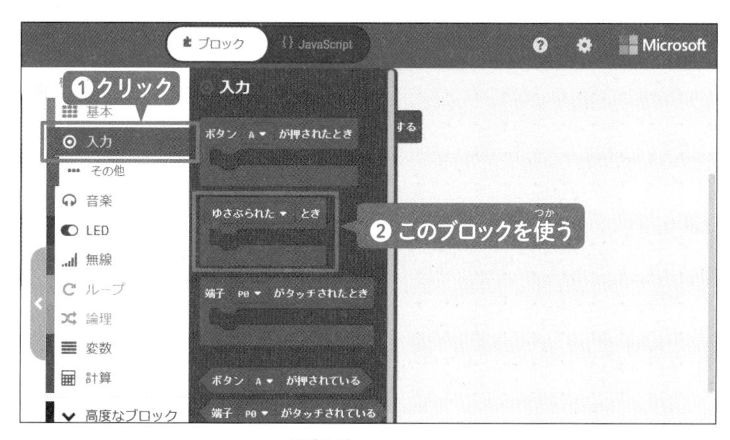

1 ツールボックスの「入力」をクリックします。「ゆさぶられたとき」ブロックを使います。

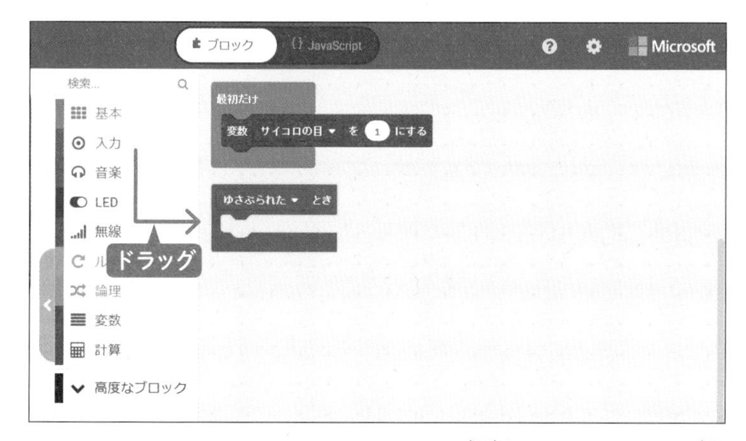

2 「ゆさぶられたとき」ブロックを、「最初だけ」ブロックの少し下にドラッグします。

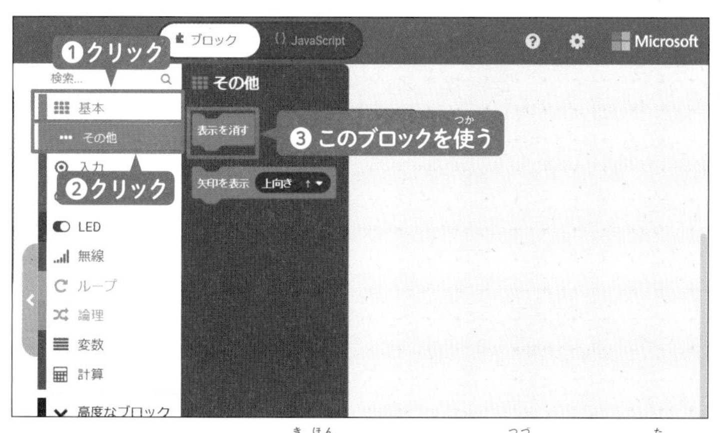

3 ツールボックスの「基本」をクリックし、続けて「その他」をクリックします。「表示を消す」ブロックを使います。

➡ ドラッグを始めるとメニューが消えます。

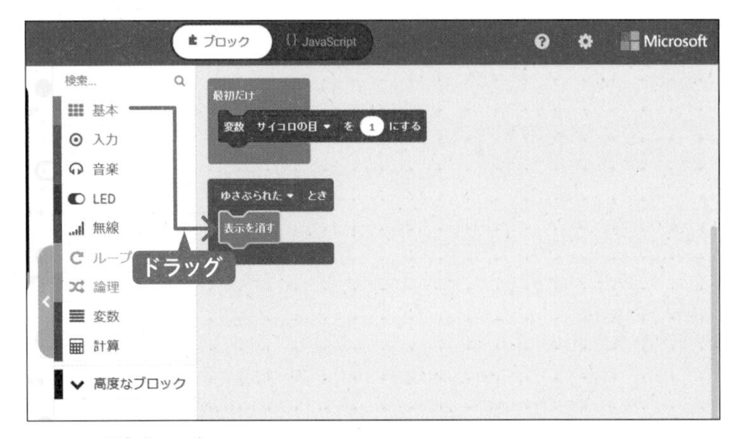

4 「表示を消す」ブロックをドラッグして、「ゆさぶられたとき」ブロックの間に入れます。

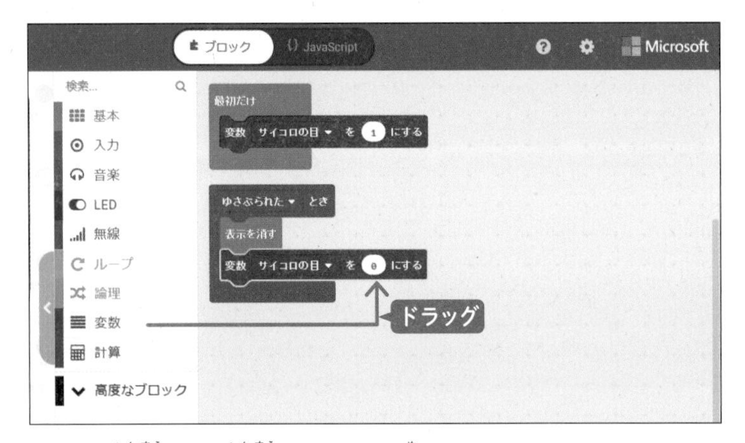

5 「変数」の「変数サイコロの目を0にする」ブロックをドラッグし、「表示を消す」ブロックの下につなげます。

6 ツールボックスの「計算」をクリックして、下にスクロールします。「0から10までの乱数」ブロックを使います。

➡ ツールボックスのメニューは、ブロックをドラッグし始めると消えます。解説ではメニューの画面を省略することがあります。

●スクロール
メニューが多くて画面に収まらないときは、メニューの右側にバーが表示されます。バーを上下にドラッグすると、メニューの表示位置を変えられます。この操作を「スクロール」といいます。

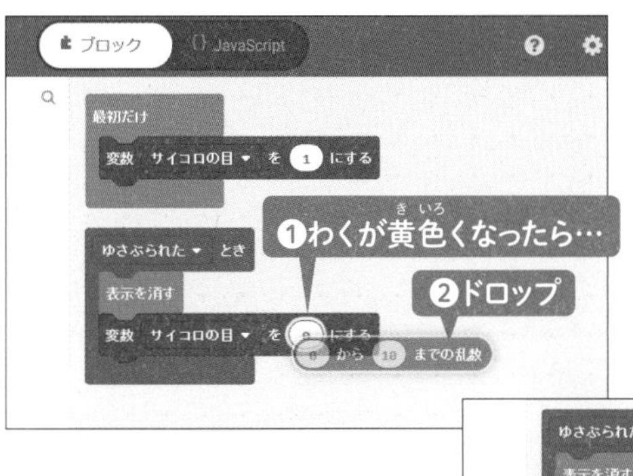

7 「0から10までの乱数」ブロックをドラッグし、変数ブロックの「0」のところにドロップして入れます。

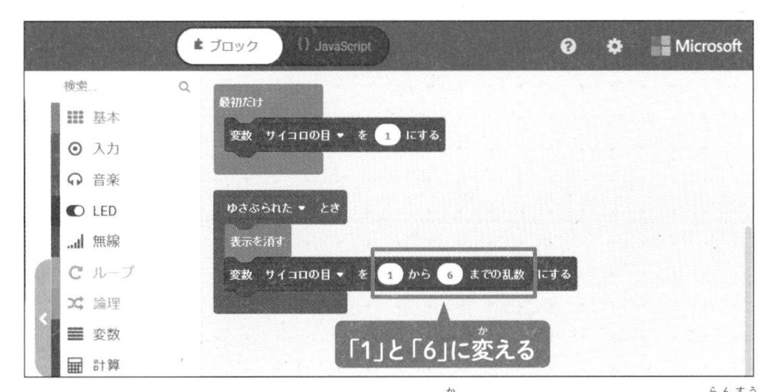

8 「0」を「1」に、「10」を「6」に変えて、「1から6までの乱数」にします。これで、2つ目のプログラムのかたまりは完成です。

止まったら目を出すプログラムを作ろう

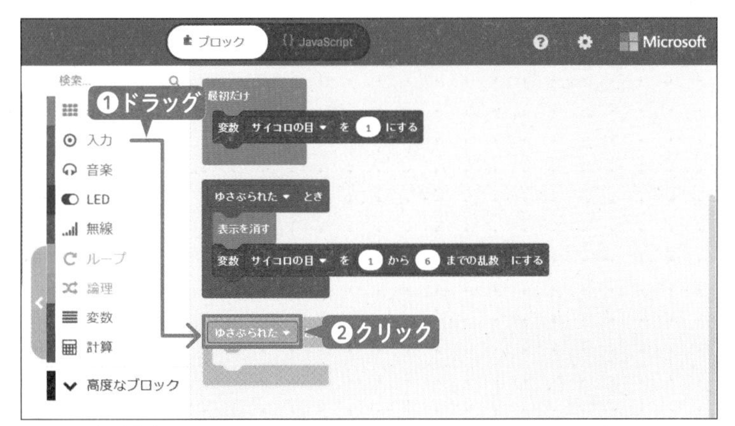

1 「入力」の「ゆさぶられたとき」ブロックを、2つ目のかたまりの少し下にドラッグします。「ゆさぶられた」の文字の部分をクリックします。

➡ 慣れないと、「0」の部分にブロックを入れるのは、ちょっとむずかしく感じるかもしれません。「0」のわくが黄色で表示されたら、マウスボタンから指をはなしてドロップしましょう。

学びのポイント

サイコロの目なので、「1〜6」の数を乱数に設定しています。アレンジして、「7」や「8」など、6以上の目が出るサイコロを作ってもよいでしょう。

➡ 「ゆさぶられたとき」ブロックが2つ並ぶのはプログラム的におかしいため、ドロップしたときにはうすい色で表示されます。次の手順で「ゆさぶられた」以外に変えると、通常の表示にもどります。

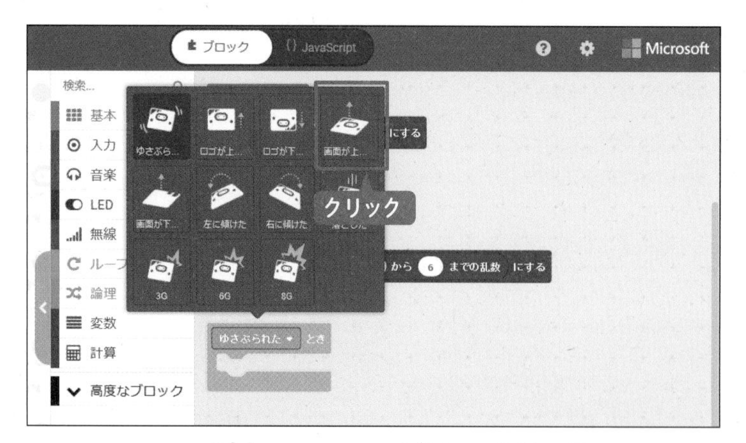

2 メニューが表示されるので、右上の「画面が上になった」をクリックして選びます。

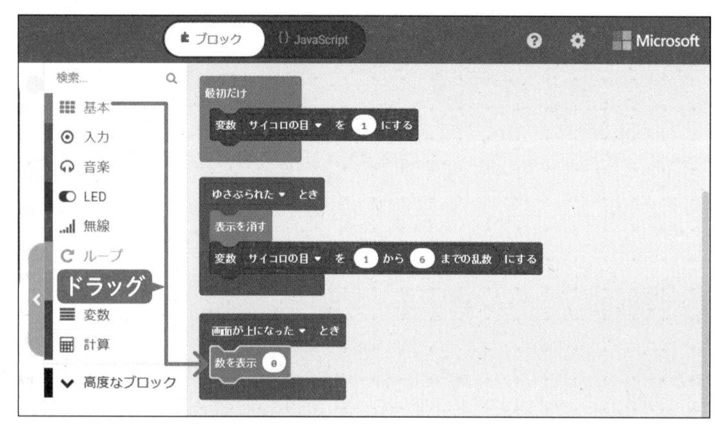

3 「基本」の「数を表示0」ブロックをドラッグし、「画面が上になったとき」ブロックの間に入れます。

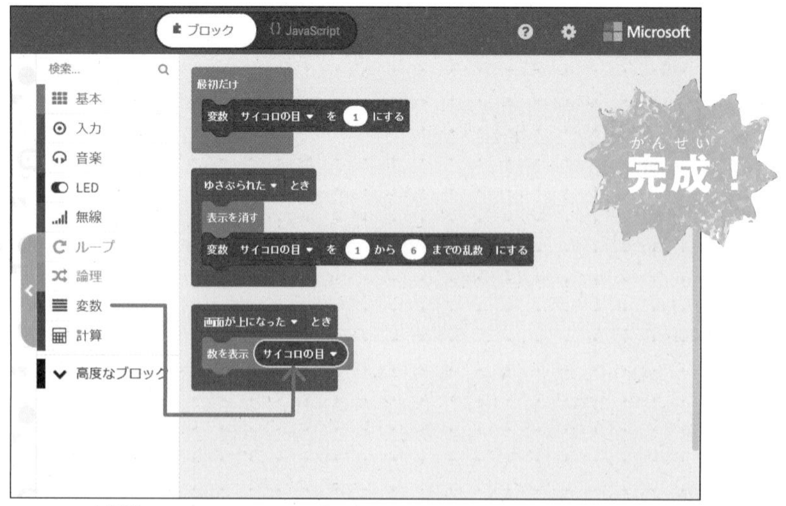

4 「変数」の「サイコロの目」ブロックをドラッグし、「0」のところに入れます。これで、デジタルサイコロのプログラムは完成です！

➡ メニューの文字が「画面が上…」のように、途中までしか表示されていない場合は、マウスポインターを合わせましょう。「画面が上になった」のようにツールチップが表示され、確認できます。

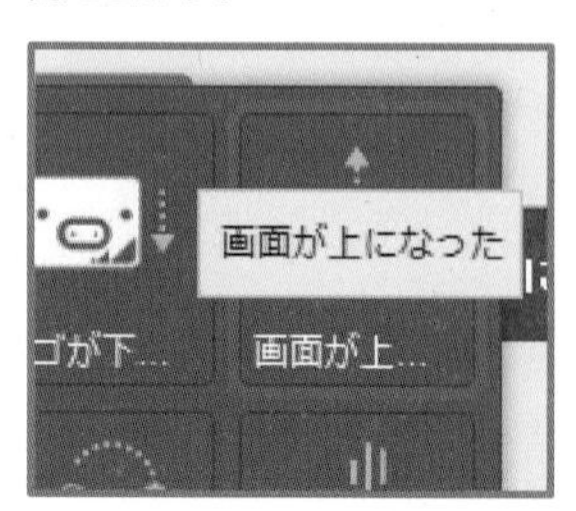

シミュレーターでプログラムをかくにんしよう

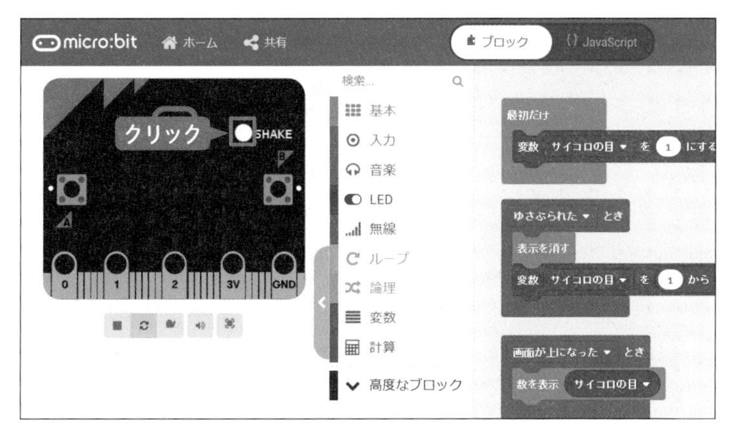

1 作ったプログラムをかくにんしましょう。「○SHAKE」の「○」の部分をクリックして、シミュレーター以外の場所にマウスポインターを動かしてください。

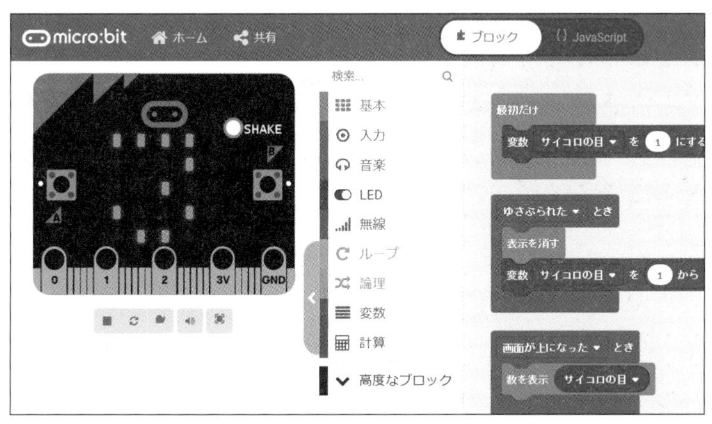

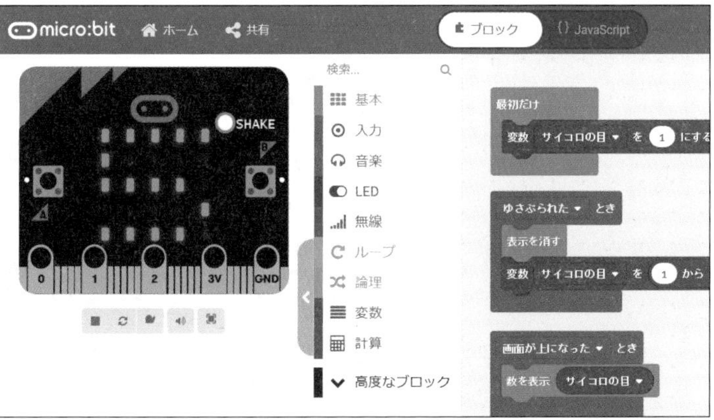

2 マウスポインターをシミュレーター以外の場所に動かすと、1～6までの数字がランダムに表示されます。何回か、ためしてみましょう。

➡ シミュレーターは、作ったプログラムどおりにmicro:bitが動作するかどうかを確認するためのツールです。

➡ シミュレーターの「○SHAKE」は、プログラムで「ゆさぶられたとき」ブロックを使ったときだけ表示されます。「SHAKE(シェイク)」は「ふる」という意味です。シミュレーターではゆさぶることはできないので、その代わりに「○」をクリックすることで、ゆさぶったことになるのです。

プログラムをmicro:bitに書きこもう

1 まず、作ったプログラムをパソコンに保存（ダウンロード）しましょう。パソコンとmicro:bitをUSBケーブルでつないだら、左下の「ダウンロード」をクリックします。

2 ダウンロードをかくにんするメッセージが表示されたら、「保存」をクリックします。「micro:bitにダウンロードしましょう」の画面は、右上の「×」をクリックして閉じましょう。
※Macの場合は、右ページの手順 6 に進んでください。

●Windowsの場合

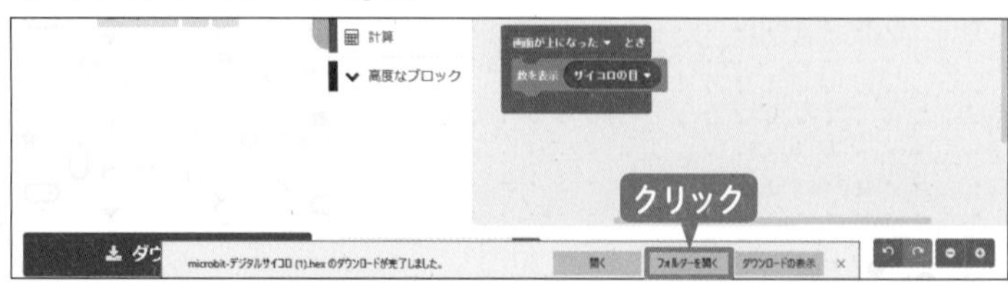

3 ダウンロードが終わったら、メッセージが表示されるので「フォルダーを開く」をクリックします。

➡ USBケーブルで接続したら、micro:bitの裏面にある、確認用LEDがオレンジ色に光っていることをチェックしましょう。正しくつなげられていれば、LEDが光ります。

➡ 解説画面は、ブラウザーソフト「Microsoft Edge」のものです。パソコンの環境によっては、メッセージが表示されない場合があります。

➡ メッセージが表示されない場合は、エクスプローラーなどでプログラムを保存したフォルダー（「ダウンロード」フォルダーなど）を開いてください。

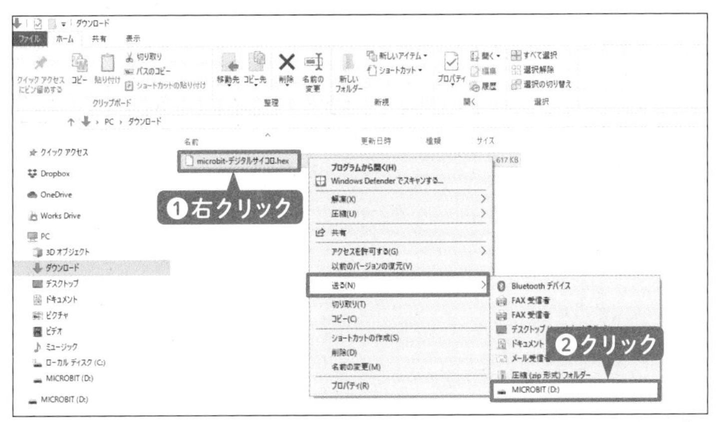

4 プログラムを保存したフォルダーが開きます。「micro:bit-デジタルサイコロ.hex」ファイルを右クリックしてメニューを表示し、「送る」→「MICROBIT」を選びます。

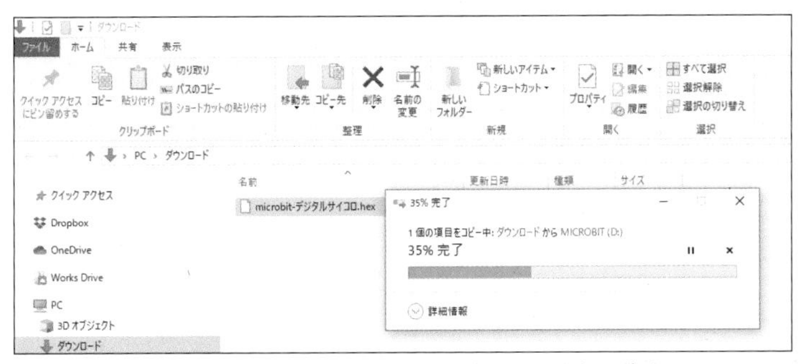

5 コピーが開始されます。コピー中は、micro:bitのウラにあるLEDがオレンジ色に点めつ（チカチカ光る）します。コピーができたら、点灯（光り続ける）に変わります。これで、プログラミングは終わりです。USBケーブルを外して、次のページの工作に進みましょう。

● Macの場合

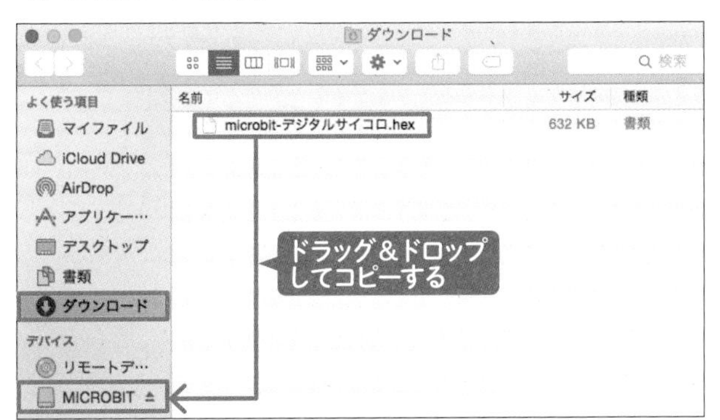

6 「ダウンロード」フォルダーに保存された「micro:bit-デジタルサイコロ.hex」ファイルを、「MICROBIT」フォルダーにドラッグ＆ドロップしてコピーします。コピーが終わったらUSBケーブルを外して、次のページの工作に進みましょう。

➡「送る」メニューの中に「MICROBIT」が見当たらない場合は、micro:bitとパソコンを正しくつなげられているか、もう一度確認してください。

➡ micro:bitには、電源のオン／オフボタンはありません。終わるときは、USBケーブルをパソコンとmicro:bitから引き抜きます。プログラムの書きこみが終わり、LEDが点灯に変わっていることを確認してから引き抜いてください。

➡ プログラムの書きこみ直後や、リセットボタンを押したときなどに、「ディスクの不正な取り出し」といったメッセージが表示されることがあります。問題はありませんので、「閉じる」をクリックしてください。

工作する

プログラムを作れたら、次はサイコロ本体を工作しましょう。サイコロが止まったときに、micro:bitのＬＥＤ画面が上を向くように作ることがポイントです。電池ボックスの重みを利用したり、いっしょにつめる物をくふうしたりしてみてください。

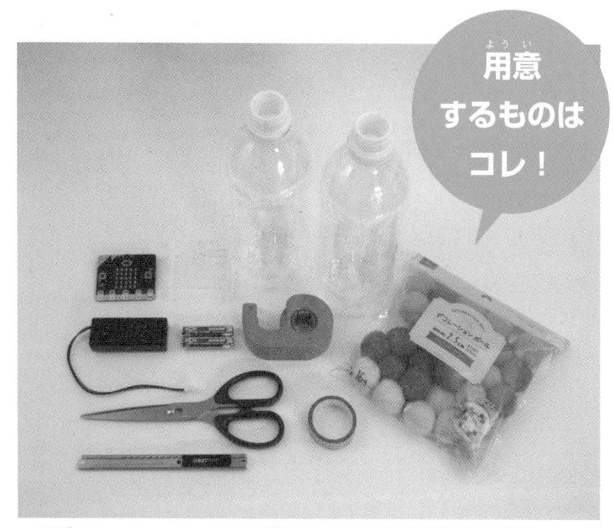

※別売のケースはなくても作れますが、micro:bitを保護するために、ケースに入れることをおすすめします。

※スイッチがないタイプの電池ボックスでも作れますが、電池は必ず遊ぶときだけ入れるようにしてください。

- 作ったプログラムを書きこんだmicro:bit
- micro:bit用ケース（透明）［別売］
- 電池ボックス（フタ・スイッチ付）［別売］
→170ページ参照
- 単4形乾電池×2本
- 500ｍｌのペットボトル×2本
- ハサミやカッター
- セロハンテープや両面テープ、マスキングテープ
- 中に入れるかざり（フエルト、スポンジなど）
- 中に入れる重り（ビー玉、古い乾電池など）

メモ 電池ボックスなど、micro:bitといっしょに使うパーツは、パーツショップやネットショップ、スイッチエデュケーションのWebサイトなどから買うことができます（170ページ参照）。

作り方

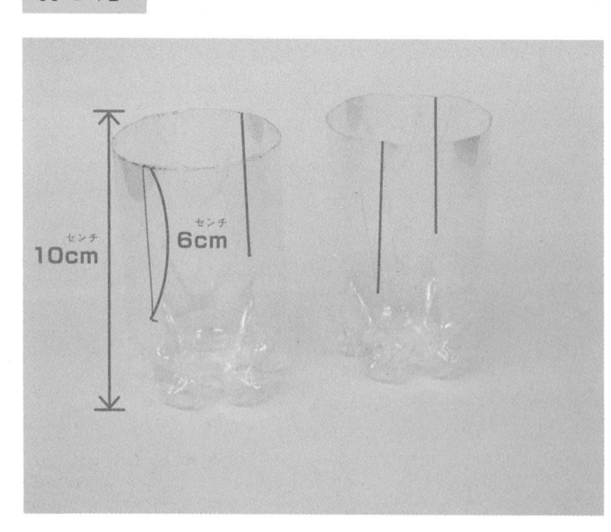

1 2本のペットボトルの底から10cmほどのところで、ハサミなどで切り取り、フチからタテに、6cmほどの切りこみを入れます。反対側にも入れます（合計2カ所）。

注意 ペットボトルは、あらってよく乾かしてから使ってください。micro:bitがぬれると、故しょうの原因になります。また、切り取ったペットボトルのフチでケガをしないように、注意してください。

メモ 切れこみは、2本のペットボトルを組み合わせやすくするためです。組み合わせられれば、6cmより短くてもかまいません。

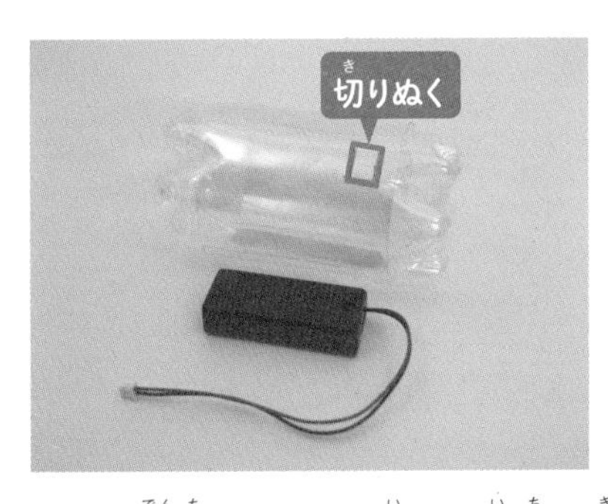

2 電池ボックスを入れる位置を決めて、スイッチの場所に印を付けたら、ペットボトルにあなを開けます（1cm×1.5cmくらい）。もう1つのペットボトルと重ねて、同じように、スイッチの位置にあなを開けます。

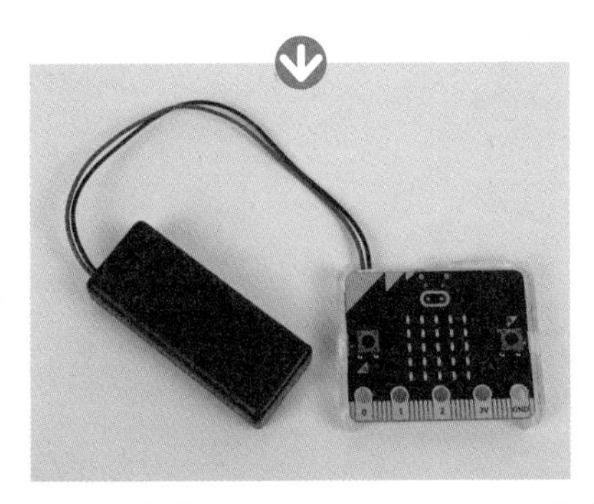

3 電池ボックスのスイッチをOFFにして、単4形乾電池2本を入れます。micro:bit用のケースにセットしたmicro:bitとつなぎます。

メモ ケーブルのコネクターには向きがあります。micro:bitの表面を上にしたとき、コネクターの金属が見えるほうを上にして、さしこみましょう。

4 セロハンテープや両面テープで、電池ボックスをペットボトルに固定します。スイッチとスイッチのあなの位置が合うようにはりつけましょう。

メモ 電池ボックスは、サイコロを転がしたときの重りの役わりもあります。

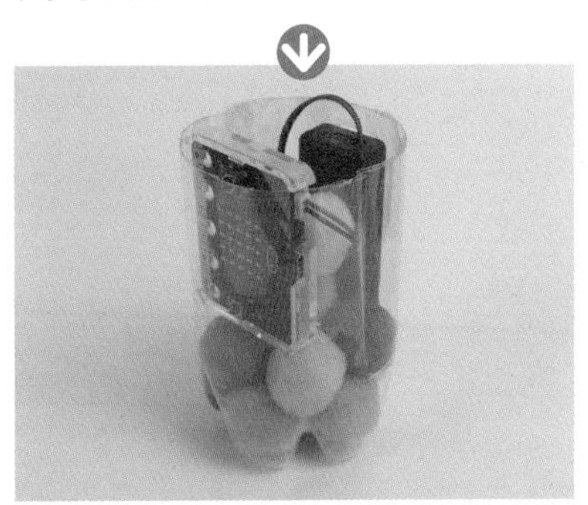

5 micro:bitのLED画面が上を向くように、かざりといっしょに入れて、2本のペットボトルを組み合わせたら完成です！　マスキングテープなどでかざってもよいでしょう。作例では、100円ショップで売られていたフェルトボールを入れました。

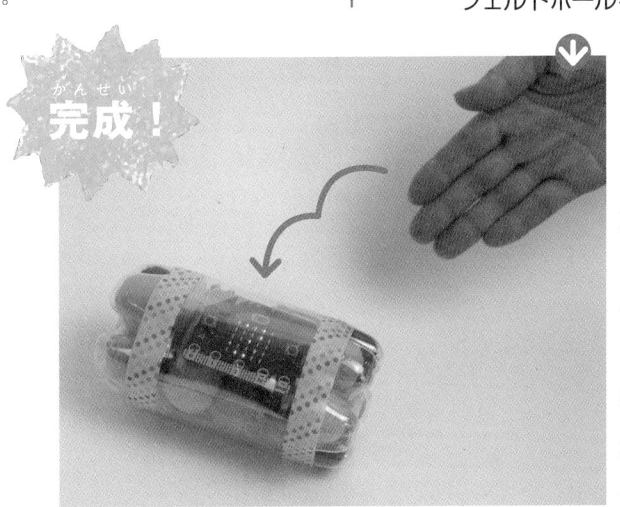

スイッチをONにして、転がしてみましょう。スイッチをそうさしづらい場合は、ピンセットやつまようじなどを使ってください。サイコロが止まると、LEDで数字（サイコロの目）が表示されます。

光センサーでメロディを流す

メロディが流れる「バースデーカード」を作ろう

開くと音楽と光でお祝いしてくれるバースデーカードってありますよね。
micro:bitを使えば、そんなカードを自分で作ることができます。
お友だちに送れば、きっと喜んでもらえますよ！

［**レベル**］★☆☆　［**時間の目安**］**50分**［**プログラミング20分＋工作30分**］

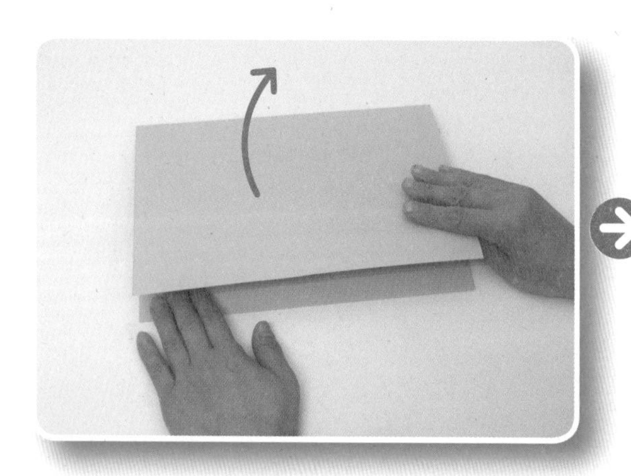

バースデーカードを開くと……メロディが流れLEDが光ります。

用意する物

■ プログラミング

micro:bit、パソコン、USBケーブル

■ 工作

バングルモジュール、ボタン電池（CR2032）、ドライバー、厚紙、両面テープ、色画用紙、ペン、マスキングテープなど

※この作例では「バングルモジュール」を使います。バングルモジュールについては、170ページでしょうかいしています。

レシピのポイント

micro:bitには、光を感知する「光センサー」が内ぞうされています。カードを開いたときに明るさを感じ取り、ハッピーバースデーのメロディが流れるプログラムを作ります。さらに、メロディが流れている間は、LEDの画面にハートマークが表示されるようにしてみましょう。

プログラムを作る

カードを開くとハッピーバースデーのメロディが流れ、ハートマークが表示されるプログラムを作ります。

作る プログラムは コレ！

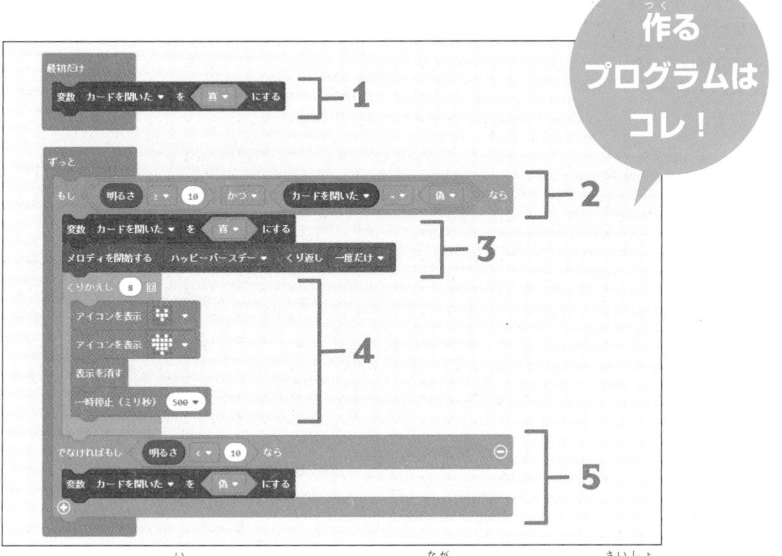

1 スイッチを入れたときにメロディが流れないよう、「最初だけ」ブロックで変数「カードを開いた」を「真」に設定します。

2 カードを開いたときに、明るさを感知するようにします。

3 一定以上の明るさがあったときにメロディが流れるようにします。

4 メロデイが流れている間、LEDが光るようにします。

5 一度カードをとじたら、次に開いたときにメロディが流れるようにします。

「最初だけ」のプログラムを作ろう

プログラム 作り スタート！

検索… 基本 入力 音楽 LED 無線 ループ 論理 変数 計算 高度なブロック 最初だけ ずっと

入力 バースデーカード ダウンロード

1 新しいプロジェクトを始めます。「バースデーカード」と名前を入力しましょう。

学びのポイント

このプログラムでは、「光センサー」「変数」「くりかえし」を使います。最初に、プログラム全体の構造を確認しておきましょう。

用語

●光（ひかり）センサー
明るさを知ることができるセンサーです。LED画面に当たる明るさを調べることができます。

●くりかえし
指定したプログラムを何度もくり返して実行してくれるプログラムです。くり返す回数は自由に設定できます。

➡ インターネットに接続したパソコンでブラウザーソフトを起動し、プログラミングソフトのホーム画面（http://makecode.microbit.org/）を開き、[新しいプロジェクト]をクリックします。

➡「最初だけ」ブロックのプログラムは、プログラムが動き出した最初の一度だけ実行されます。

➡「ずっと」ブロックのプログラムは、プログラムが動いている間中実行されます。プログラミングをしやすいよう、ここでは「ずっと」ブロックを「最初だけ」ブロックの下までドラッグしておきます。

2 ツールボックスの「変数」をクリックして、「変数を追加する」をクリックします。「カードを開いた」と名前を入力し、「OK」をクリックしましょう。

➡ 変数の名前は、自由に付けられます。何をするのかが分かりやすい名前を付けましょう。ここでは、カードを開いたり閉じたりしたときにどうするかをプログラムしたいので、「カードを開いた」という名前にしています。

➡ 変数を追加すると、「カードを開いた（変数の名前）」「変数 カードを開いたを0にする」「変数 カードを開いたを1だけ増やす」ブロックが作られます。

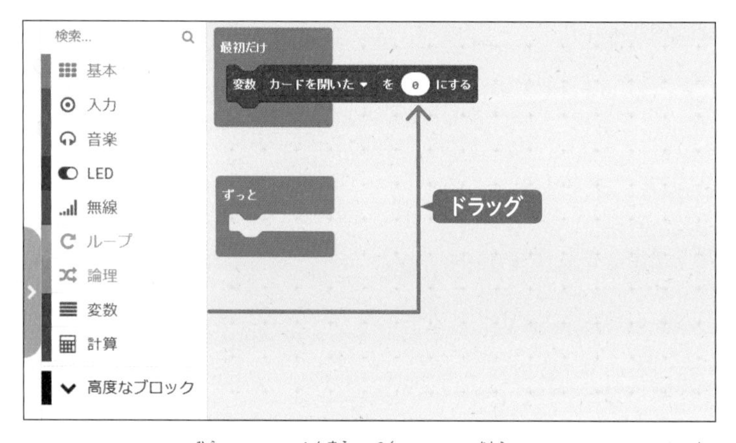

3 「カードを開いた」の変数が作られて、新しいブロックが追加されます。「変数 カードを開いたを0にする」ブロックをドラッグして、「最初だけ」ブロックの間に入れます。

➡ ツールボックスのメニューは、ドラッグを始めると消えます。手順ではメニューの画面を省略することがあります。

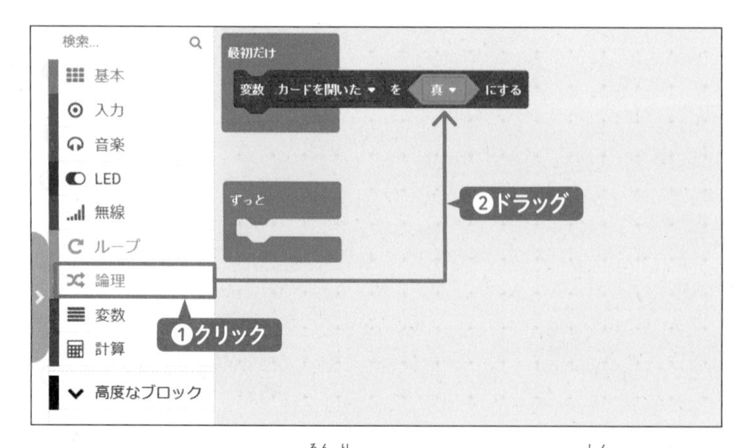

4 ツールボックスの「論理」をクリックします。「真」ブロックをドラッグして、「0」のところに入れます。

➡ 「真」ブロックは「論理」ツールボックスの下のほうにあります。スクロールして表示しましょう。

➡ 入れたいブロックを「0」の上までドラッグし、「0」のわくが黄色で表示されたらマウスボタンから指をはなしてドロップしましょう。

カードを開いたらメロディが流れるプログラムを作ろう

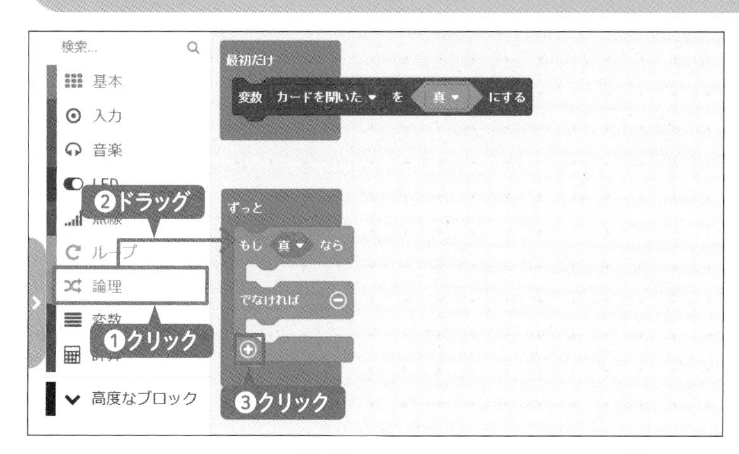

1 ツールボックスの「論理」をクリックします。「もし真なら～でなければ」ブロックをドラッグして、「ずっと」ブロックの間に入れます。下にある「+」をクリックします。

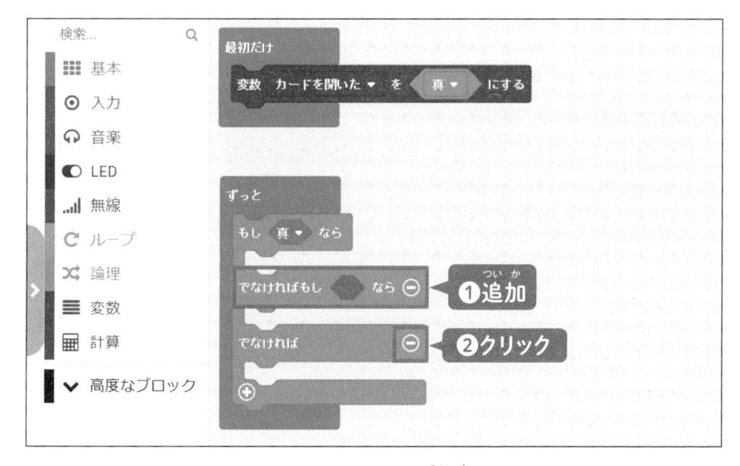

2 「でなければもし［　］なら」が追加されました。「でなければ」はいらないので、右側の「－」をクリックします。

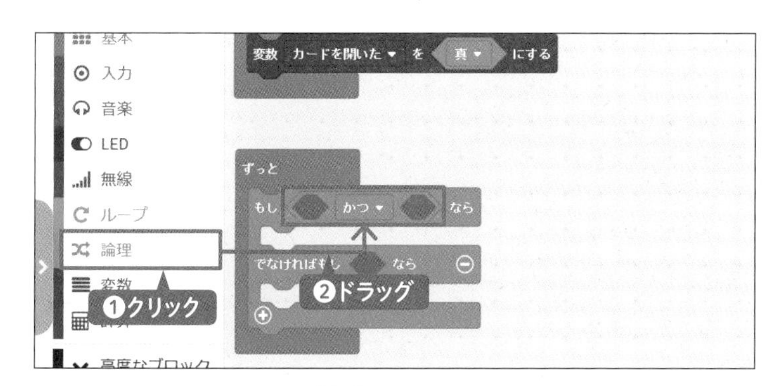

3 ツールボックスの「論理」をクリックします。「［　］かつ［　］」ブロックをドラッグして、「真」のところに入れます。

➡ 必要な条件の数に合わせて「+」「－」でブロックの形を変えます。

➡ 「［　］かつ［　］」ブロックは「論理」ツールボックスの下のほうにあります。スクロールして表示しましょう。

➡ 入れたいブロックを「真」の上までドラッグし、「真」のわくが黄色で表示されたらマウスボタンから指をはなしてドラッグしましょう。

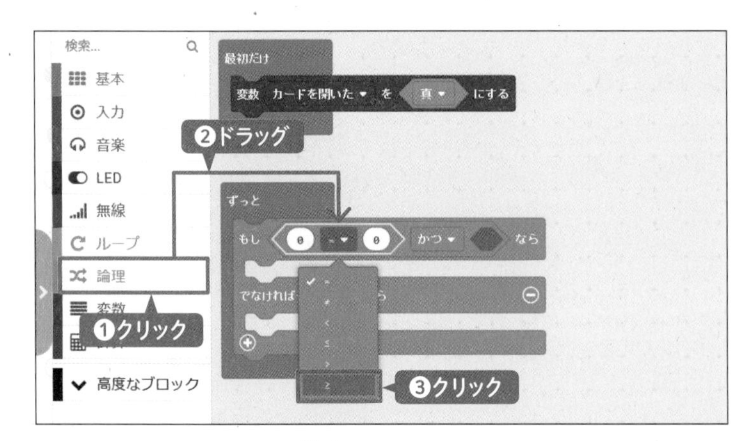

4 ツールボックスの「論理」をクリックします。「0＝0」ブロックをドラッグして、「[　]かつ[　]」ブロックの[　]前の部分に入れます。「＝」をクリックし、「≥」をクリックして選びます。

➡ ブロックの中の「▼」マークは、プルダウンメニューがあることを表しています。クリックするとメニューが表示されます。「✓」マークが付いているものが、現在選ばれているものです。

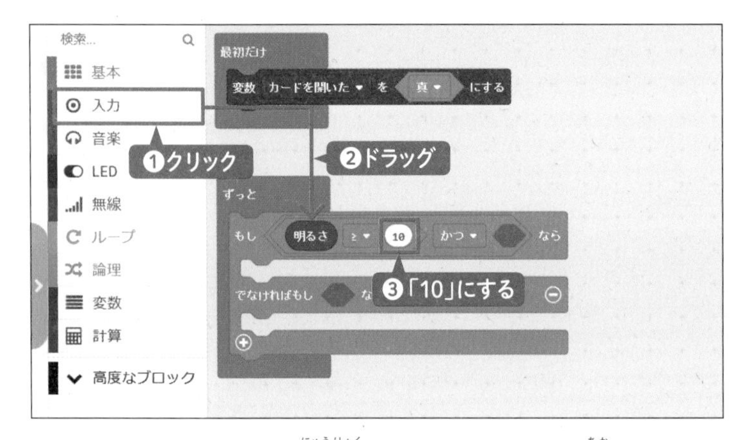

5 ツールボックスの「入力」をクリックします。「明るさ」ブロックをドラッグして、「0≥0」ブロックの前の「0」のところに入れます。後ろの部分の「0」を「10」に変えます。

➡ 「明るさ」ブロックは、ＬＥＤ画面に当たる明るさを数値で表現します。「0」が一番暗く、「255」が一番明るい状態です。

➡ 「0」を「10」に変えるには、「0」をクリックして文字を入力できる状態にし、キーボードから「1」「0」を入力しましょう。

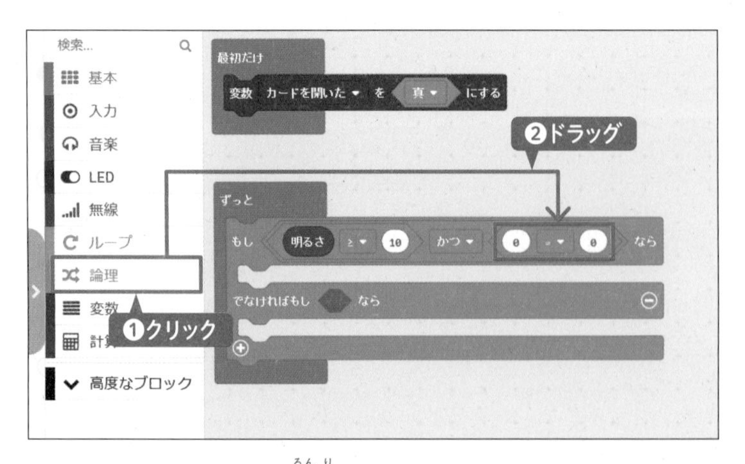

6 ツールボックスの「論理」をクリックします。「0＝0」ブロックをドラッグして、「[　]かつ[　]」ブロックの後ろの[　]部分に入れます。

➡ ブロックを入れる位置は、黄色のわく線を確認するようにしましょう。すでにほかのブロックを入れているところで指をはなすと、最初に入れていたブロックがはじき出されてしまいます。その場合は、まちがって入れたブロックを外し、はじき出されたブロックを入れなおしましょう。

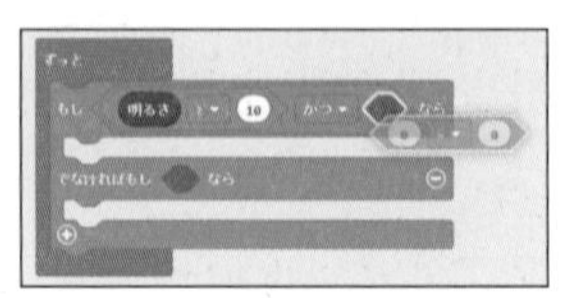

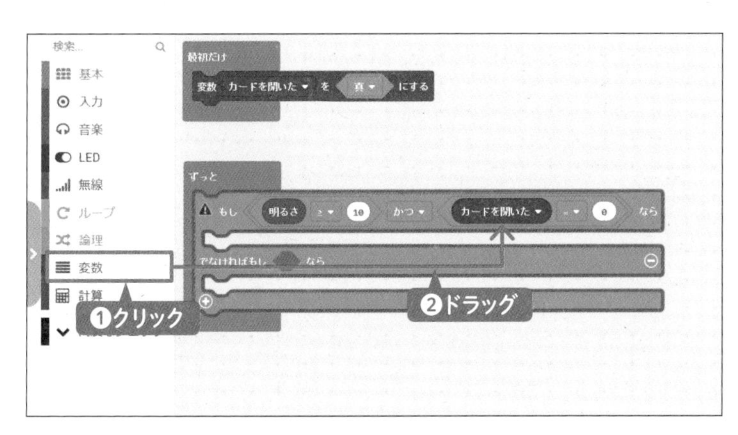

➡「カードを開いた」ブロックを入れた直後は、プログラムにまちがいがあるため、ブロックが赤わくで囲まれ、「!」マークが表示されます。次の手順8の操作でプログラムに問題がなくなると、通常の表示にもどります。

7 ツールボックスの「変数」をクリックします。「カードを開いた」ブロックをドラッグして、「0＝0」ブロックの前の「0」のところに入れます。

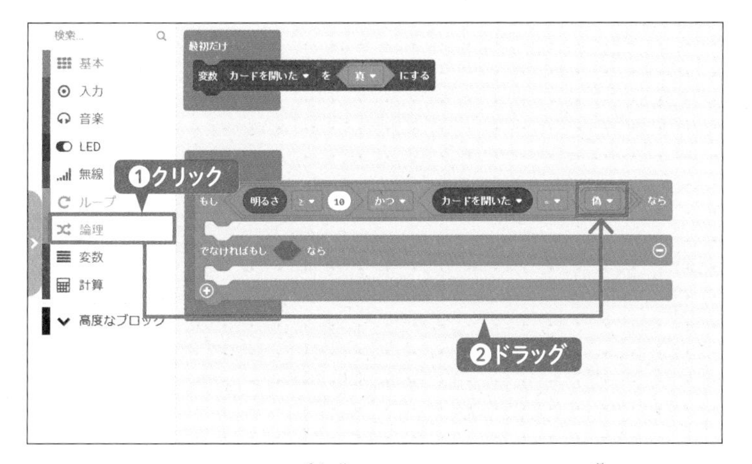

➡「偽」ブロックは「論理」ツールボックスの下のほうにあります。スクロールして表示しましょう。

8 ツールボックスの「論理」をクリックします。「偽」ブロックをドラッグして、「0＝0」ブロックの後ろの「0」のところに入れます。

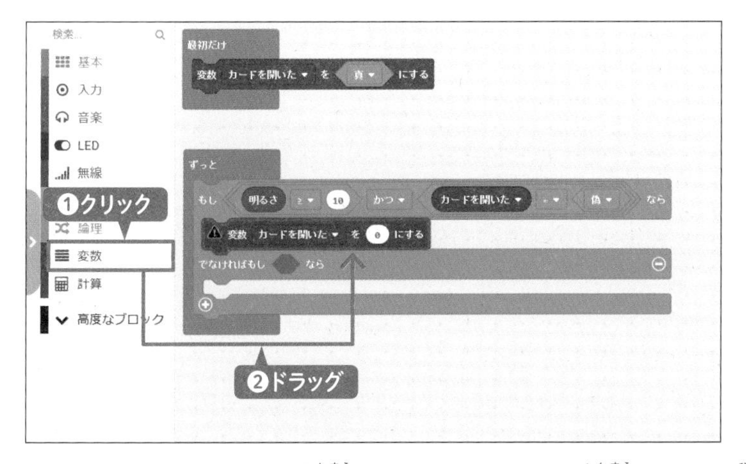

➡ここでも、ブロックが赤わくで囲まれ、「!」マークが表示されます。次の手順10の操作を行うと、通常の表示にもどります。

9 ツールボックスの「変数」をクリックします。「変数 カードを開いたを0にする」ブロックをドラッグして、「もし」と「でなければもし[　]なら」の間に入れます。

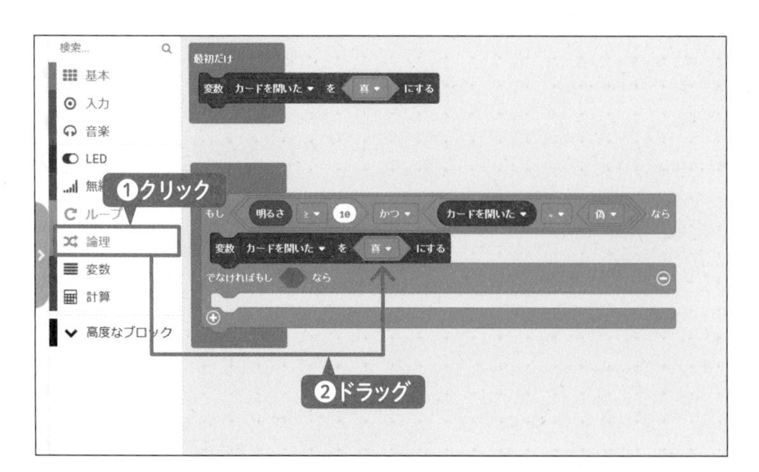

➡「真」ブロックは「論理」ツールボックスの下のほうにあります。スクロールして表示しましょう。

10 ツールボックスの「論理」をクリックします。「真」ブロックをドラッグして、「0」のところに入れます。

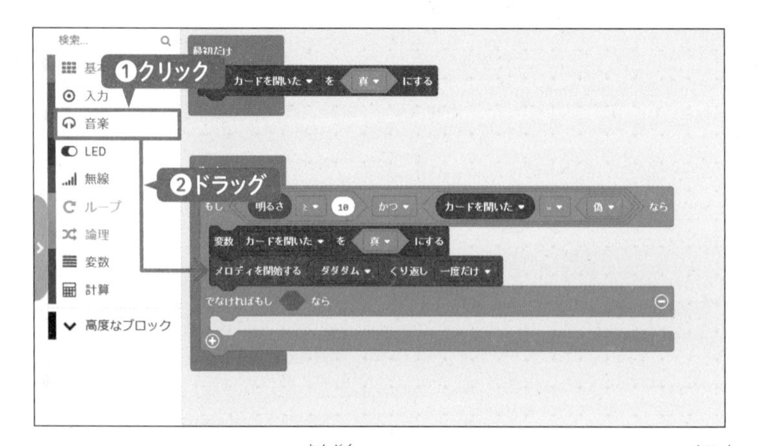

11 ツールボックスの「音楽」をクリックします。「メロディを開始するダダダムくり返し一度だけ」ブロックをドラッグして、「変数 カードを開いたを真にする」ブロックの下につなげます。

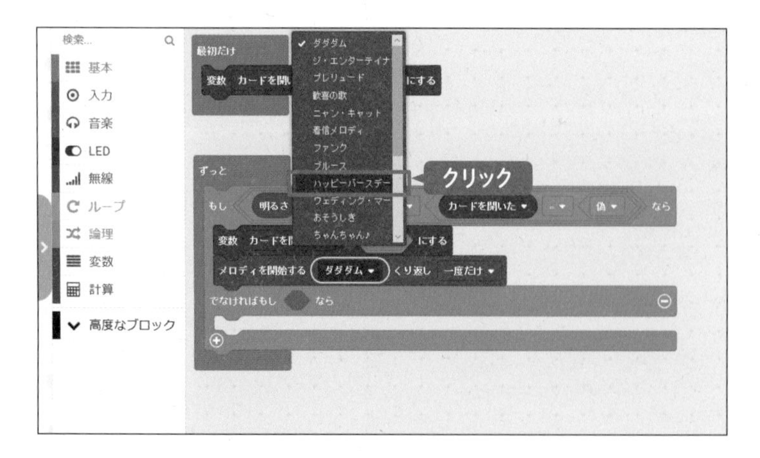

➡メロディには、「ハッピーバースデー」のほかにも、「着信メロディ」「ウェディング・マーチ」「ピコーン！」など、20種類の音が用意されています。

12 「ダダダム」をクリックし、「ハッピーバースデー」をクリックして選びます。

ハートを表示するプログラムを作ろう

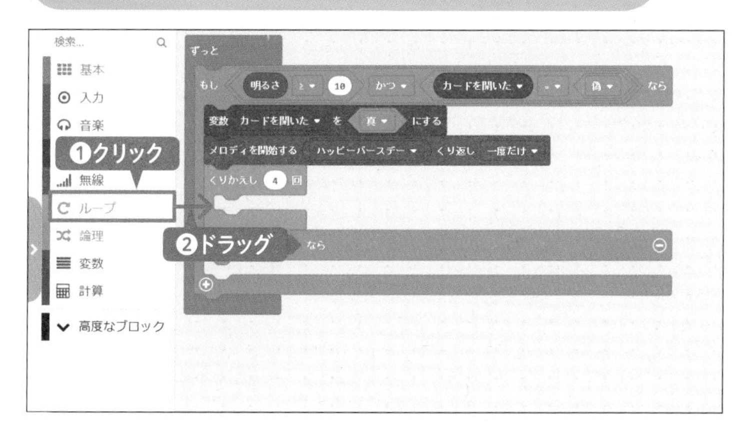

1 ツールボックスの「ループ」をクリックします。「くりかえし4回」ブロックをドラッグし、「メロディを開始するハッピーバースデーくり返し一度だけ」ブロックの下につなげます。

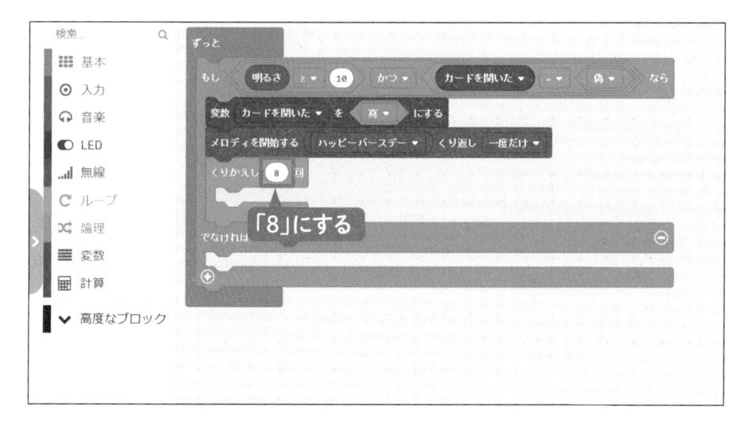

2 「4」を「8」に変えます。

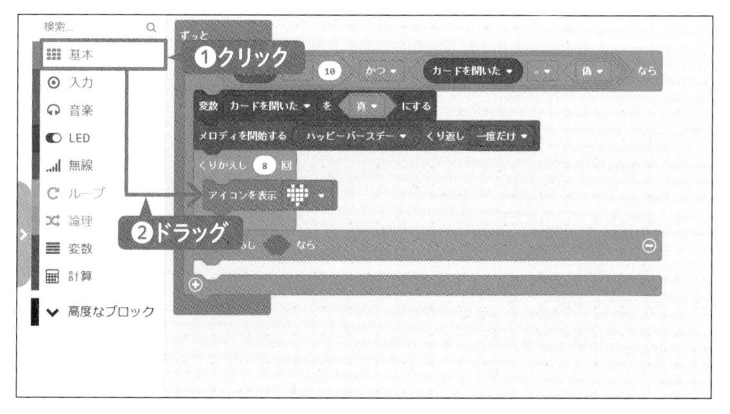

3 ツールボックスの「基本」をクリックします。「アイコンを表示」ブロックをドラッグし、「くりかえし8回」ブロックの間に入れます。

●ループ
くり返しのことです。条件に合わせて同じプログラムを何度もくり返すためのブロックが用意されています。

➡ くり返す回数を指定します。このブロックの間に入れたプログラムが、指定した回数、くり返されます。ここでは、「8回」くり返すプログラムにしました。

➡ 「4」を「8」に変えるには、「4」をクリックして文字を入力できる状態にし、キーボードから「8」を入力します。

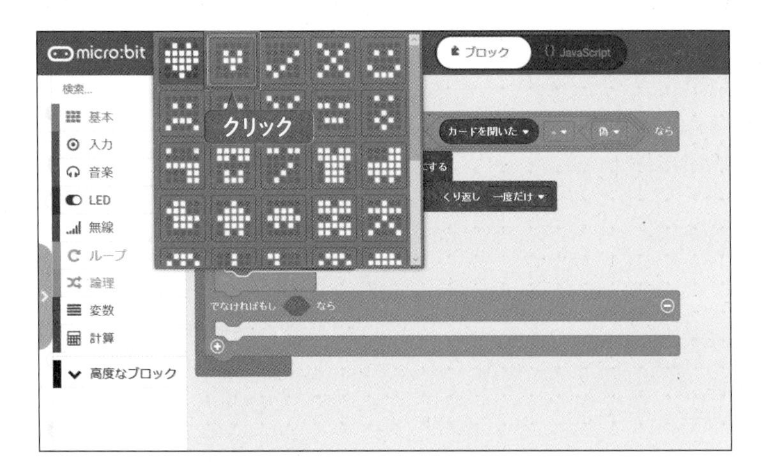

4 ▼をクリックし、「小さいハート」をクリックして選びます。

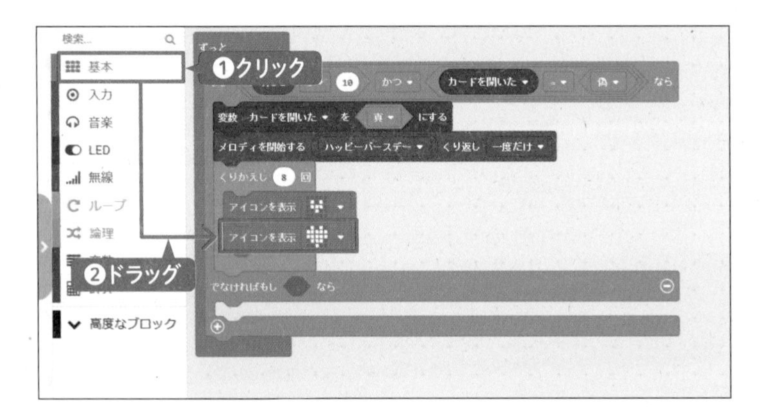

5 ツールボックスの「基本」をクリックし、同じようにして、もう1つ「アイコンを表示」ブロックをつなげます。こちらは「ハート」のままにします。

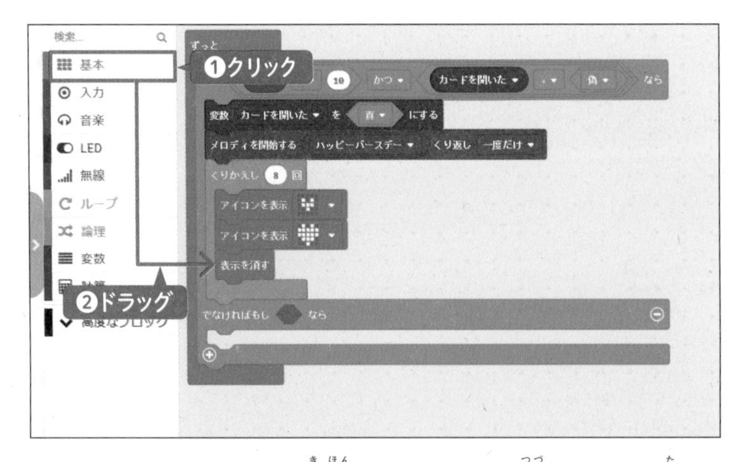

6 ツールボックスの「基本」をクリックし、続けて「その他」をクリックします。「表示を消す」ブロックをドラッグして、「アイコンを表示」ブロックの下につなげます。

➡ micro:bitのLED画面をどんな形に光らせるかを指定できます。40種類の形が用意されています。マウスポインターを合わせてしばらく動かさずにいると、形の名前がツールチップで表示されます。

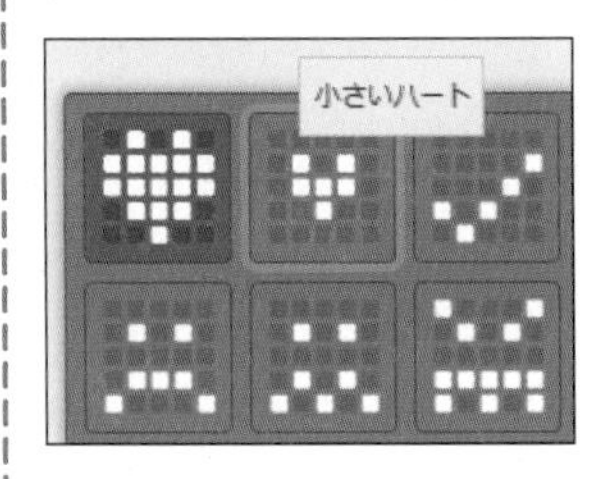

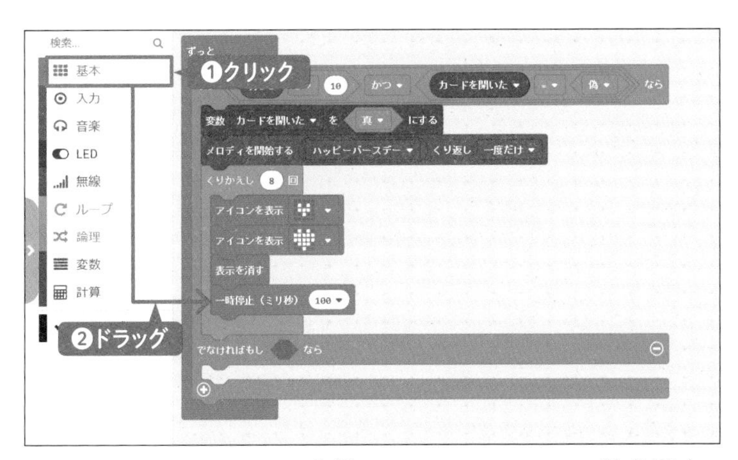

7 ツールボックスの「基本」をクリックします。「一時停止（ミリ秒）100」ブロックをドラッグして、「表示を消す」ブロックの下につなげます。

➡「一時停止（ミリ秒）」ブロックは、前にあるブロックの状態でプログラムをいったん止めるためのブロックです。ここでは、ＬＥＤ画面の表示をどのくらいの間消したままにするかを設定します。

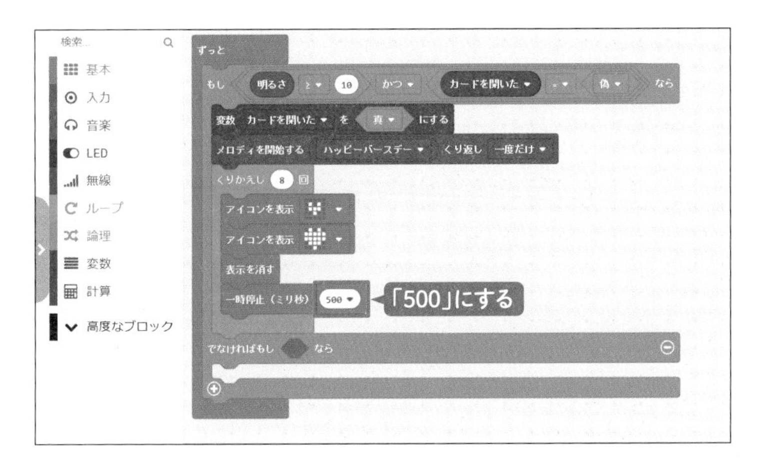

8 「100」を「500」に変えます。

➡「100」をクリックして「500ｍｓ」を選ぶか、直接数字を入力します。

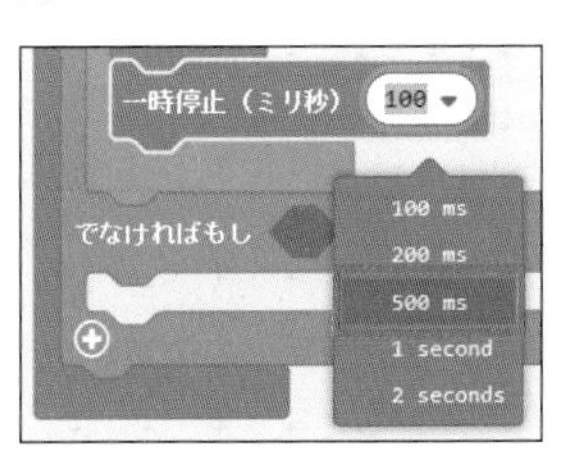

➡ ブロックの時間の単位は「ミリ秒（millisecond）」です。1秒＝1000ミリ秒です。ここでは0.5秒にしたいので、数字を「500」にしています。

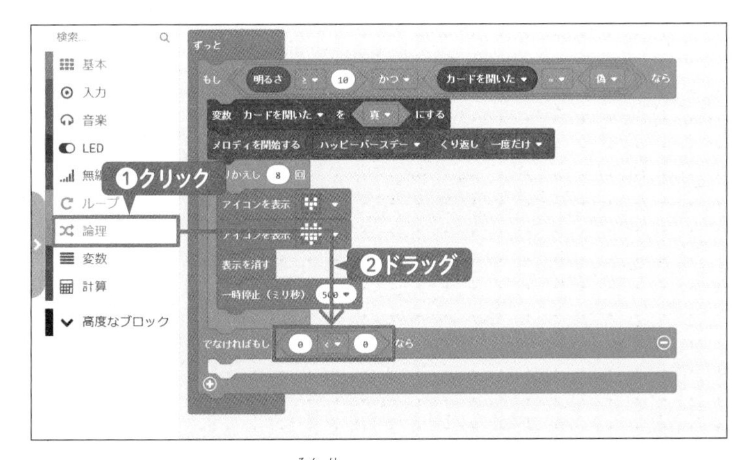

9 ツールボックスの「論理」をクリックします。「0＜0」ブロックをドラッグし、「でなければもし［　］なら」ブロックの［　］部分に入れます。

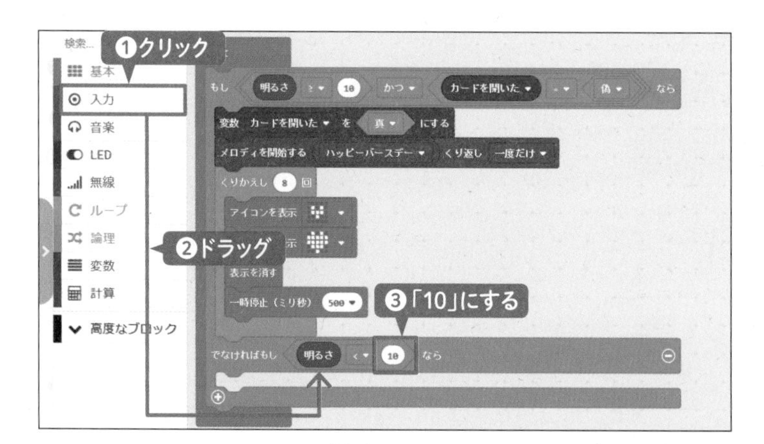

10 ツールボックスの「入力」をクリックします。「明るさ」ブロックをドラッグして、「0<0」ブロックの前の「0」のところに入れます。後ろの「0」を「10」に変えます。

➡ 最初の条件「明るさ≧10」と反対の条件になるように、「明るさ<10」としています。

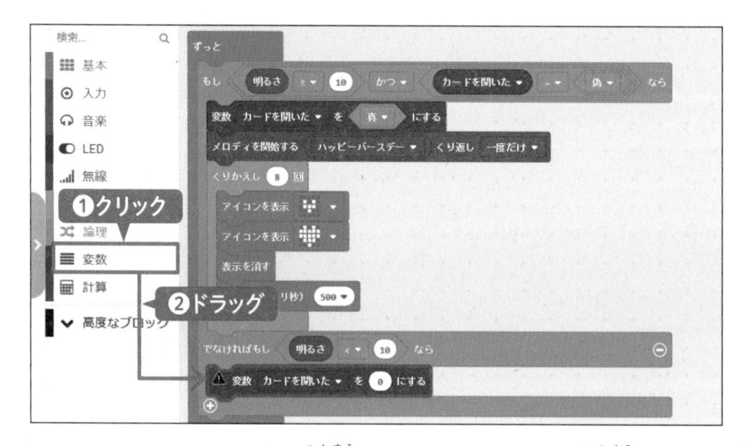

11 ツールボックスの「変数」をクリックします。「変数 カードを開いたを0にする」ブロックをドラッグして、「でなければもし明るさ<10なら」ブロックの間に入れます。

➡ ブロックを入れた直後は、プログラムにまちがいがあるため、ブロックが赤わくで囲まれ、「!」マークが表示されます。次の手順12の操作を行うと、通常の表示にもどります。

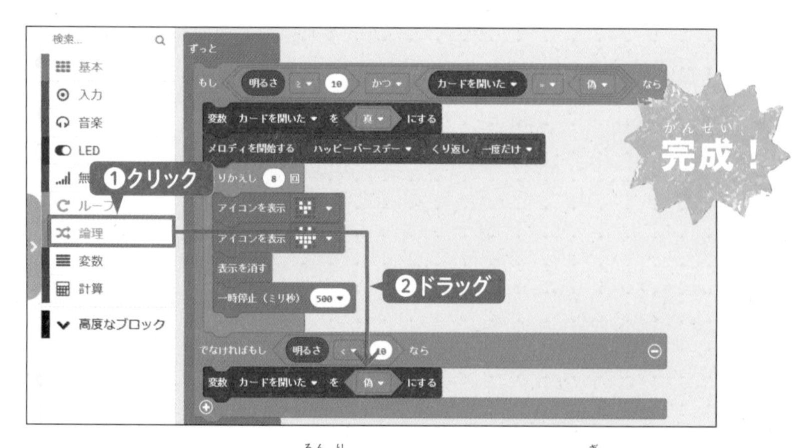

12 ツールボックスの「論理」をクリックします。「偽」ブロックをドラッグして、「0」のところに入れます。これでバースデーカードのプログラムは完成です!

シミュレーターでプログラムをかくにんしよう

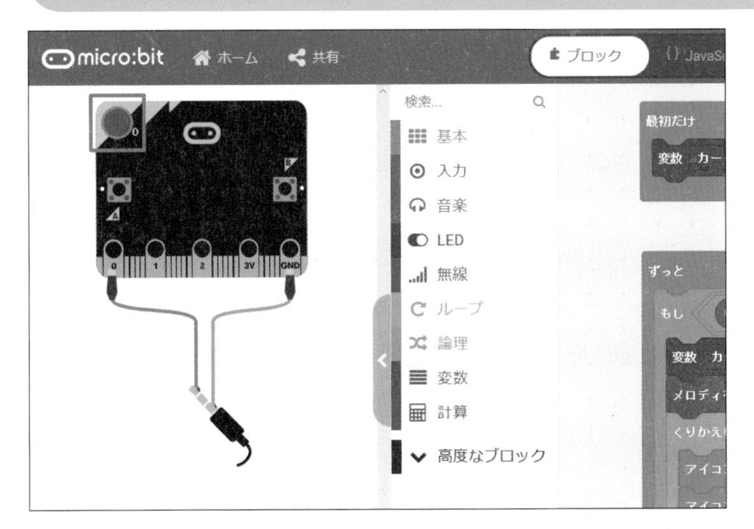

1 作った(つく)プログラムをかくにんしましょう。左上(ひだりうえ)に「照度計(しょうどけい)」が表示(ひょうじ)されているので、円内(えんない)で上方向(うえほうこう)にドラッグしていったん明(あか)るさを0にします。

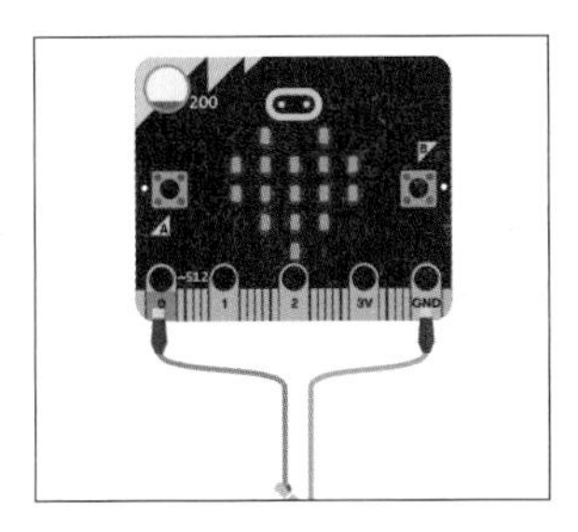
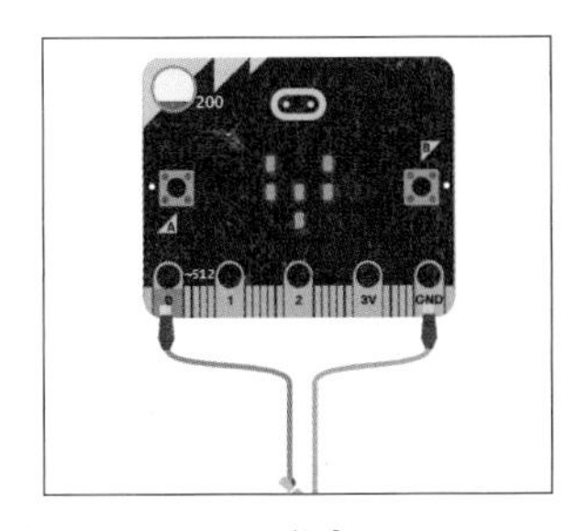

2 下方向(したほうこう)にドラッグして明(あか)るさを10以上(いじょう)にすると、ハッピーバースデーのメロディが流(なが)れ、LED(エルイーディー)画面(がめん)の表示(ひょうじ)が切(き)りかわります。

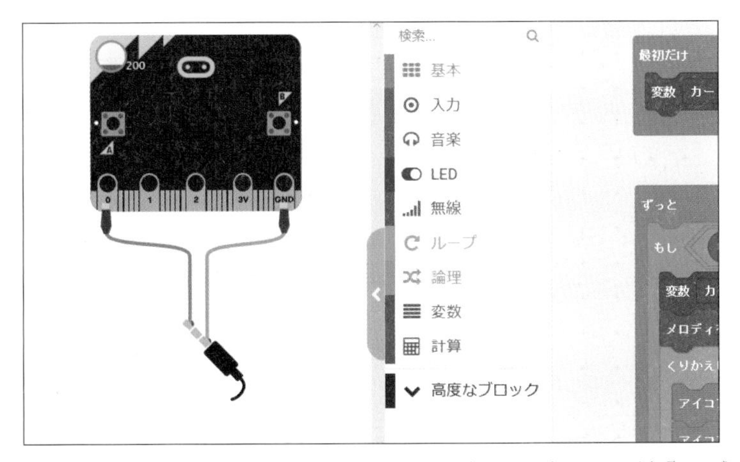

3 8回(かい)ハートが表示(ひょうじ)されてメロディの再生(さいせい)が終(お)わり、LED(エルイーディー)が消(き)えた状態(じょうたい)になります。

➡ 照度計(しょうどけい)には、LED(エルイーディー)に当(あ)たった明(あか)るさ（光(ひかり)の量(りょう)）がどのくらいなのかが表示(ひょうじ)されます。円内(えんない)を上下(じょうげ)にドラッグすることで、明(あか)るさを変(か)えられます。上方向(うえほうこう)にドラッグすると「0」になり、下方向(したほうこう)にドラッグすると最大(さいだい)の「255」になります。

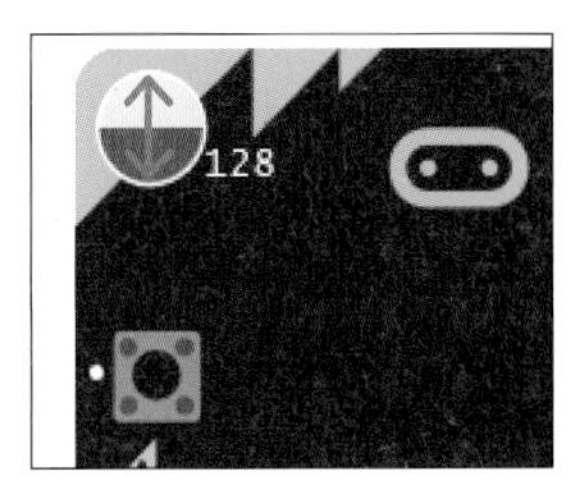

➡ メロディが聞(き)こえない場合(ばあい)は、「オーディオをミュートにする」がオンになっていないか（■の状態(じょうたい)）、パソコン自体(じたい)のスピーカーがミュートに設定(せってい)されていないかを確認(かくにん)してください。

※「ミュート」とは、テレビやスマートフォンなどの音(おと)を消(け)す機能(きのう)のことです。

➡「10より明るいなら」という条件(じょうけん)のプログラムにしたので、照度計(しょうどけい)の明(あか)るさが10未満(みまん)の場合(ばあい)は、何(なに)も起(お)こりません。

工作する

プログラムを作れたら、次はmicro:bit本体とモジュールを組み合わせてそうちを作り、バースデーカードを工作しましょう。LED画面の位置に合わせて、カードを四角く切り取ることがポイントです。あとは、カードを自由に作ってください。

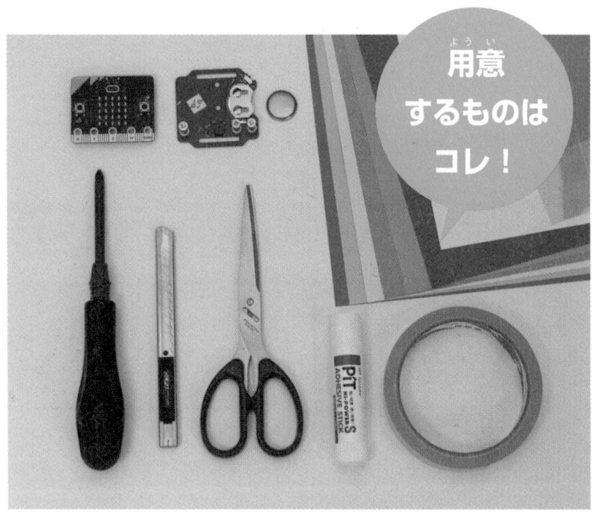

- 作ったプログラムを書きこんだmicro:bit
→書きこむ方法は18ページ参照
- micro:bit用バングルモジュール［別売］
→170ページ参照
- ボタン電池（CR2032）
- プラスドライバー（#2）
- カッター、ハサミ、セロハンテープ、のり、定規など
- 厚紙×2まい（内側・外側用）
※A4サイズ以上。作例では内側と外側で、サイズのちがう紙を使っています。
- カードをかざるもの（色画用紙やセロファン、色えんぴつ、マジックなど）

作り方

スイッチ

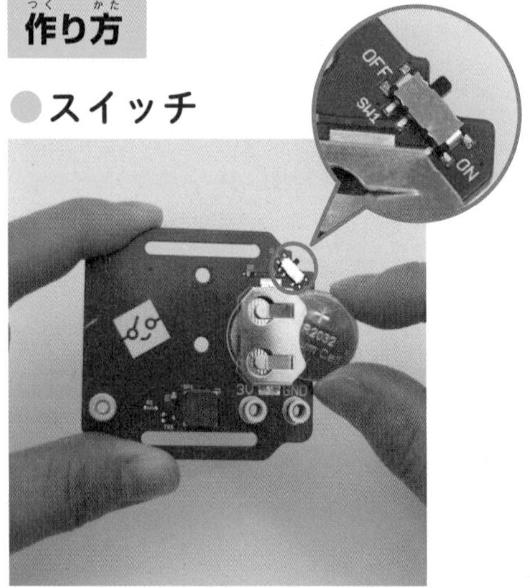

1 まず、そうちを作りましょう。バングルモジュールの右上にあるスイッチを「OFF」にして、ボタン電池（CR2032）の＋（プラス）を上にしてセットします。

注意 ボタン電池の＋（プラス）と−（マイナス）の向きをまちがえないように、注意しましょう。

メモ この作例では、バングルモジュールのバンドは使いません。

2 バングルモジュールの上に、micro:bit本体を乗せます。「0」と「3V」「GND」のあなに、ドライバーでキット付属のネジを回し入れて固定します。

3 続いて、カード部分を作っていきます。用意した内側と外側用の紙を半分に折って、それぞれ折り目を付けます。

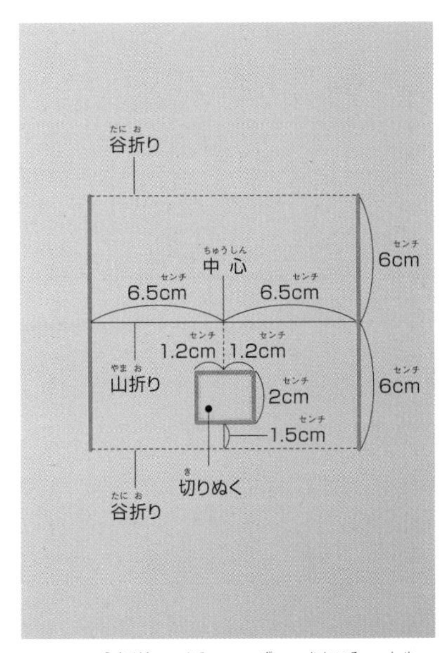

4 内側の紙に、図の赤色で示した位置に切れこみを入れ、LED画面が見えるように四角く切りぬきます。

メモ 切る線のほか、折る線もえんぴつでうすく書いておくと、作りやすいです。

5 切りこみを入れた部分を、山折り、谷折りして起こします。立体部分の後ろが、micro:bitを入れる場所です。

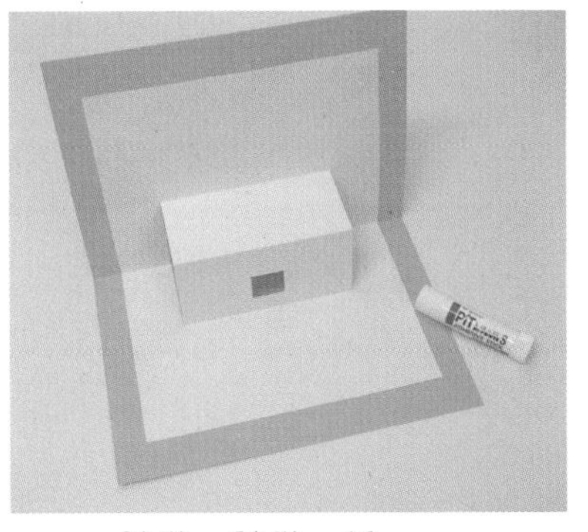

6 内側と外側の紙をのりではり合わせます。内側の紙のふち全体に1cmほどのはばにのりを付けて、外側の紙に重ねてはりつけましょう。

7 絵や文字を書いたり、色画用紙や折り紙を使って、バースデーカードを自由にかざりましょう。最後に、立体部分の後ろにmicro:bitを入れて、マスキングテープなどでとめたら完成です！

完成！

バングルモジュールのスイッチを「ON」にして、カードをとじてプレゼントしましょう。カードを開くと、ハッピーバースデーのメロディが流れて、LEDにハートマークが表示されます。

ドキドキしながら輪くぐりさせる

ふれると音が鳴る「輪くぐりゲーム」を作ろう

はり金で自由にコースを作り、電極につないだ輪をくぐらせるゲーム機「輪くぐりゲーム」を作りましょう。
コースにふれないよう輪くぐりするのは、むずかしいけれどスリル満点！

［レベル］★☆☆☆☆　［時間の目安］60分［プログラミング30分＋工作30分］

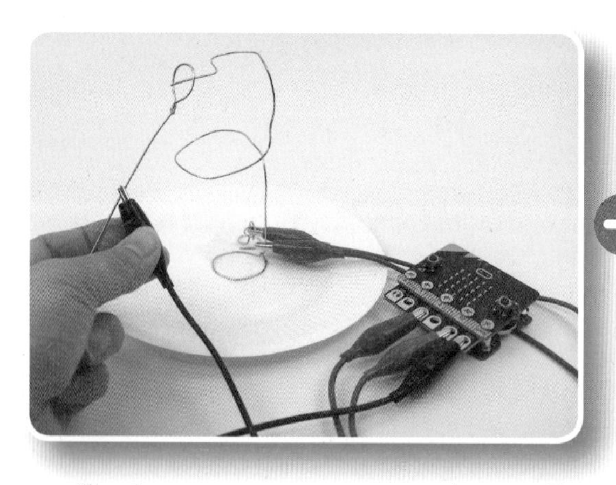

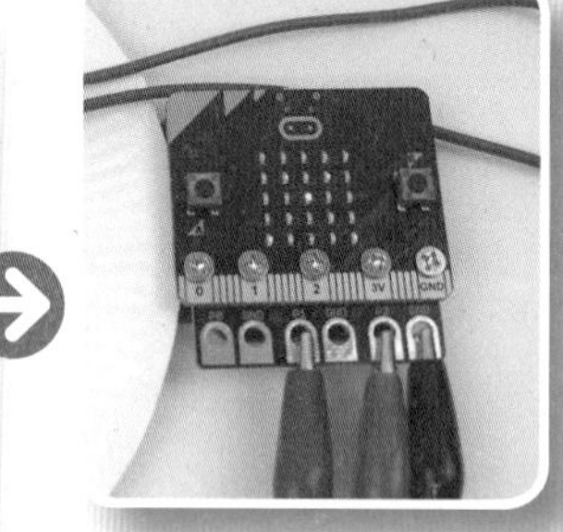

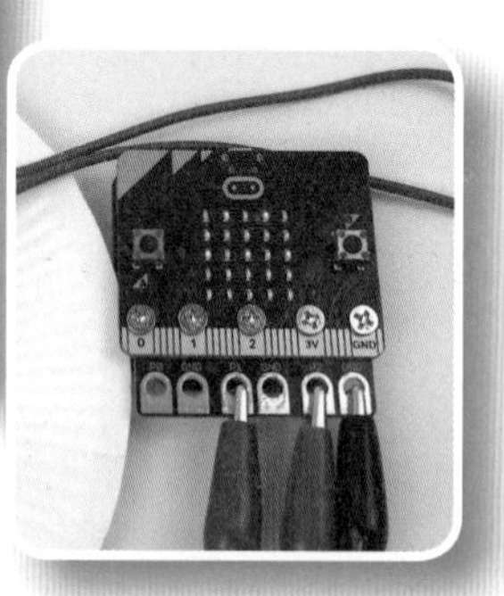

はり金に輪をくぐらせていきます……輪がはり金にふれると表示が出たり、音が鳴ったりします。

用意する物

■ プログラミング

micro:bit、パソコン、USBケーブル

■ 工作

バングルモジュール、ボタン電池（CR2032）、つなぎやすくする基板、ドライバー、ハサミ、ペンチ、ワニ口クリップ（ケーブル）、はり金、土台（紙皿やタンボール、ねん土など）

※この作例では「バングルモジュール」「ワニ口クリップ」を使います。パーツは、スイッチエデュケーションのWebサイトやパーツショップ、ネットショップなどから買えます。バングルモジュールについては、170ページでしょうかいしています。

レシピのポイント

micro:bitには、0、1、2、3V、GNDといった端子があります。輪くぐりゲームは金属のぼうどうしがふれたことをタッチセンサーを使って検出します。P0とGND、P1とGND、P2とGNDそれぞれの端子がふれることでタッチセンサーが反応します。P0はバングルモジュールのスピーカーにつながっているので使えません。P1、P2のタッチセンサーを使います。

プログラムを作る

P1の端子に輪くぐりゲームのコースとなるはり金、P2にゴールとなるはり金、GNDには先が輪になったぼうをつなぎます。はり金と輪がふれるとLEDに表示が出たり、音が鳴ったりするプログラムを作ります。

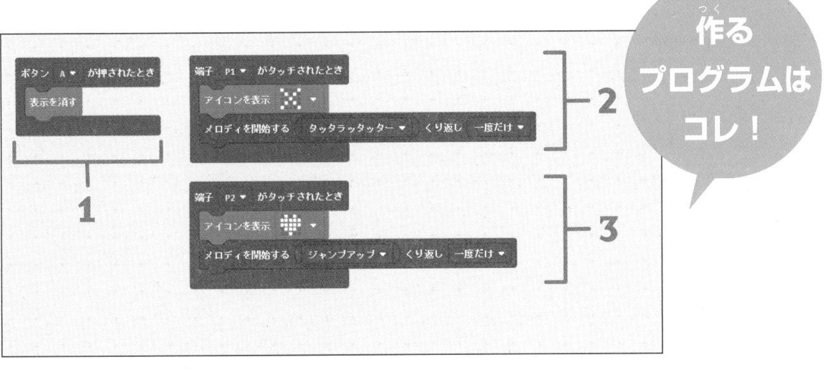

1 ボタンA を押してゲームをスタートします。

2 とちゅうで輪がコースのはり金にふれると「×」がLEDに表示され、「残念」音が鳴ります。

3 輪がコースの最後まで進み、ゴールのはり金にさわると、ハートマークがLEDに表示され、「もり上げ」音が鳴ります。

学びのポイント

このプログラムでは、「タッチセンサー」を使います。最初に、プログラム全体の構造と作り方を確認しましょう。

用語

●タッチセンサー

ふれたことを感知します。micro:bitのP0、P1、P2などの各端子は、GNDとつなぐことでタッチセンサーとして使えます。

輪がはり金にふれたときのプログラムを作ろう

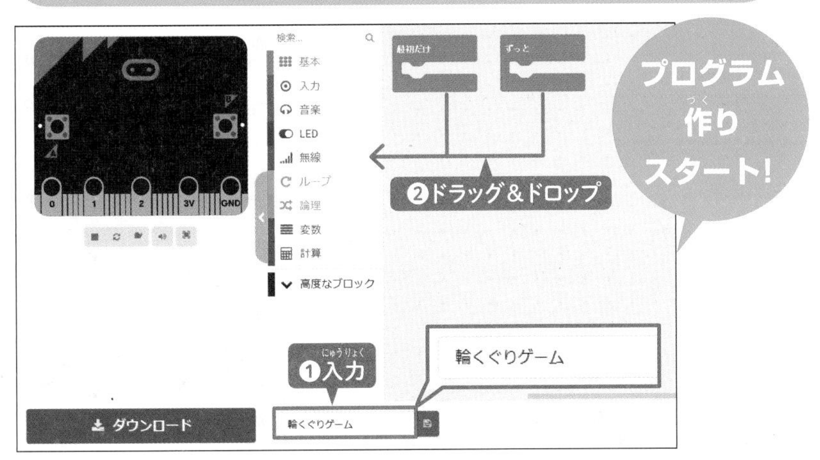

1 新しいプロジェクトを始めます。「輪くぐりゲーム」と名前を入力します。「最初だけ」ブロックと「ずっと」ブロックは使いません。それぞれツールボックスまでドラッグ＆ドロップし、消しましょう。

➡ インターネットに接続したパソコンでブラウザーソフトを起動し、プログラミングソフトのホーム画面（http://makecode.microbit.org/）を開き、［新しいプロジェクト］をクリックします。

➡ ブロックを右クリックして、表示されるメニューから「ブロックを削除する」を選ぶか、「delete」キーを押して消す方法もあります。

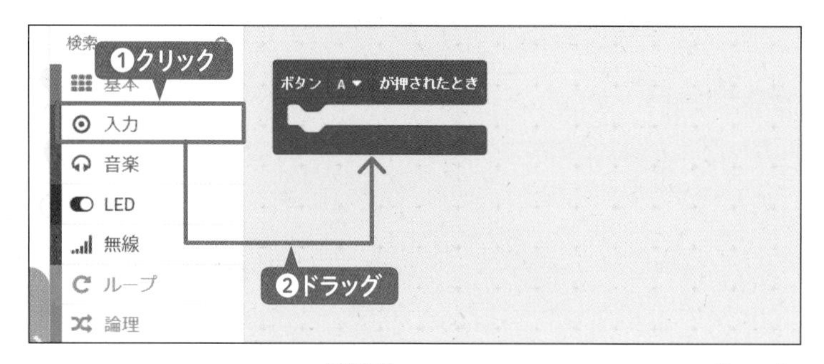

➡ ツールボックスのメニューは、ドラッグを始めると消えます。手順ではメニューの画面を省略することがあります。

2 ツールボックスの「入力」をクリックします。「ボタンAが押されたとき」ブロックをドラッグして、プログラミングエリアの左上あたりでドロップします。

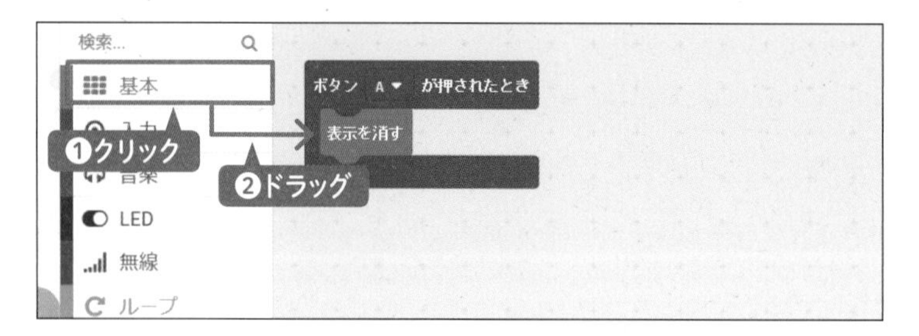

➡ ゲームを始めるためのボタンAを押したときに、LEDの表示をいったん消すようにプログラムしています。

3 ツールボックスの「基本」をクリックし、続けて「その他」をクリックします。「表示を消す」ブロックをドラッグして、「ボタンAが押されたとき」ブロックの間に入れます。

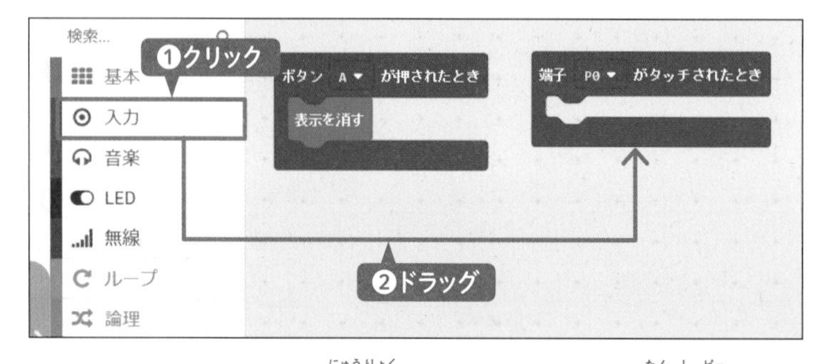

4 ツールボックスの「入力」をクリックします。「端子P0がタッチされたとき」ブロックをドラッグして、「ボタンAが押されたとき」ブロックの右側のあたりでドロップします。

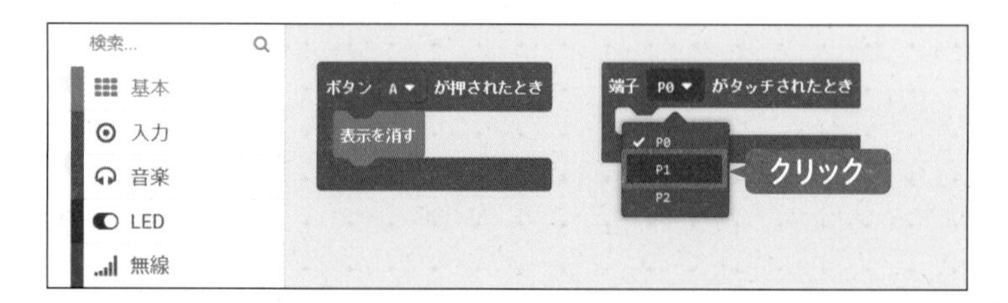

➡ ボタンAを押したときとは別に、はり金と輪がふれたときのプログラムを作ります。

5 「P0」をクリックし、「P1」をクリックして選びます。

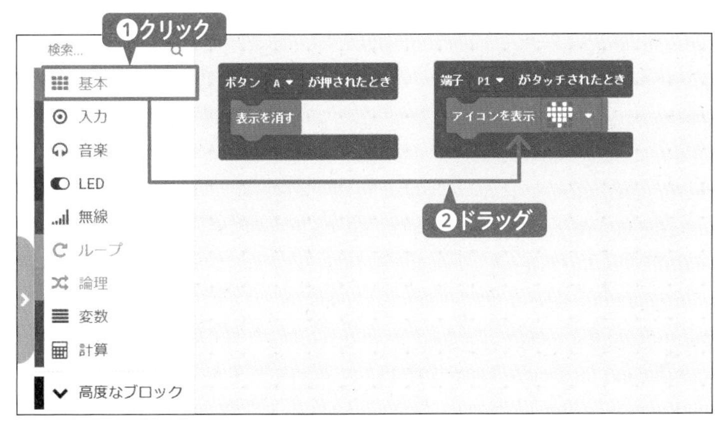

6 ツールボックスの「基本」をクリックします。「アイコンを表示」ブロックをドラッグして、「端子P1がタッチされたとき」ブロックの間に入れます。

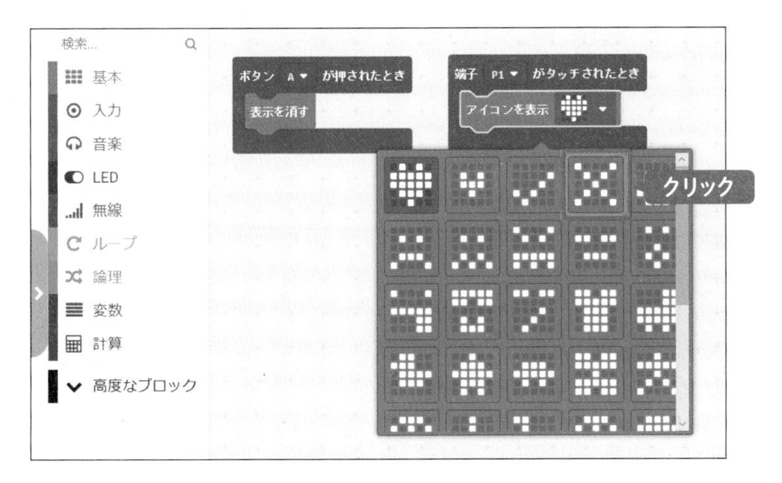

7 ▼をクリックし、「バツ」をクリックして選びます。

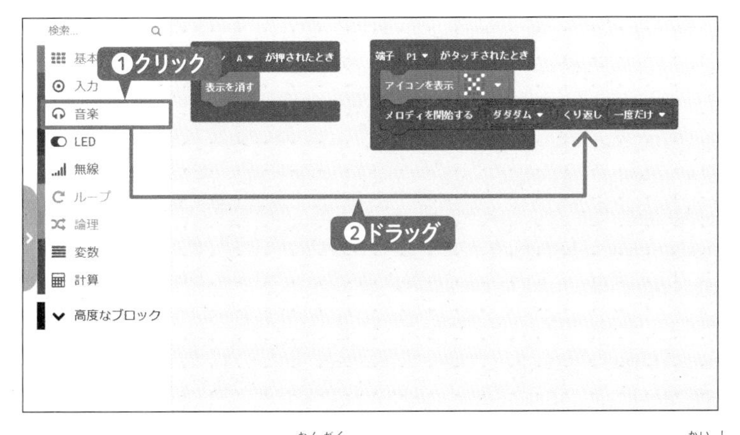

8 ツールボックスの「音楽」をクリックします。「メロディを開始するダダダムくり返し一度だけ」ブロックをドラッグして、「アイコンを表示」ブロックの下につなげます。

➡ micro:bitのLED画面をどんな形に光らせるかを指定できます。ここでは、はり金が輪にふれてしまったときのミスの表示なので、「×」にしています。マウスポインターを合わせてしばらく動かさずにいると、アイコンの名前がツールチップで表示されます。

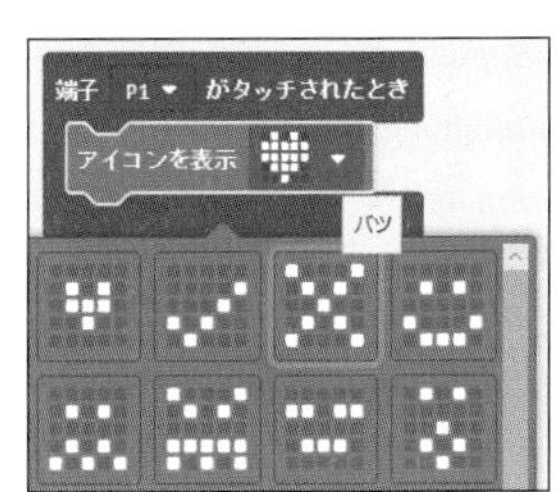

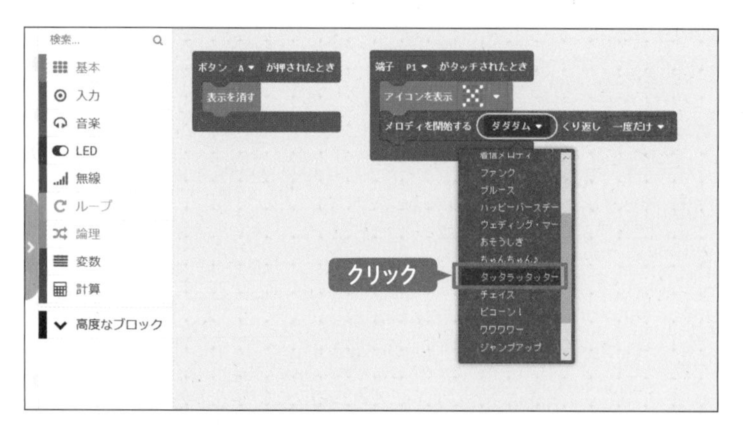

9 「ダダダム」をクリックし、「タッタラッタッター」をクリックして選びます。

➡ ブロックの中の「▼」マークは、プルダウンメニューがあることを表しています。クリックするとメニューが表示されます。「✓」マークが付いているものが、現在選ばれているものです。

ゴールしたときのプログラムを作ろう

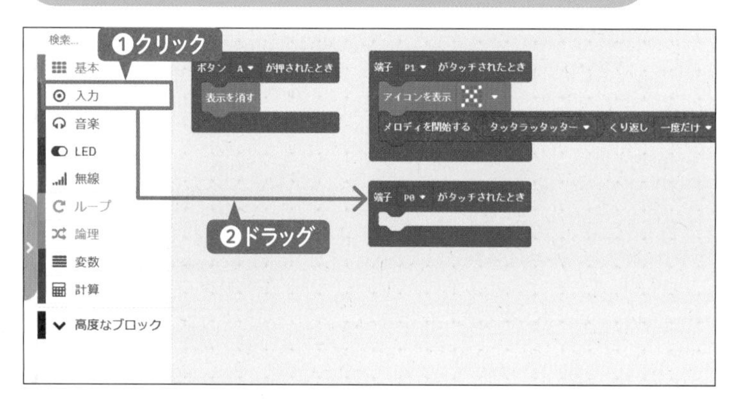

1 ツールボックスの「入力」をクリックします。「端子P0がタッチされたとき」ブロックをドラッグして、「端子P1がタッチされたとき」ブロックの少し下にドロップします。

➡ プログラミングエリアのどの位置にブロックをドロップしても、プログラムの実行には影響はありませんが、全体の構造を考え、分かりやすい位置に配置するとよいでしょう。

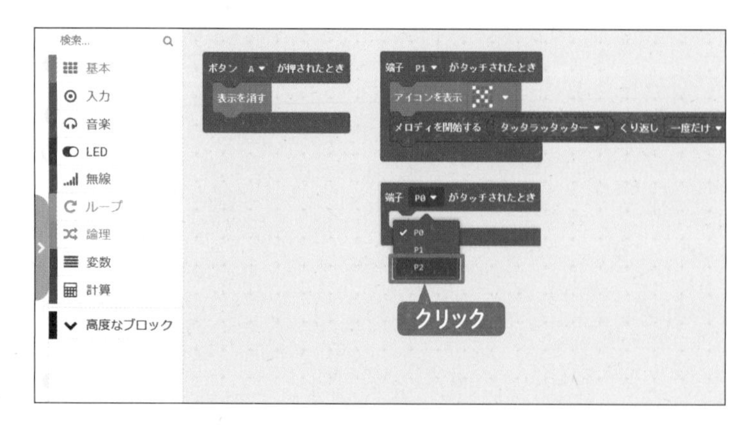

2 「P0」をクリックし、「P2」をクリックして選びます。

➡ ボタンAを押したとき、途中ではり金と輪がふれたときとは別に、ゴールのはり金にふれたときのプログラムを作ります。

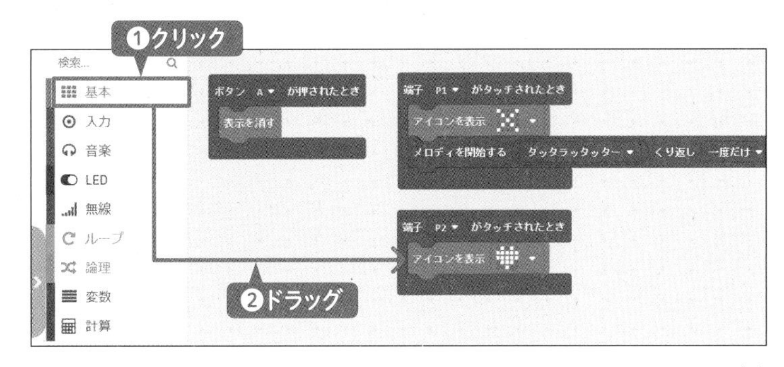

3 ツールボックスの「基本」をクリックします。「アイコンを表示」ブロックをドラッグして、「端子P2がタッチされたとき」ブロックの間に入れます。こちらは「ハート」のままにします。

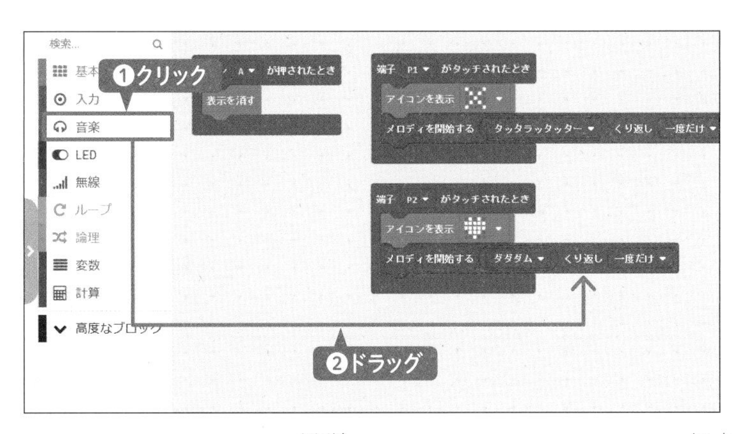

4 ツールボックスの「音楽」をクリックします。「メロディを開始するダダダムくり返し一度だけ」ブロックをドラッグして、「ハート」の「アイコンを表示」ブロックの下につなげます。

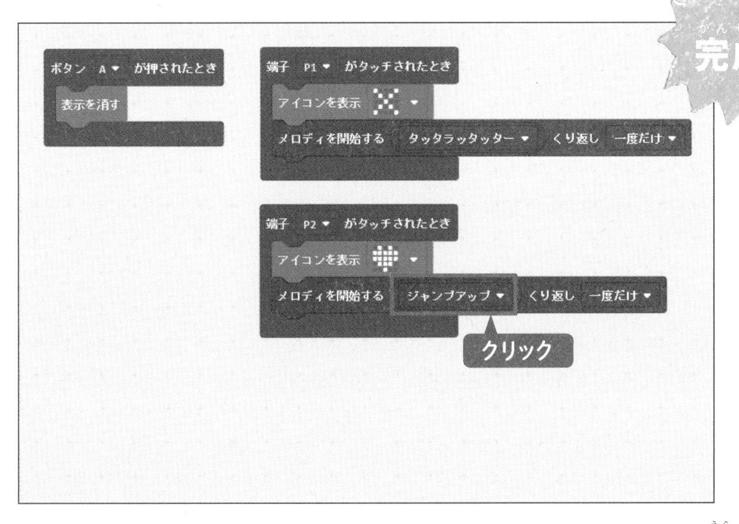

5 「ダダダム」をクリックし、「ジャンプアップ」をクリックして選びます。これで輪くぐりゲームのプログラムは完成です！

➡ 完成したら、シミュレーターでプログラムを確認してみましょう。ボタンAをクリックしてプログラムをスタートします。端子の「1」をクリックすると輪がはり金にふれたとき、「2」をクリックするとゴールしたときのプログラムが実行されます。

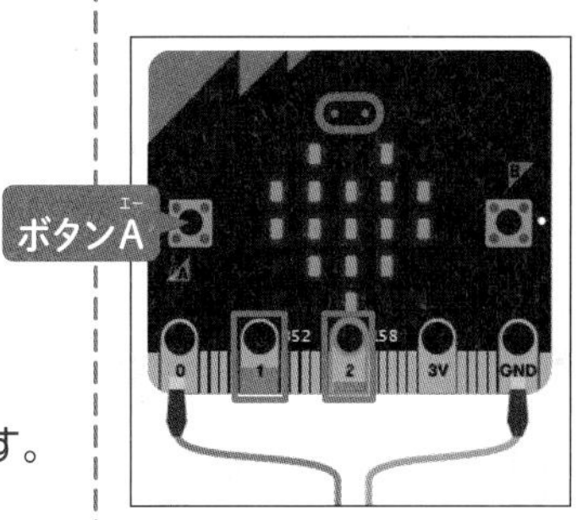

応用 ▶ ゴールまでにかかった時間を表示させよう

ゴールするまでにかかった時間を計って記録を表示できるようにしてみましょう。ボタンAが押されたときをスタートとして、その時の時間を記録します（この時間とは、micro:bitが起動してから何ミリ秒たったかの時間です。現在の時こくではありません）。同じように、ゴールしたタイミングで時間を記録し、ゴールの時間からスタートの時間を差し引いて、かかった時間を表示します。

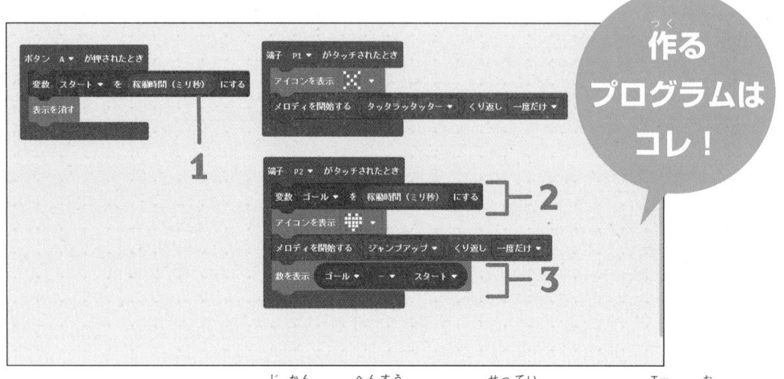

1 スタートしたときの時間を「変数」として設定し、ボタンAが押されたときの時間を記録します。

2 ゴールしたときの時間を記録します。

3 ゴールした時間からスタートした時間を引き、ゴールまでにかかった時間を表示します。

➡ ボタンAを押してスタートしたときの時間と、ゴールのはり金にふれたときの時間を記録し、その差を計算させます。実際に遊ぶときは、ボタンAを押したらすぐにゲームを始めるよう気をつけましょう。

タイマーのプログラムを追加しよう

続きから作ろう！

右に移動

ボタン A ▾ が押されたとき
表示を消す
端子 P1 ▾ がタッチされたとき
アイコンを表示
メロディを開始する タッタラッタッター ▾ くり返し 一度だけ ▾
端子 P2 ▾ がタッチされたとき
アイコンを表示
メロディを開始する ジャンプアップ ▾ くり返し 一度だけ ▾

1 作ったプログラムに、タイマーのプログラムを追加するので、右側の2つのプログラムを、少し右のほうに移動しておきましょう。

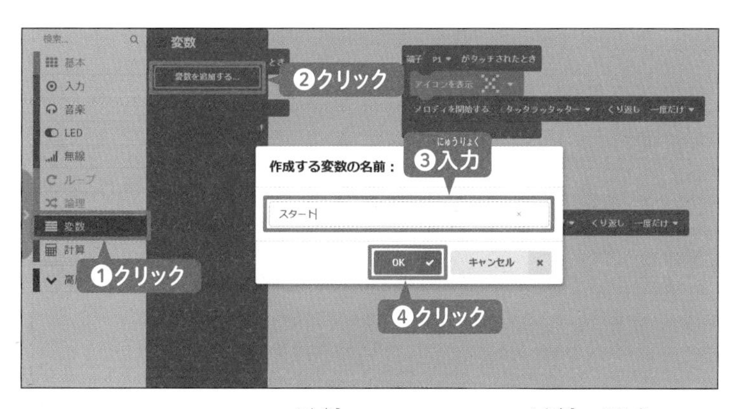

2 ツールボックスの「変数」をクリックし、「変数を追加する」をクリックします。「スタート」と名前を入力し、「OK」をクリックします。

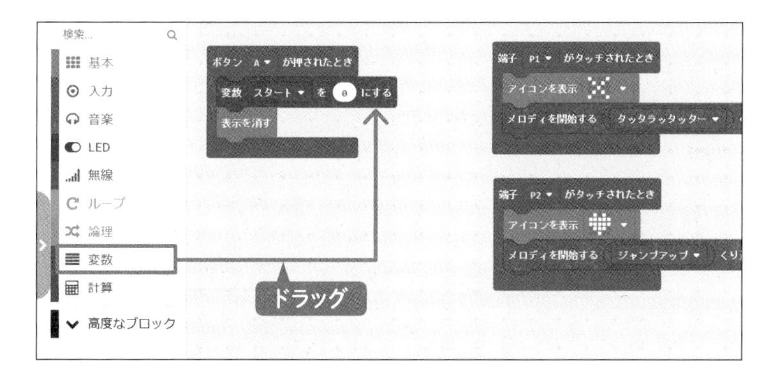

3 「スタート」の変数が作られて、新しいブロックが追加されます。「変数スタートを0にする」ブロックをドラッグして、「ボタンAが押されたとき」ブロックの間の「表示を消す」ブロックの上に入れます。

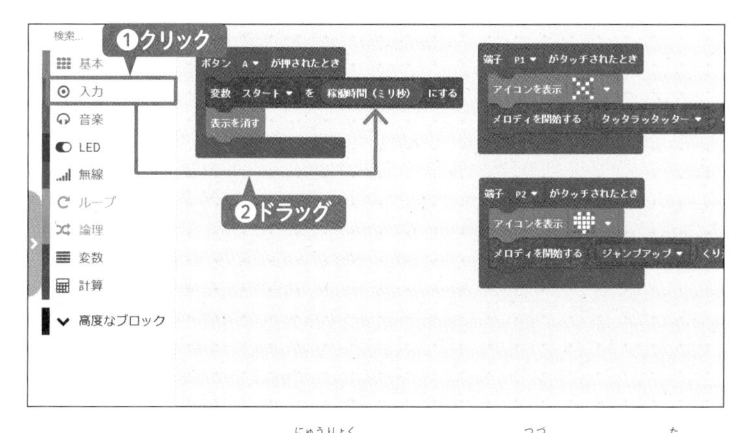

4 ツールボックスの「入力」をクリックし、続けて「その他」をクリックします。「稼働時間（ミリ秒）」ブロックをドラッグして、「0」のところに入れます。

➡ 変数の名前は、自由に付けられます。何をするのかが分かりやすい名前を付けましょう。ここでは、ゲームを始めたときのプログラムなので、「スタート」という名前にしています。

➡ 変数を追加すると、
「スタート（変数の名前）」
「変数 スタートを0にする」
「変数 スタートを1だけ増やす」
ブロックが作られます。

➡ あとからブロックを追加したことで、はなれたところに作ったブロックどうしが重なってしまったときは、ドラッグして位置を移動し、調整しましょう。

➡ 入れたいブロックを「0」の上までドラッグし、「0」のわくが黄色で表示されたらマウスボタンから指をはなしてドラッグしましょう。

5 ツールボックスの「変数」をクリックし、「変数を追加する」をクリックします。「ゴール」と名前を入力し、「OK」をクリックします。

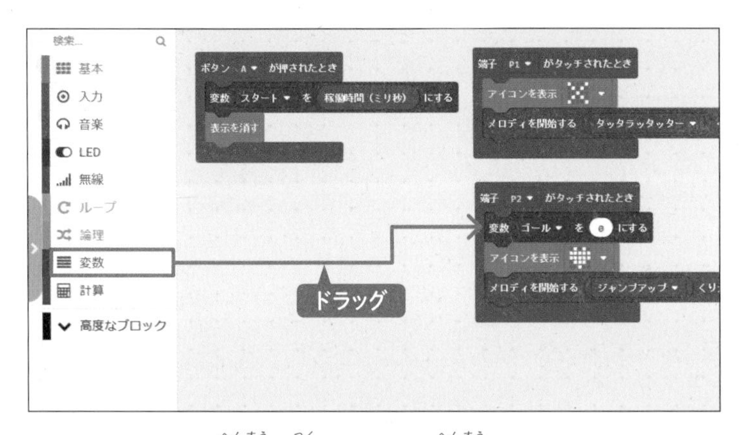

6 「ゴール」の変数が作られます。「変数 ゴールを0にする」ブロックをドラッグし、「端子P2がタッチされたとき」ブロックの間の「アイコンを表示」ブロックの上に入れます。

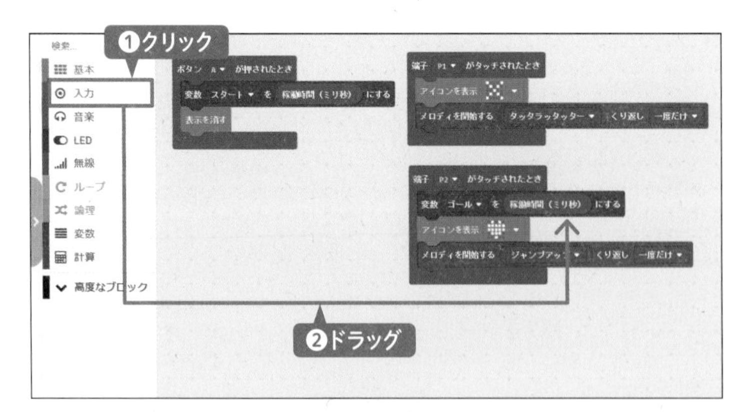

7 ツールボックスの「入力」をクリックし、続けて「その他」をクリックします。「稼働時間（ミリ秒）」ブロックをドラッグして、「0」のところに入れます。

➡ ゲームを始めたときの変数のほか、ゴールしたときの変数も作ります。

➡「スタート」の変数を作ったあとに「ゴール」の変数を追加すると、▼をクリックすると表示されるプルダウンメニューから、変数を切り替えられるようになります。

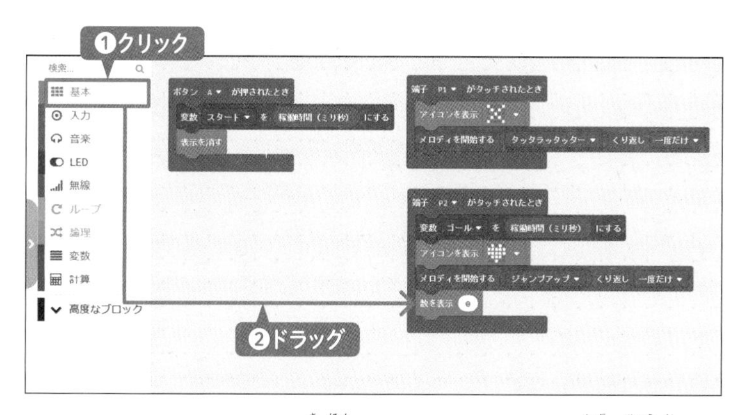

8 ツールボックスの「基本」をクリックします。「数を表示0」ブロックをドラッグして、「端子P2がタッチされたとき」ブロックの間の「メロディを開始するジャンプアップくり返し一度だけ」ブロックの下につなげます。

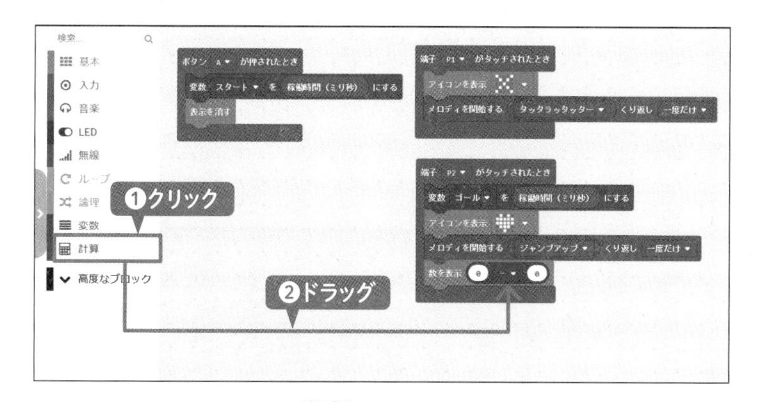

9 ツールボックスの「計算」をクリックします。「0-0」ブロックをドラッグして、「0」のところに入れます。

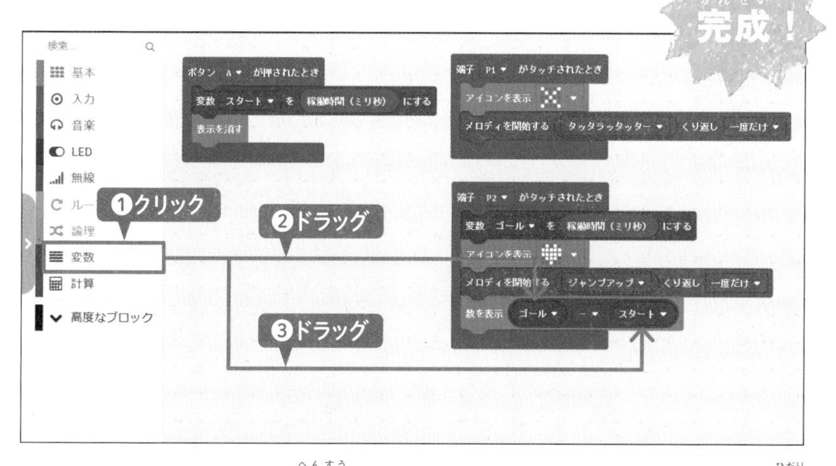

10 ツールボックスの「変数」をクリックします。「ゴール」ブロックを左側の「0」のところに、「スタート」ブロックを右側の「0」のところにそれぞれドラッグして入れます。これでプログラムは完成です！

➡「数を表示」ブロックでは、ＬＥＤ画面に表示する数を指定できます。

➡ ゴールした時間からスタートした時間を引いた数が、ゲームにかかった時間となります。プログラムが完成したら、シミュレーターで確認しましょう。

工作する

プログラムを作れたら、次は輪くぐりゲームを工作しましょう。どんなコースにするか、輪の大きさをどれくらいにするかがポイントです。いろいろくふうして作りましょう。

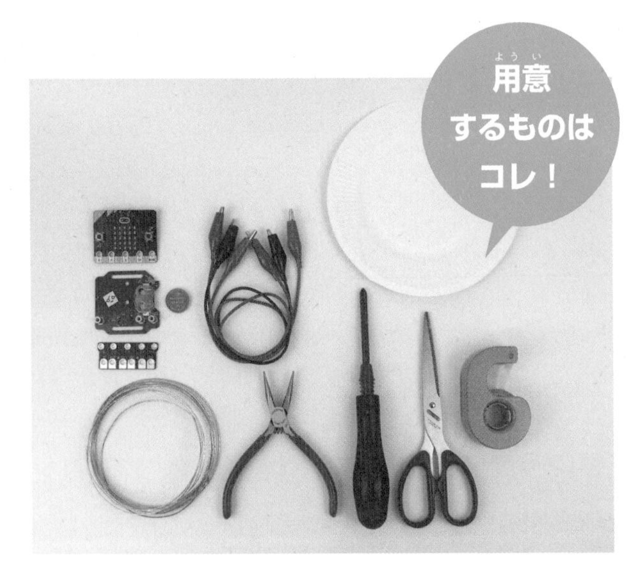

- 作ったプログラムを書きこんだmicro:bit
→書きこむ方法は18ページ参照
- micro:bit用バングルモジュール［別売］
→170ページ参照
- ボタン電池（CR2032）
- つなぎやすくする基板［別売］
※なくても作れます。
- プラスドライバー（#2）
- ワニ口クリップ（ケーブル）×3本
- はり金 50cm程度
※銅や鉄など電気を通すもの。
- ハサミ、ペンチ、セロハンテープなど
- 土台（紙皿やダンボール、ねん土などどんなものでもかまいません）

作り方

1 「つなぎやすくする基板」のあなに、micro:bitのあなを合わせます。micro:bitの「1」と「2」のあなにネジを通し、うら側からナットを回し入れて固定します。「つなぎやすくする基板」を使わない場合は、手順**2**に進んでください。

メモ 「つなぎやすくする基板」が下、micro:bitが上です。指である程度ナットを回し入れたら、ナットをペンチなどで固定し、ドライバーでネジを回し入れてください。

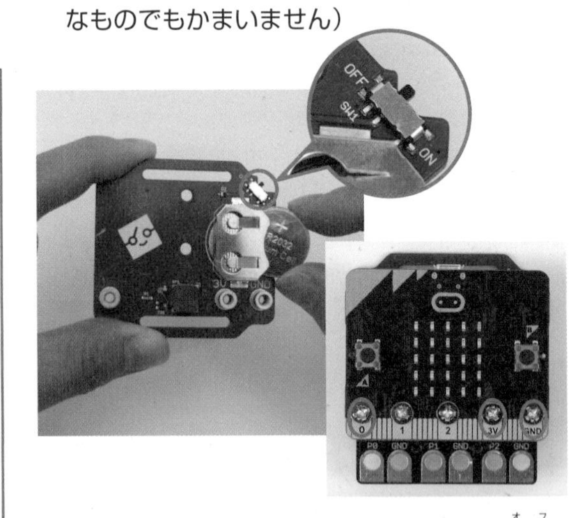

2 バングルモジュールのスイッチを「OFF」にして、ボタン電池（CR2032）の+（プラス）を上にしてセットします。バングルモジュールの上に、micro:bit本体を乗せます。「0」と「3V」「GND」のあなにネジを入れて、ドライバーで固定します。

メモ 「つなぎやすくする基板」を付けているときは、つなぎやすくする基板に付属のネジを使ってください。また、この作例では、バングルモジュールのバンドは使いません。

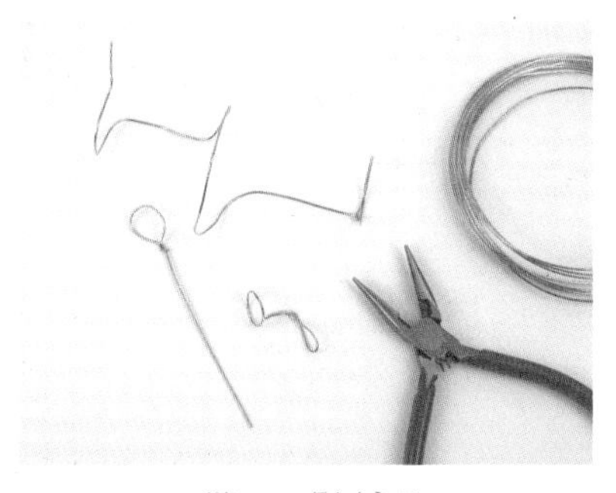

3 はり金を3本用意して、コースやゴールを作りましょう。はり金の長さは目安です。
コース用（20cmほど）……自由に曲げる／輪くぐり用（10cmほど）……かた側の先を輪にする／ゴール用（10cmほど）……小さく曲げる

注意 はり金のはしの部分はとがっているので、手や指などを切らないように注意してください。ペンチを使うようにしましょう。

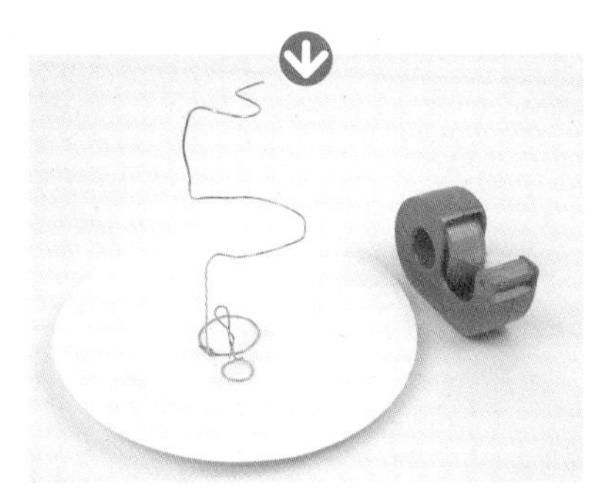

4 コースとゴールのはり金を、セロハンテープなどで土台に固定します。コースとゴールのはり金がふれないようにすることがポイントです。

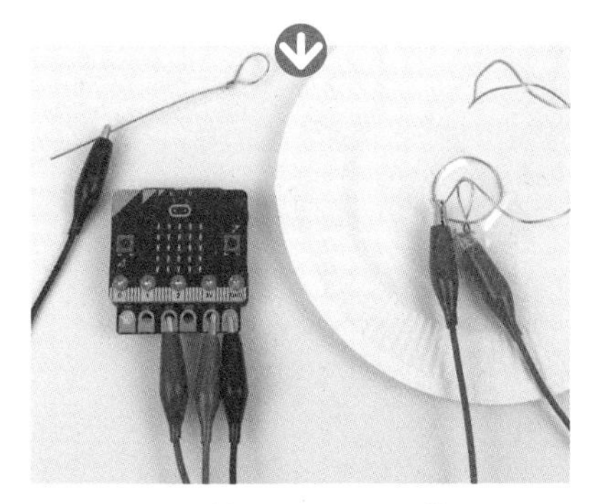

5 ワニ口クリップで次のようにつないだら完成です！

・「P1（1）」とコース用はり金
・「P2（2）」とゴール用はり金
・「GND 」と輪くぐり用はり金

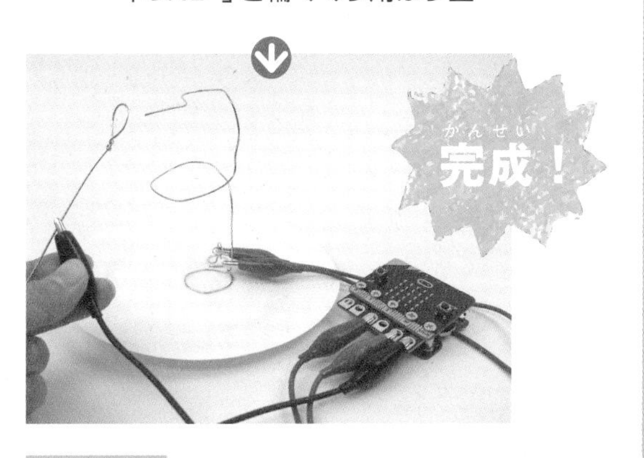

遊び方

1 バングルモジュールのスイッチを「ON」にして、ボタンAを押します。

2 輪をコース用のはり金に通し、コースにふれないようにゴールまでくぐらせます。とちゅうでふれてしまうと、「×」が表示され、残念音が鳴ります。

3 ゴールまで輪をくぐらせ、ゴール用のはり金にタッチします。「ハート」マークが表示され、もり上げ音が鳴ります。
もう一度ゲームがしたいときは、ボタンAを押します。

指導者の方へ：ワークショップを行うときのポイント

まずゲームを実演してみせてください。コースとゴールそれぞれタッチして、アクションが違うことを確認します。次に、どうすれば、作れるかをヒントを出しながら考えさせてもよいでしょう。これから何を作るのか、どんなプログラミングをするのか、など、全体像を簡単に説明してから、作業を開始します。コースの形、LED の表示や音については、自由に作ってもらいましょう。

加速度センサーで光をあやつる

ふる向きでLEDの色が変わる「光る剣」を作ろう

シリアルLEDテープと加速度センサーを使って光る剣を作りましょう。剣をふるとLEDの光が変化します。

［レベル］★★★☆☆　［時間の目安］60分［プログラミング30分＋工作30分］

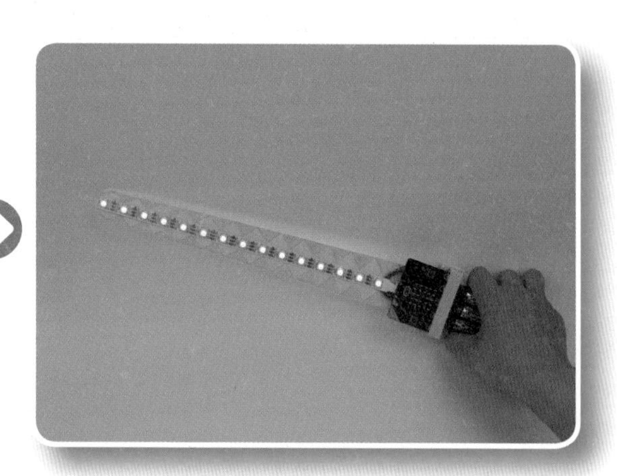

スイッチオンで剣が光ります。剣をふると……光の色が変わります。

用意する物

■ プログラミング

micro:bit、パソコン、USBケーブル

■ 工作

bitPak:Light（ワークショップモジュール、ベーシックモジュール用フルカラーシリアルLEDテープ、樹脂パーツ）、単4形乾電池3本、工作用スチレンボード（ダンボールでもよい）、ハサミまたはカッター、両面テープ、色えん筆など

※この作例では「bitPak:Light」を使います。「ワークショップモジュール」（170ページ参照）や「フルカラーシリアルLEDテープ」がセットになった製品です。スイッチエデュケーションのWebサイトから買えます。

レシピのポイント

micro:bitと光の元となるフルカラーシリアルLEDテープを正しく接続することがポイントです。また、プログラミングのためには、MakeCoadの「高度なブロック」の拡張機能の中にある「Neopixel」という特別なブロックを使います。使い方をくふうすれば、いろいろな光らせ方ができます。

プログラムを作る

フルカラーシリアルLEDテープを拡張機能の「Neopixel」を使ってコントロールし、micro:bitの加速度センサーで、ふる向き（かたむき）で光の色が変わるようにプログラミングします。

ステップ1 ▶ 赤く光らせる

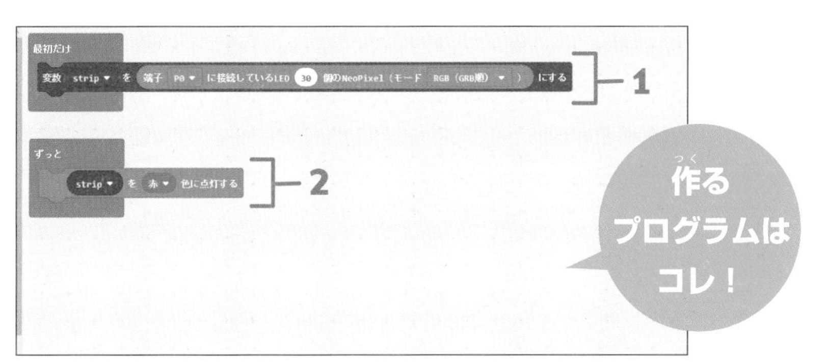

1 フルカラーシリアルLEDテープをつなぐ端子を指定します。

2 フルカラーシリアルLEDテープが赤く光り続けます。

拡張機能を追加しよう

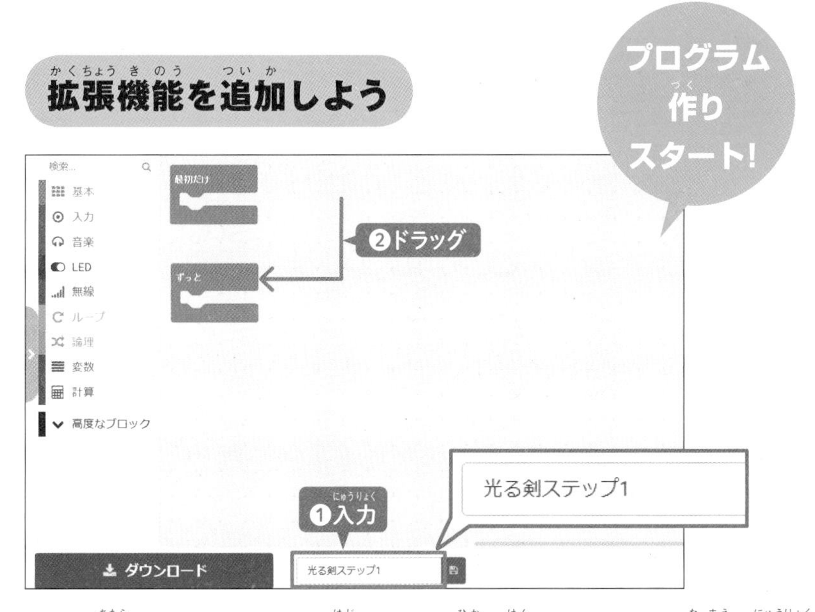

1 新しいプロジェクトを始めます。「光る剣ステップ1」と名前を入力しましょう。プログラミングをしやすいよう、「ずっと」ブロックを「最初だけ」ブロックの下までドラッグしておきます。

学びのポイント

このプログラムでは、拡張機能を使います。拡張機能をツールボックスに加える方法を学びましょう。

用語

●フルカラーシリアルLED（エルイーディー）テープ

フルカラーの出せる30個のLEDライトがついたテープです。

➡ インターネットに接続したパソコンでブラウザーソフトを起動し、プログラミングソフトのホーム画面（http://makecode.microbit.org/）を開き、［新しいプロジェクト］をクリックします。

➡「最初だけ」ブロックのプログラムは、プログラムが動き出した最初の一度だけ実行されます。「ずっと」ブロックのプログラムは、プログラムが動いている間中実行されます。

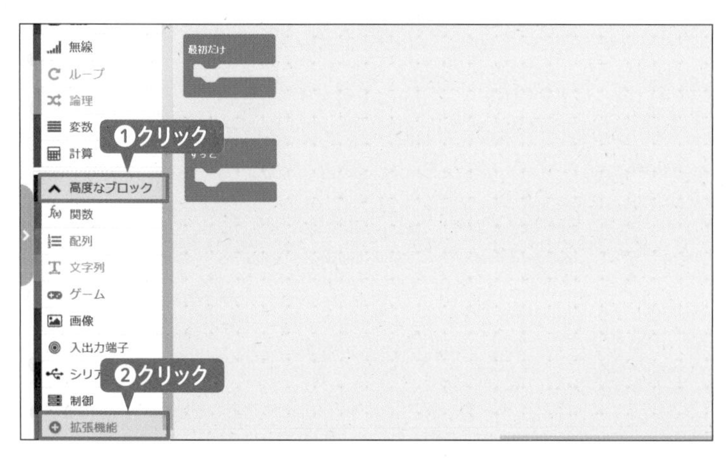

2 ツールボックスの「高度なブロック」をクリックし、「拡張機能」をクリックします。

3 「拡張機能」ページが開きます。光る剣で使う「neopixel」をクリックします。

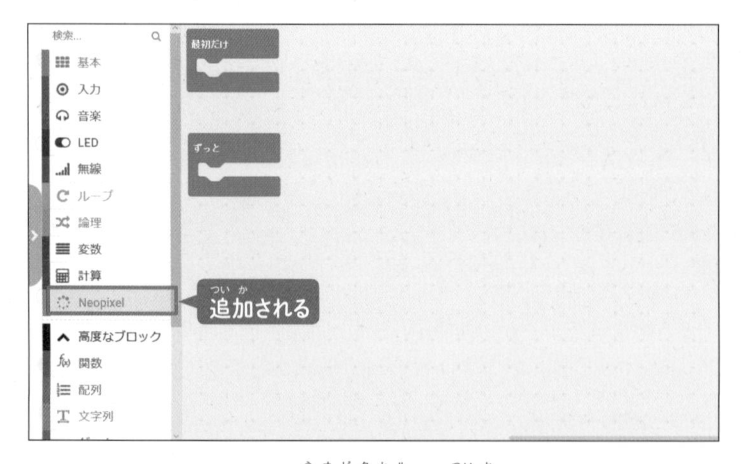

4 ツールボックスに「Neopixel」が追加されました。

●Neopixel（ネオピクセル）

フルカラーシリアルLEDテープのように、シリアル通信でRGBの値がコントロールできるLEDのことです（NeopixelはAdafruitという会社が作っているLEDの製品名です）。

➡「neopixel」が見つからないときは検索して探してください。

赤く光るプログラムを作ろう

1 ツールボックスの「Neopixel」をクリックします。「変数stripを端子P0 に接続しているLED24個のNeopixel（モードRGB（GRB順））にする」ブロックを使います。

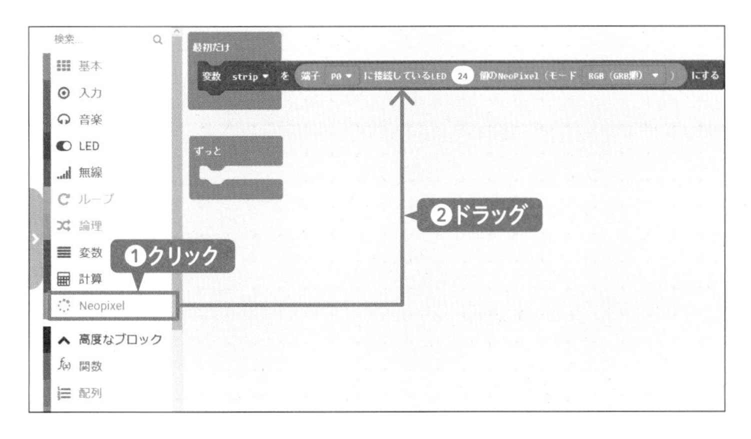

2 ドラッグして、「最初だけ」ブロックの間に入れます。

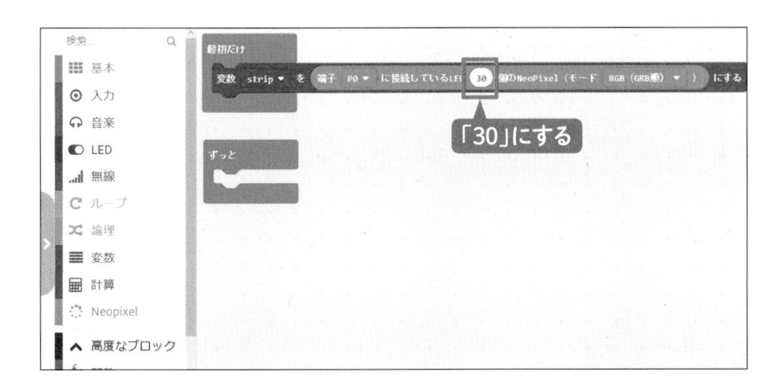

3 「24」を「30」に変えます。

➡ 画面左側のシミュレーターが、フルカラーシリアルＬＥＤテープをつないだ状態になります。

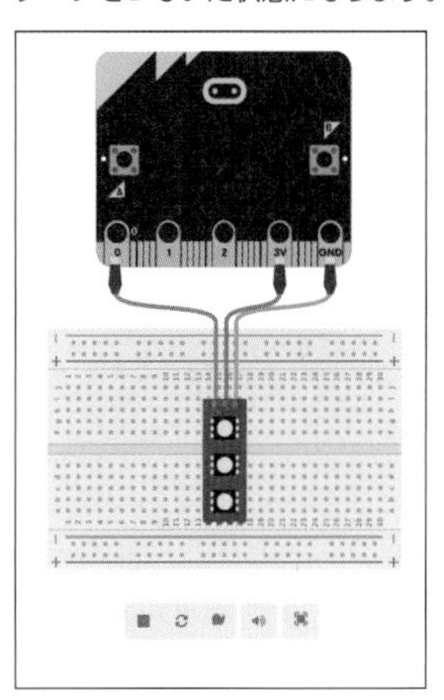

➡「24」を「30」に変えるには、「24」をクリックして文字を入力できる状態にし、キーボードから「3」「0」を入力します。

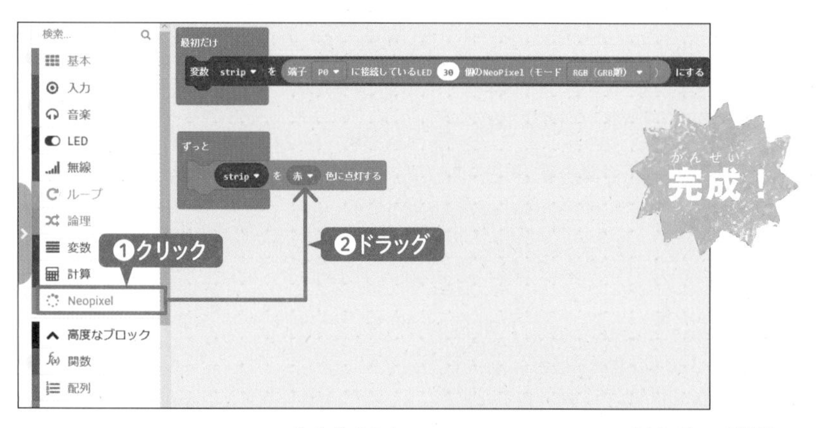

4 ツールボックスの「Neopixel」をクリックします。「strip を赤色に点灯する」ブロックをドラッグして、「ずっと」ブロックの間に入れます。

かくにんしよう

1 作ったプログラムをmicro:bitに書きこみます（書きこむ方法は18ページ参照）。

2 ワークショップモジュールのスイッチをオフにし、単4形乾電池を3本セットします。

3 フルカラーシリアルLEDテープを「P0」のピンに接続します（くわしくは74～75ページ参照）。

4 micro:bitの表（LED側）を上にして、ワークショップモジュールに差しこみます。

5 スイッチをオンにして、フルカラーシリアルLEDテープが赤く光ることをかくにんしましょう。

6 かくにんしたら、スイッチをオフにします。

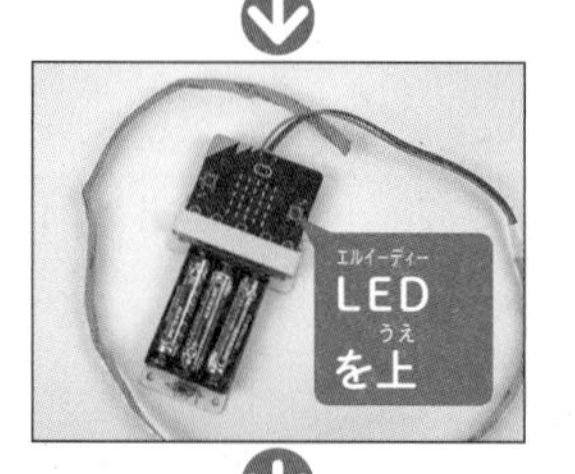

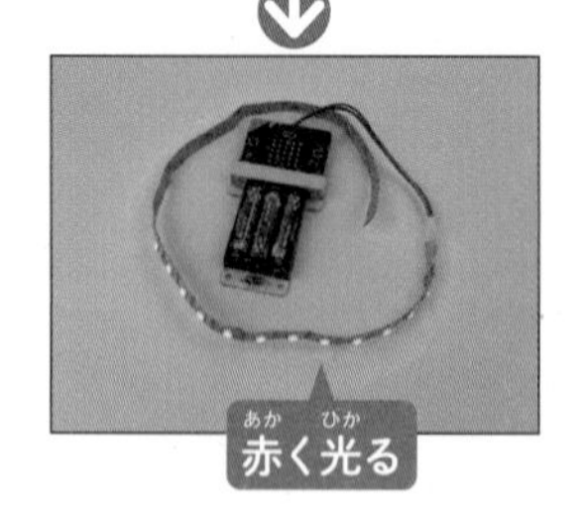

➡ プログラムの動作はシミュレーターで確認できますが、モジュールとの接続テストもかねて、工作する前に一度、確認しておきましょう。

➡ 赤色以外の色も選べるので、ほかの色もためしてみましょう。

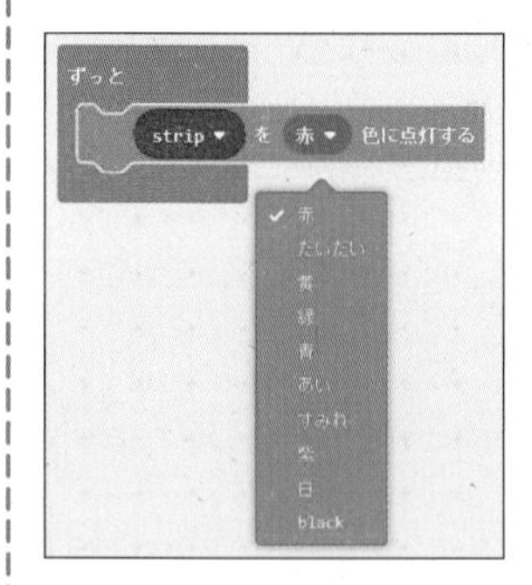

ステップ2▶かたむきに応じて色を変える

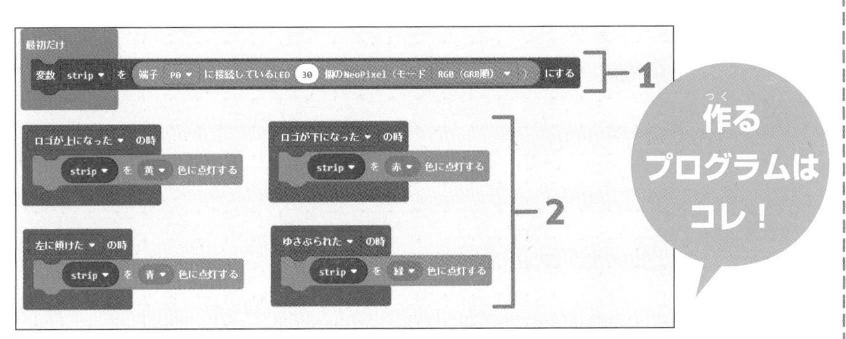

1 フルカラーシリアルLEDテープをつなぐ端子を指定します。

2 かたむけ方でフルカラーシリアルLEDテープの光り方を変えます。

かたむけ方で色を変えるプログラムを作ろう

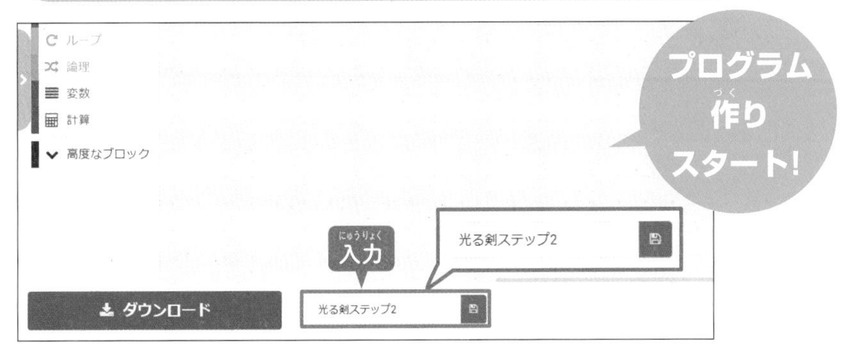

1 新しいプロジェクトを始めます。「光る剣ステップ2」と名前を入力しましょう。今回は、「ずっと」ブロックは使いません。ツールボックスまでドラッグしてドロップし、消しておきましょう。

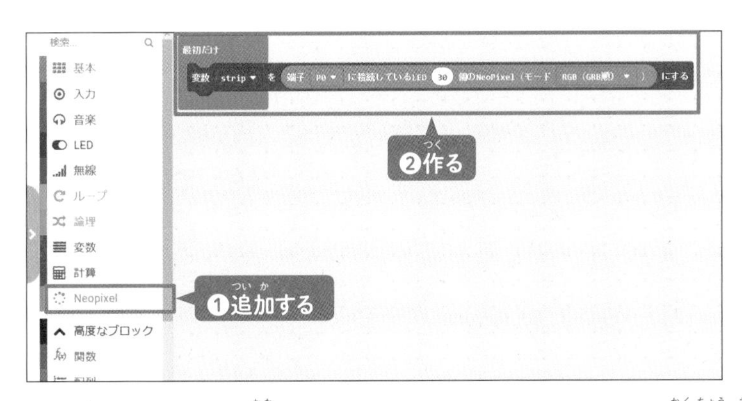

2 ステップ1と同じようにして、ツールボックスに拡張機能の「Neopixel」を追加し、「最初だけ」ブロックを作ります。

用語

●加速度（かそくど）センサー
傾きや振動、衝撃の度合いを測ることができるセンサーです（9ページ参照）。

➡ micro:bitを傾けたり、ゆさぶったりしたとき、加速度センサーがはたらくようにプログラミングすれば、一種のスイッチのような機能をもたせることができます。

➡ プログラムを作成したあと、新しいプロジェクトを始めたい場合は、プログラミング画面で「ホーム」をクリックします。ホーム画面にもどったら、［新しいプロジェクト］をクリックします。

➡ ブロックを右クリックして、表示されるメニューから「ブロックを削除する」を選ぶか、「delete」キーを押して消す方法もあります。

➡ 「Neopixel」を追加する方法は68ページ、「最初だけ」ブロックを作る方法は69ページを参照してください。ブロックの数字「24」を「30」に変えることも忘れずに行いましょう。

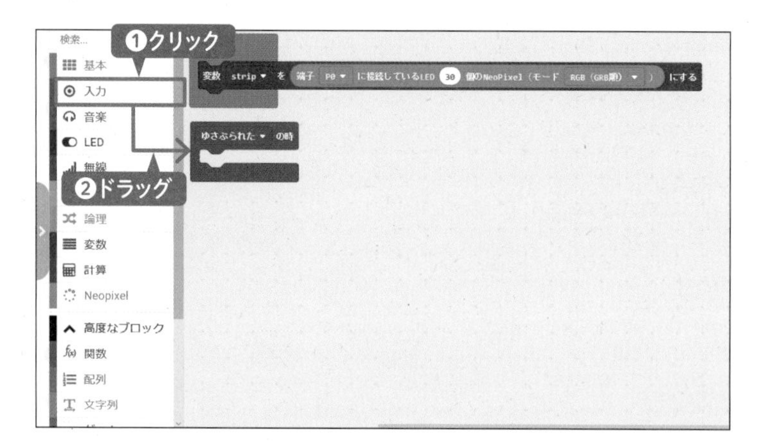

3 ツールボックスの「入力」をクリックします。「ゆさぶられたの時」ブロックをドラッグし、「最初だけ」ブロックの少し下にドロップします。

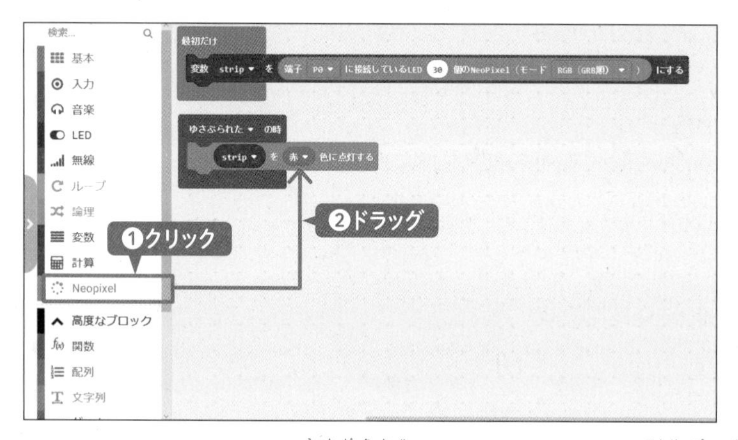

4 ツールボックスの「Neopixel」をクリックします。「stripを赤色に点灯する」ブロックをドラッグして、「ゆさぶられたの時」ブロックの間に入れます。

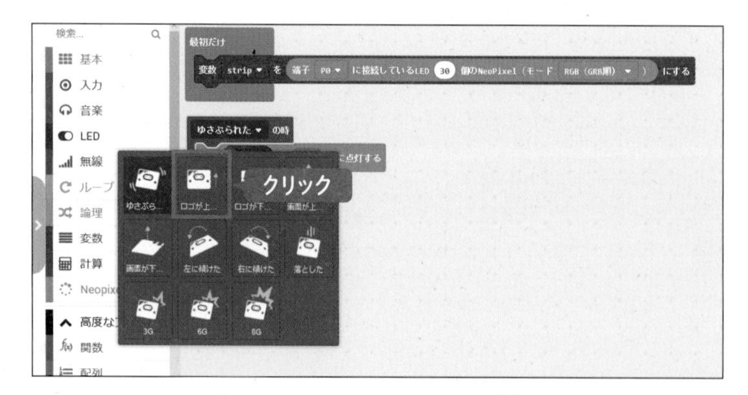

5 「ゆさぶられた」をクリックし、「ロゴが上になった」をクリックして選びます。

➡ プログラミングエリアのどの位置にブロックをドロップしても、プログラムの実行には影響ありませんが、全体の構造を考え、分かりやすい位置に配置するとよいでしょう。

➡ micro:bitがどの向きなのかを感知します。ロゴ（表面の顔マーク）が上とは、micro:bitをたてに向けたときにロゴが上の状態です。メニューのイラストで確認しましょう。なお、マウスポインターをイラストに合わせてしばらく動かさずにいると、向きの名前がツールチップで表示されます。

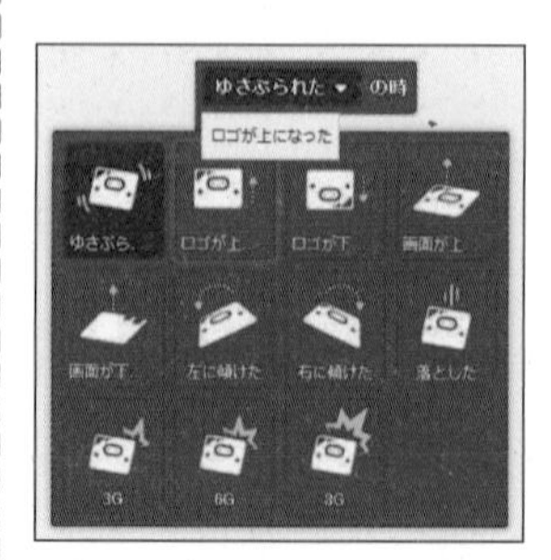

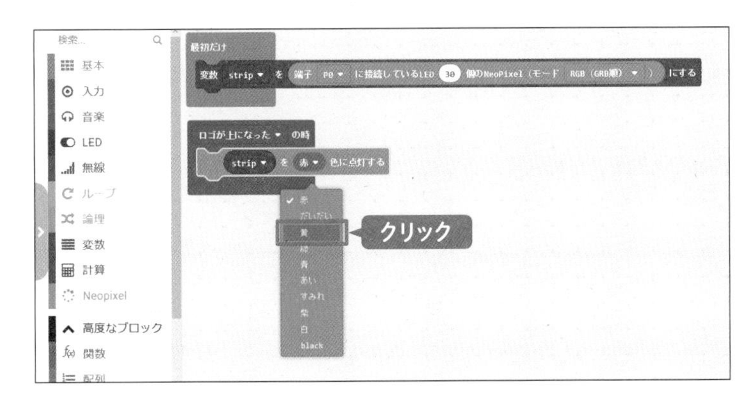

6 「赤」をクリックし、「黄」をクリックして選びます。

➡ 自分の好きな色に設定してかまいません。

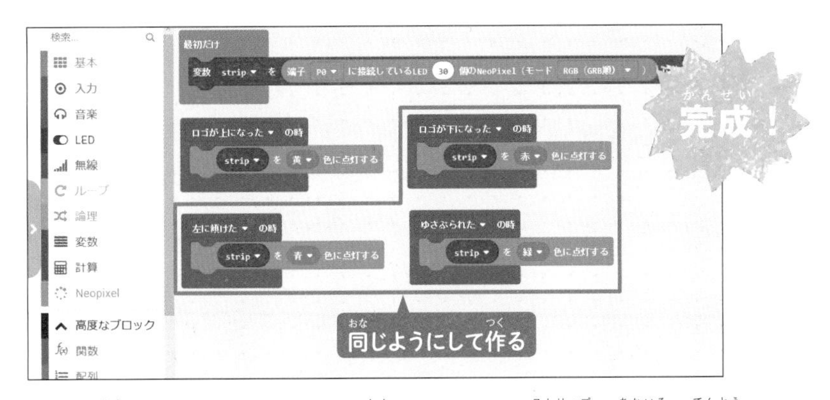

7 同じようにして、「ロゴが下になったときstripを赤色に点灯する」、「左に傾けたときstripを青色に点灯する」、「右に傾けたときstripを緑色に点灯する」というブロックを作ります。これで光る剣のプログラムは完成です！

かくにんしよう

1 作ったプログラムをmicro:bitに書きこみます（書きこむ方法は18ページ参照）。

2 スイッチをオンにして、micro:bitをふってかたむきを変えると、フルカラーシリアルLEDテープの色が変わることをかくにんしてください。

3 かくにんしたら、スイッチをオフにします。
「Neopixel」のブロックを使うと、30個のLEDを同時にすべて同じ色で光らせるだけでなく、一部だけ光らせることや、同時にさまざまな色を光らせることもできます。

➡ プログラムの動作はシミュレーターで確認できますが、モジュールとの接続テストもかねて、工作する前に一度、確認しておきましょう。

工作する

プログラムを作れたら、次は工作しましょう。工作用スチレンボード（またはダンボール）を剣の形に切って、もようをかきます。剣にワークショップモジュール、フルカラーシリアルＬＥＤ テープをはり付けて組み合わせます。

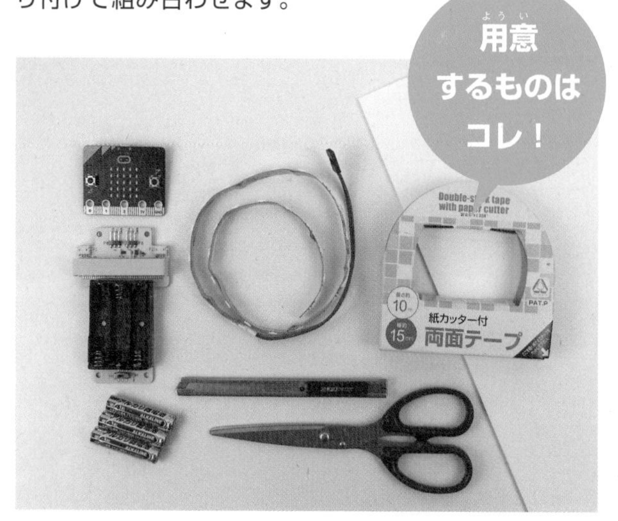

- 作ったプログラムを書きこんだmicro:bit
→書きこむ方法は18ページ参 照
- bitPak:Light （ワークショップモジュール、ベーシックモジュール用フルカラーシリアルＬＥＤテープ、樹脂パーツ）［別売］ →170ページ参 照
- 単4形乾電池×3本
- 工作用スチレンボード（ダンボールでもよい）
- ハサミ、カッター、両面テープ、色えん筆など

作り方

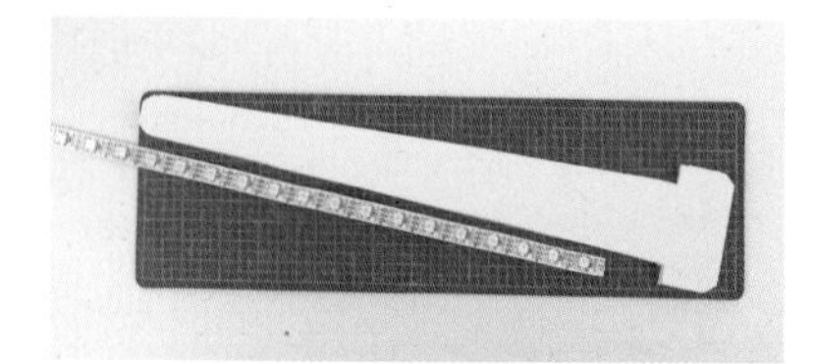

1 工作用スチレンボードを、剣の形に切ります。かた面に15個のLEDがならぶ長さにします。作例では、根元までの長さは31cmほど、根元の四角形の部分は3cm×6cmほどの大きさにしています。

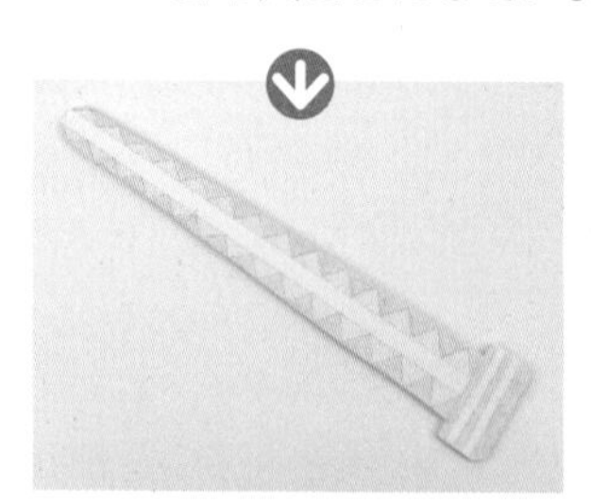

2 色えん筆などで、剣のもようをかきます。なお、持ち手のかた面にはワークショップモジュールをはるので、絵がかくれます。

メモ 絵はかかなくてもかまいません。スチレンボードやダンボールを剣の形に切っただけでもよいでしょう。

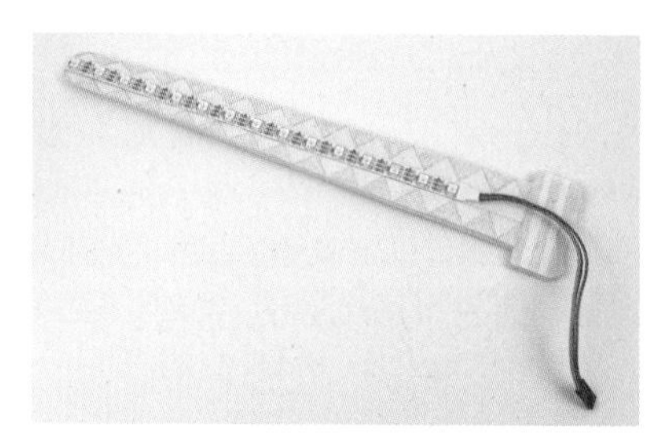

3 フルカラーシリアルLEDテープを剣にはり付けます。LEDの数を数えて、かた面15個になるようにしましょう。

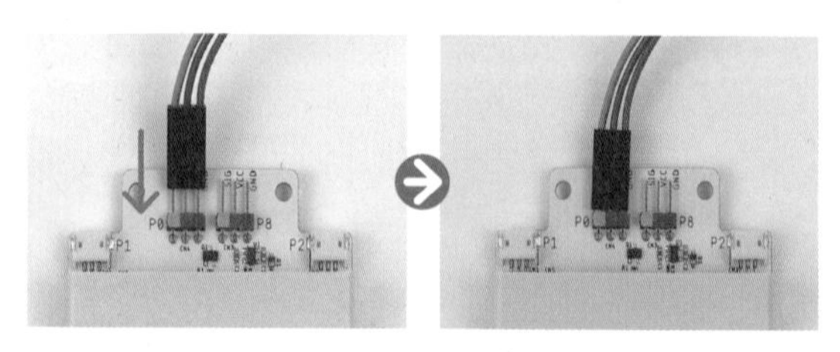

4 フルカラーシリアルLED テープを、ワークショップモジュールの「P0」端子につなげます。このとき、端子のラベルの色とコードの色がそろうように気を付けましょう。

メモ 端子は「P0」と「P8」がありますが、ここでは「P0」につなげます。

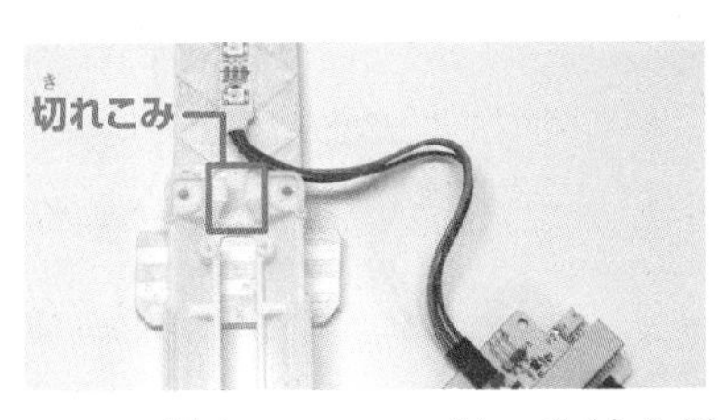

5 樹脂パーツを、剣の根元部分に両面テープなどではり付けます。このとき、切れこみが上になる向きにはりましょう。

メモ ワークショップモジュールとフルカラーシリアルＬＥＤテープを個別に買って、樹脂パーツを持っていない場合などは、ワークショップモジュールを直接はり付けましょう。

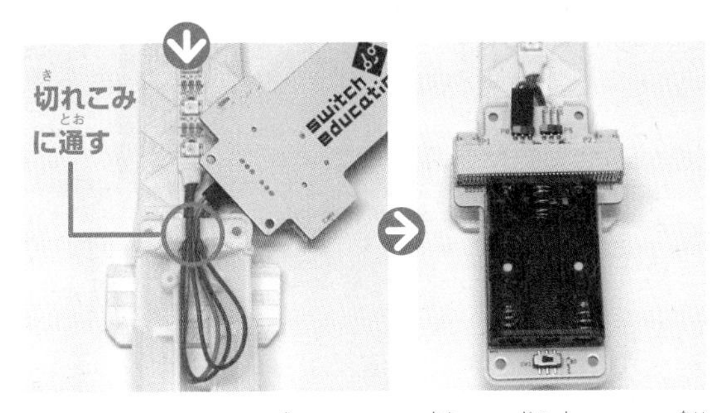

6 ケーブルを切れこみに通し、樹脂パーツ内にケーブルをおさめて、ワークショップモジュールと組み合わせます。

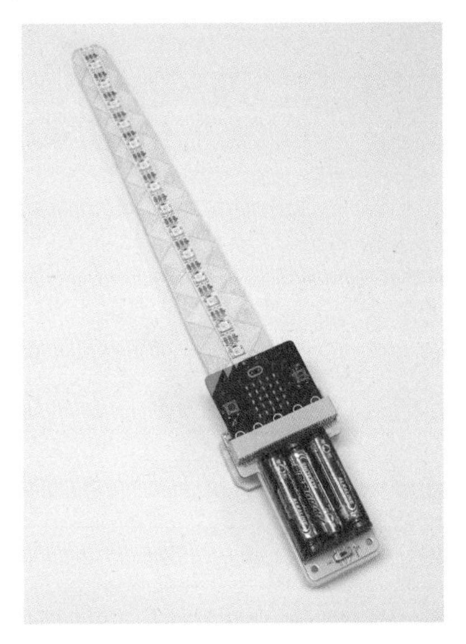

7 ワークショップモジュールのスイッチをオフにし、単4形乾電池を3本セットします。micro:bitの表（LED側）を上にして、ワークショップモジュールに差しこんだら完成です！

メモ 樹脂パーツがない場合、ケーブルはワークショップモジュールとmicro:bitの間に押しこんでおきましょう。

遊び方

1. ワークショップモジュールのスイッチをオンにします。
2. 剣をふります。
3. ふり方（剣のかたむき）によって、光る色が変わります。

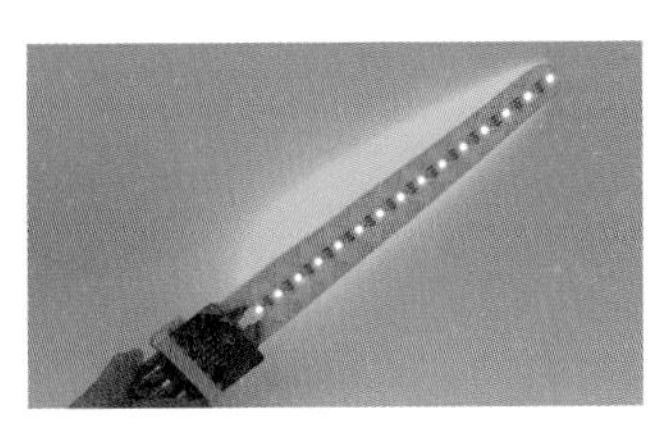

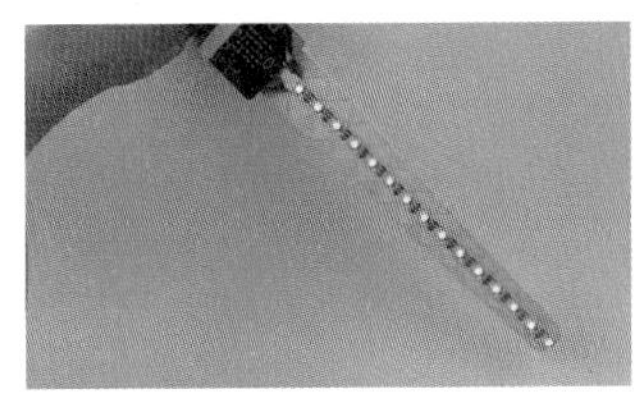

指導者の方へ：ワークショップを行うときのポイント

ステップ１、ステップ２と、２段階でステップをふんで工作することがポイントです。最初に単色でLEDを光らせ、フルカラーシリアルLEDテープの使い方を学んでから、加速度センサーと組み合わせます。段階をふむことで、作るプログラムの内容をより理解できます。応用として、加速度センサーの代わりに光センサーを使ってもよいでしょう。

サーボモーターではりの角度を変える

プログラムが運勢を教えてくれる「おみくじ」を作ろう

サーボモーターとプログラミングでおみくじを作りましょう。
プログラムをくふうすれば、うらなうときにいろいろな演出もできます。

［レベル］★★★☆☆　［時間の目安］60分［プログラミング30分＋工作30分］

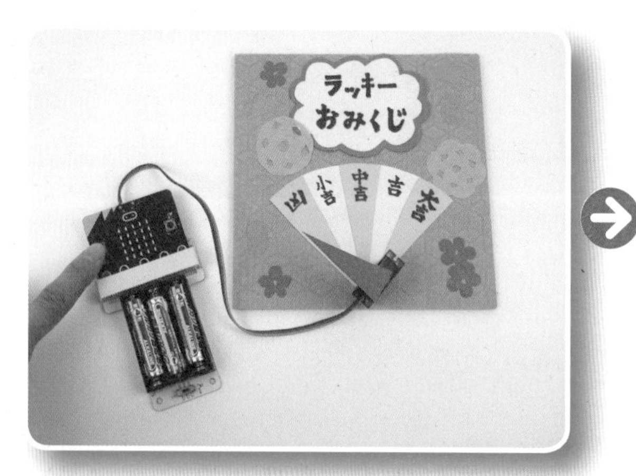

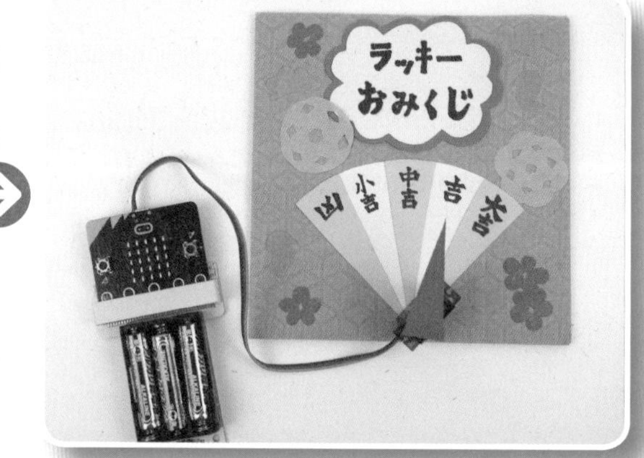

スイッチオンではりが動きます。しばらく動いたあと……はりが止まって運勢が示されます。

用意する物

■ **プログラミング**

micro:bit、パソコン、USBケーブル

■ **工作**

ワークショップモジュール、ベーシックモジュール用サーボモーターセット、単4形乾電池3本、厚紙、ハサミ、セロハンテープや両面テープ、のり、色画用紙、サインペンなど

※この作例では「ワークショップモジュール」(170ページ参照)と、「FS90サーボモーター」と「サーボホーン」などがセットになった「ベーシックモジュール用サーボモーターセット」を使います。パーツは、スイッチエデュケーションのWebサイトやパーツショップ、ネットショップなどから買えます。

レシピのポイント

サーボモーターは、モーターが動くときの角度をコントロールすることで機械を自在に動かすそう置です。モーターと制ぎょそう置が入っていて、シャフト(じく)を動かす(回転させる)角度を指定できます。この作例の場合、サーボモーターをどうコントロールするか、「乱数」をどう使いこなすかなどがプログラミングをするときのポイントになります。

プログラムを作る

サーボモーターの角度を指定し、その通りに動かす方法を学びます。次に乱数と組み合わせて、ランダムにはりが動くようにプログラミングします。

ステップ1▶角度を指定してサーボモーターを動かす

ボタンAを押したときの角度を0度、ボタンBを押したときの角度を180度にして、サーボモーターがどのような動きをするか、かくにんします。角度の数字を変えて、決められたところにはりを動かせるようになりましょう。

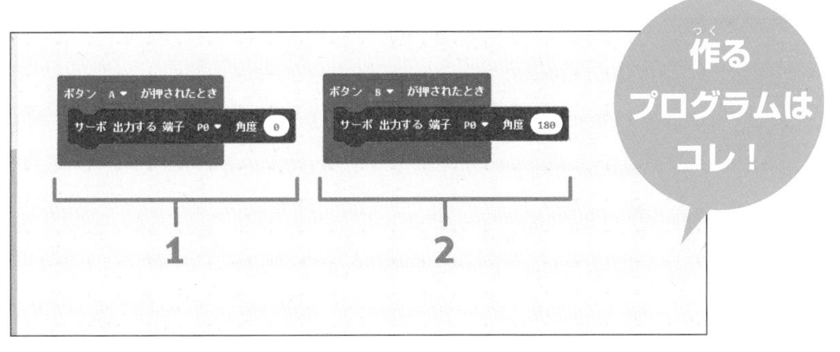

1 ボタンAを押したときにサーボモーターの角度を0度にします。

2 ボタンBを押したときにサーボモーターの角度を180度にします。

ボタンによって角度を変えるプログラムを作ろう

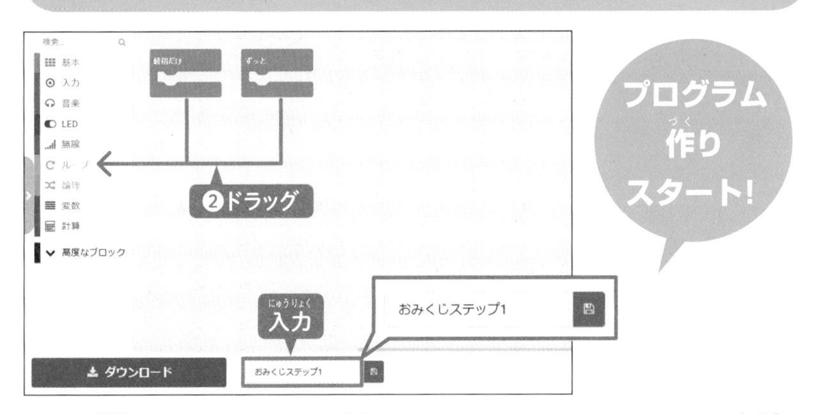

1 新しいプロジェクトを始めます。「おみくじステップ1」と名前を入力しましょう。「最初だけ」ブロックと「ずっと」ブロックは使いません。それぞれツールボックスまでドラッグし、消しましょう。

学びのポイント

このプログラムでは、サーボモーターの動かし方を学びます。角度を指定して、モーターの動きをコントロールします。

用語

●サーボモーター

モーターと制御装置が入っていて、回転角度などを指定できます。工作のときは通常、「サーボホーン」を取り付けて使います。

➡ インターネットに接続したパソコンでブラウザーソフトを起動し、プログラミングソフトのホーム画面（ http://makecode.microbit.org/）を開き、［新しいプロジェクト］をクリックします。

➡ ブロックを右クリックして、表示されるメニューから「ブロックを削除する」を選ぶか、「delete」キーを押して消す方法もあります。

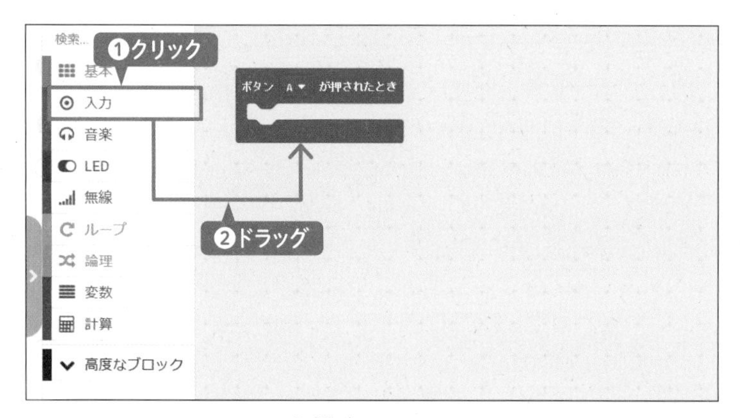

2 ツールボックスの「入力」をクリックします。「ボタンAが押されたとき」ブロックをドラッグし、プログラミングエリアの左上のあたりでドロップします。

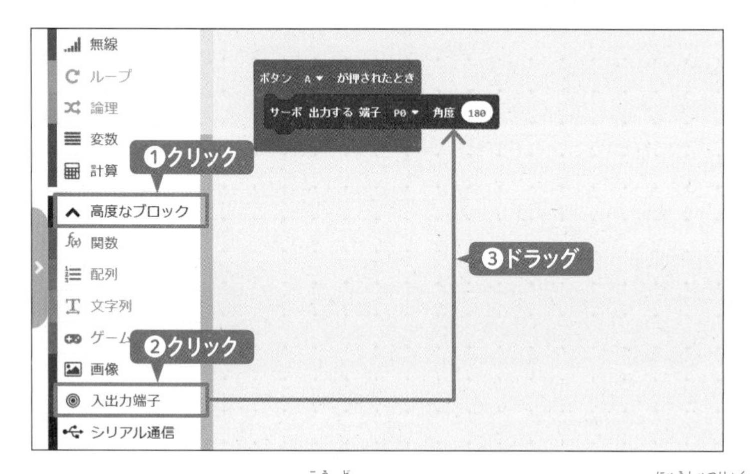

3 ツールボックスの「高度なブロック」をクリックし、「入出力端子」をクリックします。「サーボ出力する端子P0角度180」ブロックをドラッグし、「ボタンAが押されたとき」ブロックの間に入れます。

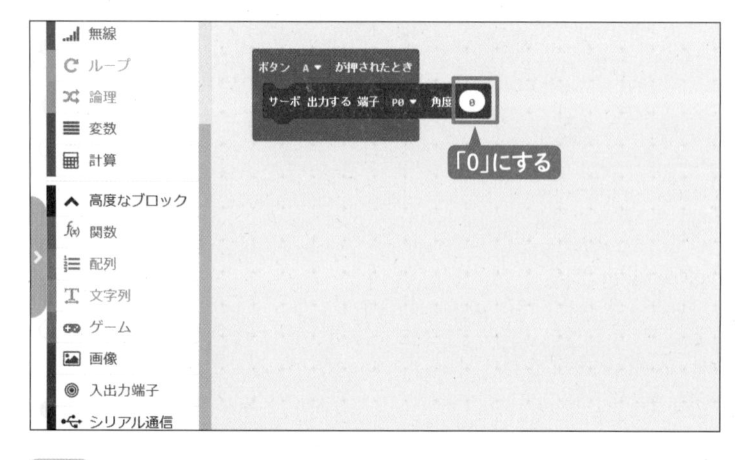

4 「180」を「0」にします。

➡ ツールボックスのメニューは、ドラッグを始めると消えます。手順ではメニューの画面を省略しています。

➡ プログラミングエリアのどの位置にブロックをドロップしても、プログラムの実行には影響はありませんが、全体の構造を考え、分かりやすい位置に配置するとよいでしょう。

➡ 画面左側のシミュレーターが、サーボモーターをつないだ状態になります。

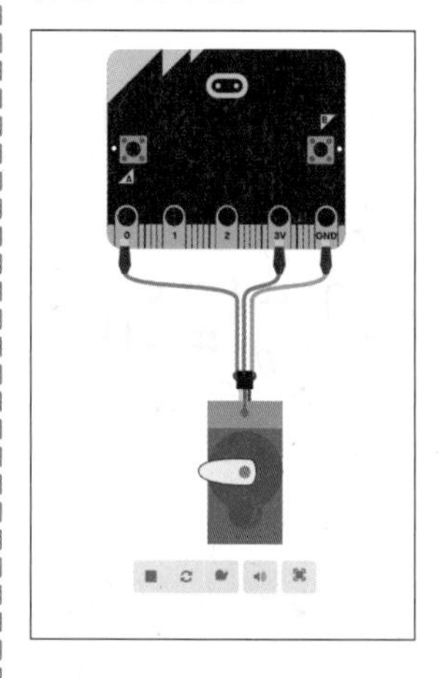

➡ 「180」を「0」に変えるには、「180」をクリックして文字を入力できる状態にし、キーボードから「0」を入力します。

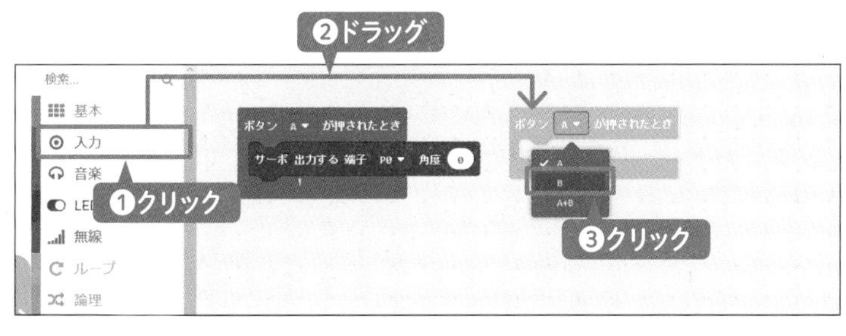

5 ツールボックスの「入力」をクリックします。「ボタンAが押されたとき」ブロックをドラッグし、今作ったブロックの右側にドロップします。「A」をクリックし、メニューから「B」をクリックして選びます。

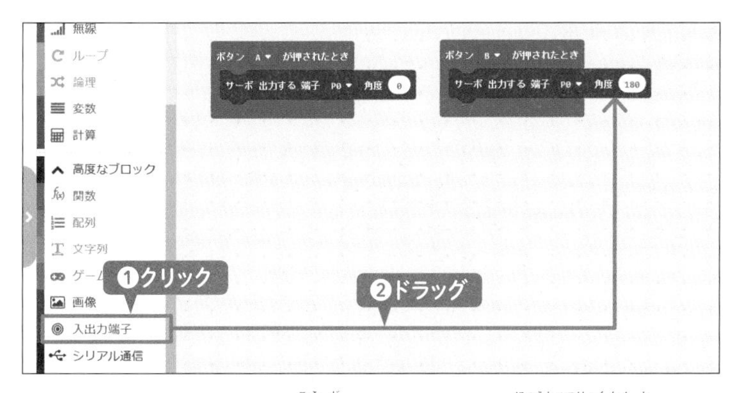

6 ツールボックスの「高度なブロック」の「入出力端子」をクリックします。「サーボ出力する端子P0角度180」ブロックをドラッグし、「ボタンBが押されたとき」ブロックの間に入れます。

➡「ボタンAが押されたとき」ブロックが2つ並ぶのはプログラム的におかしいため、ドロップしたときにはうすい色で表示されます。「A」を「B」に変えると、通常の表示にもどります。

➡ ブロックの中の「▼」マークは、プルダウンメニューがあることを表しています。クリックするとメニューが表示され、切りかえることができます。

かくにんしよう

1 作ったプログラムをmicro:bitに書きこみます（書きこむ方法は18ページ参照）。

2 ワークショップモジュールの「P0」の端子にサーボモーターをつなぎます（くわしくは86ページ参照）。

3 micro:bitを差したら、ワークショップモジュールのスイッチをオンにして、micro:bitのボタンBを押します。ケーブルを上にしたとき、サーボホーンが右向きになるようにモーターに差しこみます。

➡ プログラムの動作はシミュレーターで確認できますが、モジュールとの接続テストもかねて、工作する前に、実際に動かして確認しておきましょう。

➡ プログラミングで角度の数字を変えて、角度によってサーボモーターがどう動くのかも確認してみてください。

4 ボタンA、ボタンBをじゅんばんに押して、サーボモーターがどのように動くかをかくにんしましょう。かくにんしたら、スイッチをオフにします。

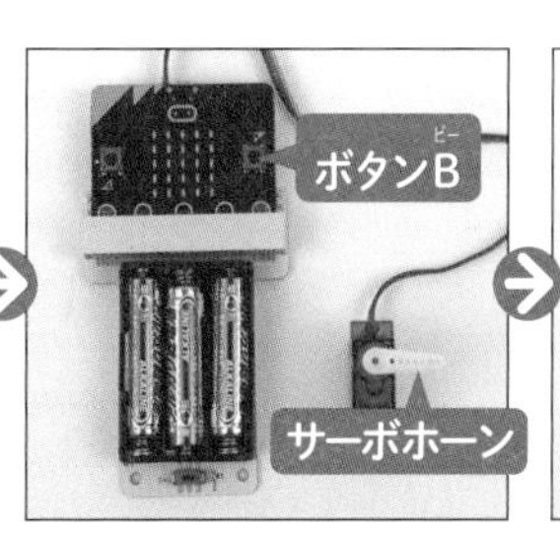

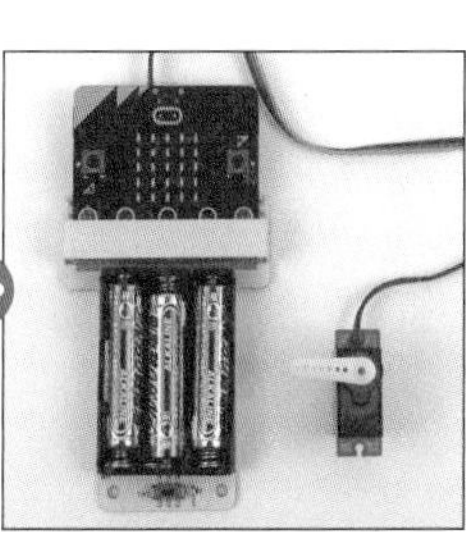

ステップ2 ▶ ランダムに結果を出す

ボタンAを押したときにランダムな角度にサーボモーターを動かします。乱数を使えば、ここで指定したはんいの数字がランダムにひとつ得られます。

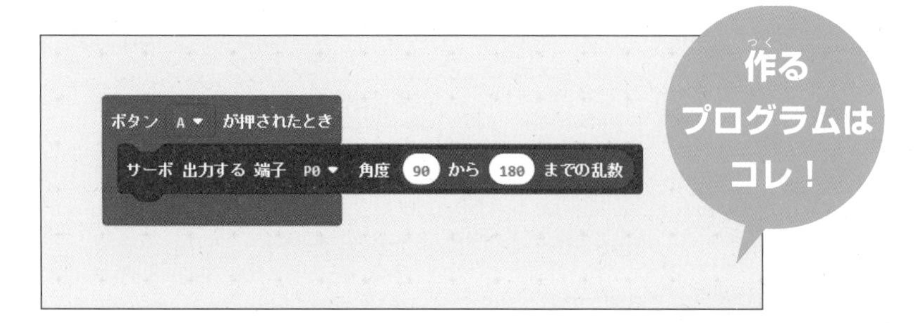

用語

●乱数（らんすう）
次に何か出るか分からないランダムな数字のことです。

ボタンAを押すたびに角度が変わるプログラムを作ろう

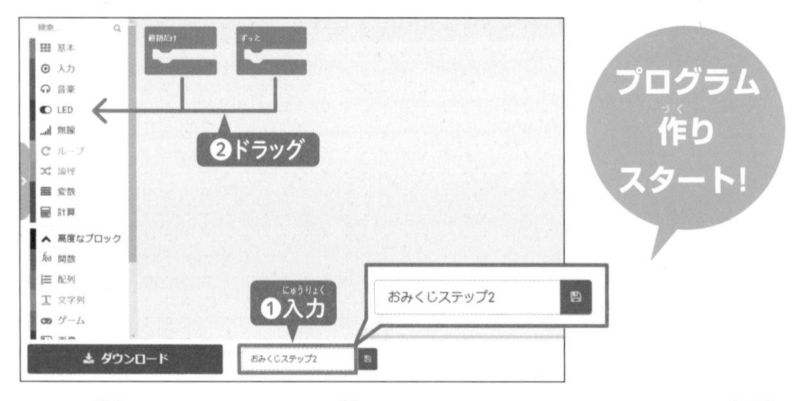

1 新しいプロジェクトを始めます。「おみくじステップ2」と名前を入力しましょう。「最初だけ」ブロックと「ずっと」ブロックは使いません。それぞれツールボックスまでドラッグし、消しましょう。

➡ プログラムを作成したあと、新しいプロジェクトを始めたい場合は、プログラミング画面で「ホーム」をクリックします。ホーム画面にもどったら、［新しいプロジェクト］をクリックします。

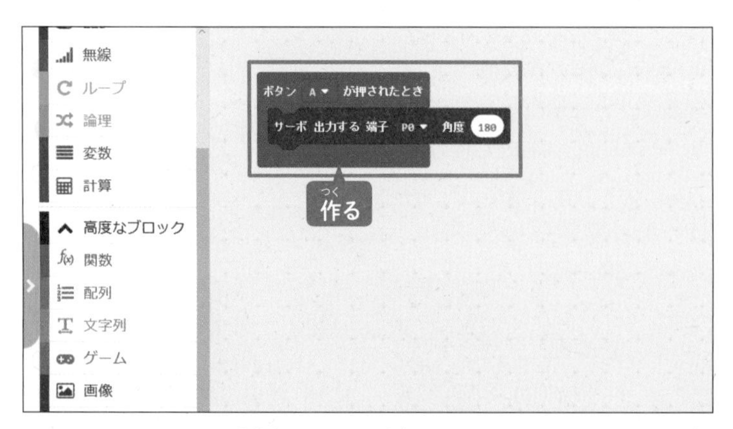

2 ステップ1の手順2～4と同じようにして「ボタンAが押されたときサーボ出力する端子P0角度180」というブロックを作ります。

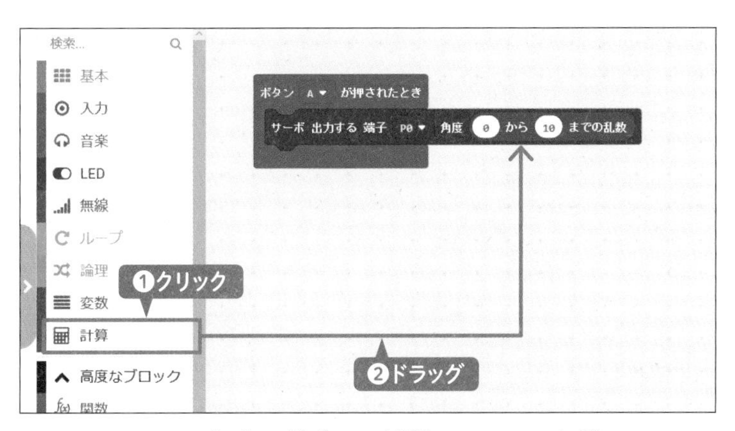

3 おみくじの結果の角度を、乱数のはんいで指定します。ツールボックスの「計算」をクリックします。「0〜10までの乱数」ブロックをドラッグし、「180」のところに入れます。

➡ 入れたいブロックを「180」の上までドラッグし、「180」のわくが黄色で表示されたらマウスボタンから指をはなしてドラッグしましょう。

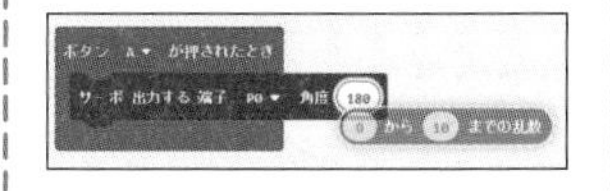

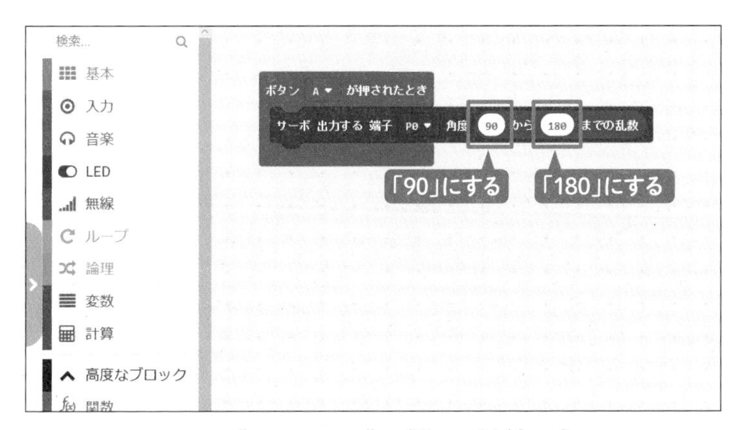

4 ここでは90度から180度の中から乱数を得られるようにするため、「0」を「90」に、「10」を「180」にしましょう。

➡ ボタンAが押されるたびに、乱数で得られた数字の角度にサーボモーターが動くプログラムです。

かくにんしよう

ステップ1と同様に、サーボモーターの動きをかくにんしましょう。

1 作ったプログラムをmicro:bitに書きこみます（書きこむ方法は18ページ参照）。

2 ワークショップモジュールのスイッチをオンにして、micro:bitのボタンAを押します。サーボモーターがどのように動くのか、かくにんしましょう。

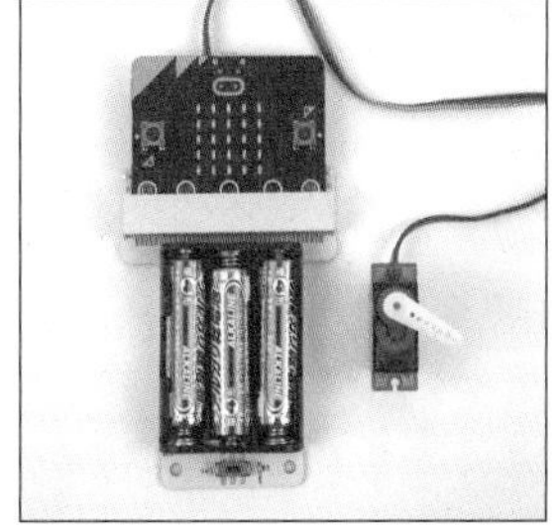

3 何回かボタンAを押して、そのたびにサーボモーターの動きが変わることをかくにんしてください。かくにんしたらスイッチをオフにします。

ステップ3 ▶ 時間差でドキドキ感を演出

ステップ2のままだと、ボタンを押したらすぐに結果が出てしまいます。結果が出るまで、時間差を作って、ドキドキ感を演出しましょう。

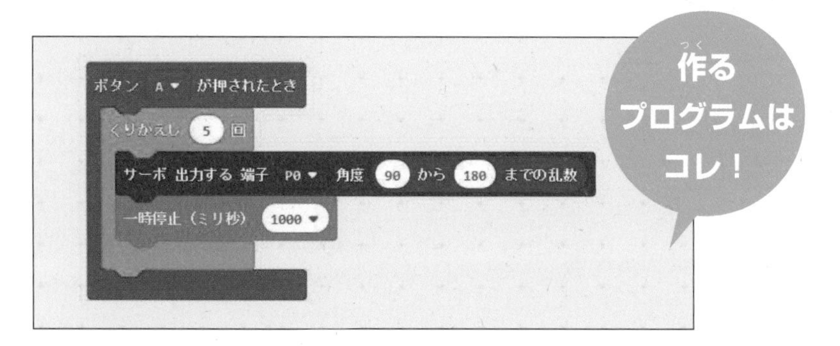

何回か動いてから止まるようにプログラムしよう

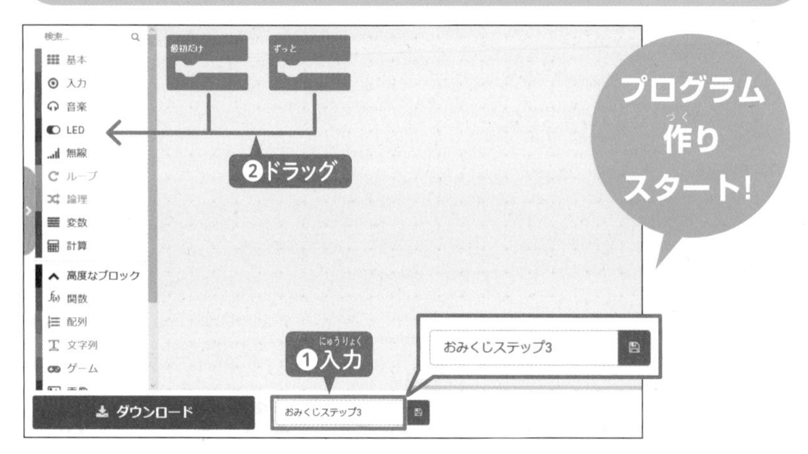

1 新しいプロジェクトを始めます。「おみくじステップ3」と名前を入力しましょう。「最初だけ」ブロックと「ずっと」ブロックは使いません。それぞれツールボックスまでドラッグし、消しましょう。

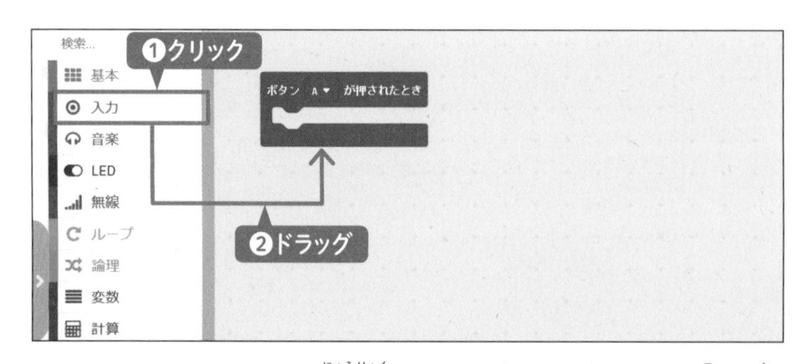

2 ツールボックスの「入力」をクリックします。「ボタンAが押されたとき」ブロックをドラッグし、プログラミングエリアの左上のあたりでドロップします。

➡ 少し手間に感じますが、ステップごとに新しくプロジェクトを作って、それぞれのプログラムを残しておくようにしましょう。

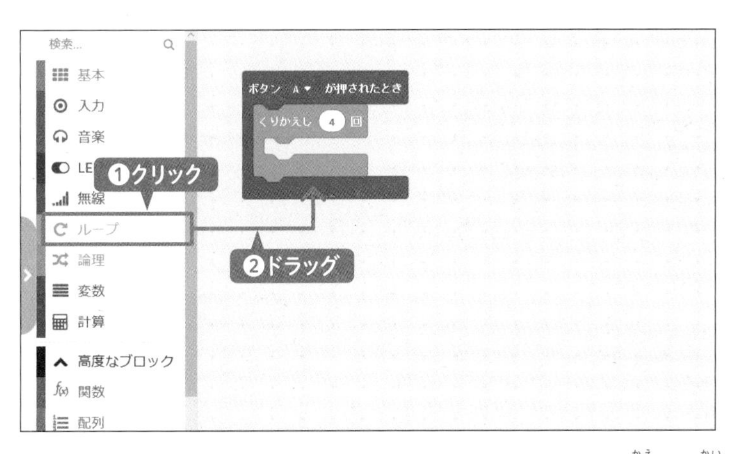

3 ツールボックスの「ループ」をクリックします。「くり返し4回」ブロックをドラッグし、「ボタンAが押されたとき」ブロックの間に入れます。

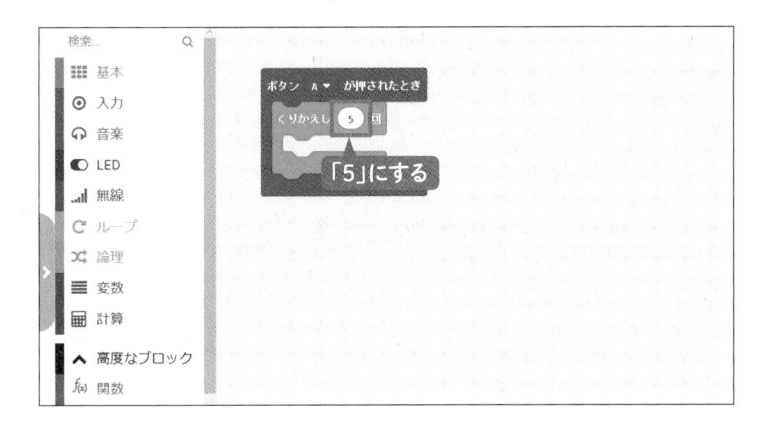

4 「4」を「5」にして、くり返しの回数を5回にします。

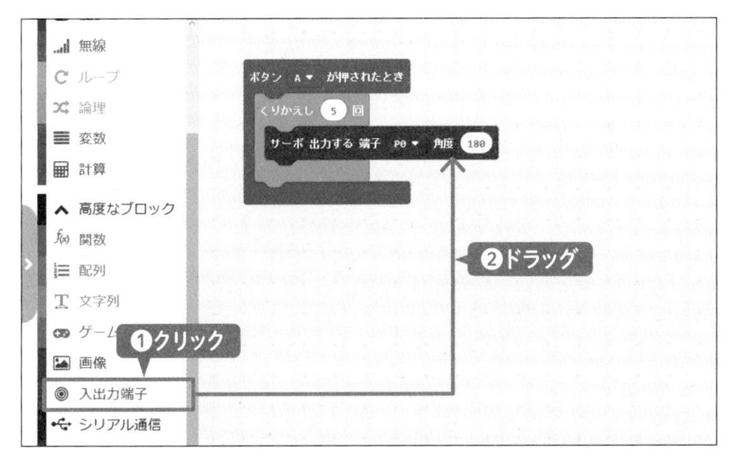

5 ツールボックスの「高度なブロック」の「入出力端子」をクリックします。「サーボ出力する端子P0角度180」ブロックをドラッグし、「くり返し5回」ブロックの間に入れます。これでサーボモーターへの出力が、指定された回数だけくり返されるようになります。

●ループ
くり返しのことです。条件に合わせて同じプログラムを何度もくり返すためのブロックが用意されています。

➡ このブロックの間に入れたプログラムが、指定した回数、くり返されます。ここでは、「5回」くり返すプログラムにしています。回数は自由に変えてかまいません。

➡ くり返しの回数は「5」なので、4回サーボモーターが動いたあと、5回目で止まり、最終的なおみくじの結果となります。

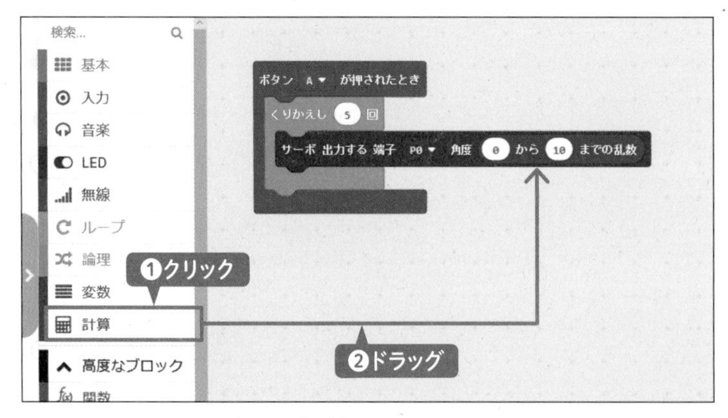

6 ツールボックスの「計算」をクリックします。「0～10までの乱数」ブロックをドラッグし、「180」のところに入れます。

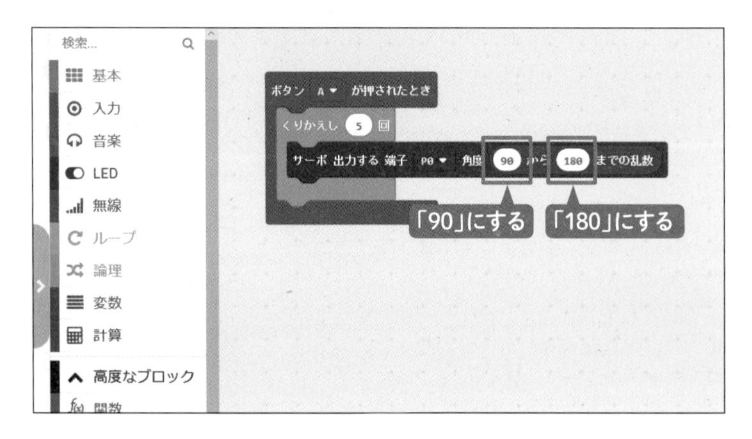

7 「0」を「90」に、「10」を「180」にします。

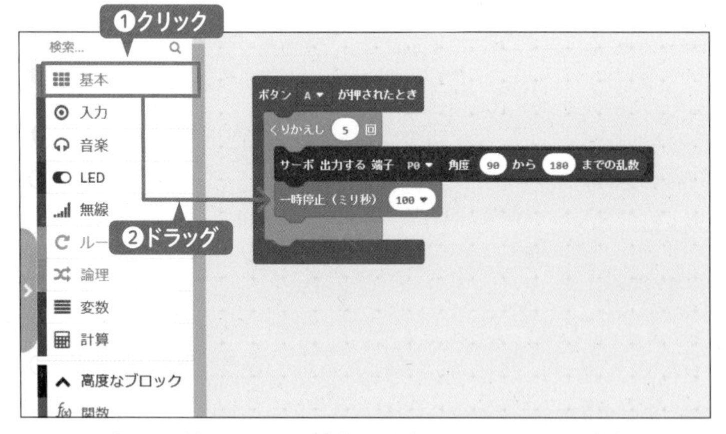

8 5回くり返すだけだと動きが速すぎるので、1回動いたら、そのあと1秒停止する時間を作ります。ツールボックスの「基本」をクリックします。「一時停止（ミリ秒）100」ブロックをドラッグし、「サーボ出力する端子P0角度90から180までの乱数」ブロックの下につなげます。

➡ おみくじのはりは、動いては止まりを4回くり返したあと、5回目に動いて止まります。

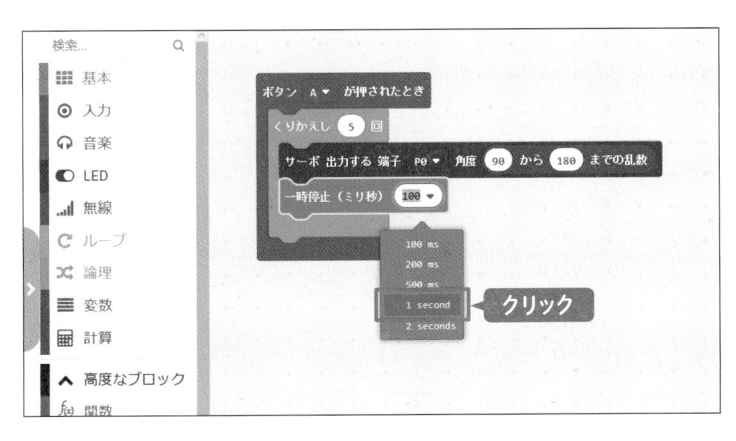

➡ このブロックの時間の単位は「ミリ秒」です。1秒＝1000ミリ秒なので、メニューから「1second」（1秒）を選ぶと、ブロックには「1000」と入力されます。

➡「100」をクリックして、直接数字を入力してもかまいません。その場合は、「1000」と入力しましょう。

9 「100」をクリックし、「1 second」をクリックして選びます。

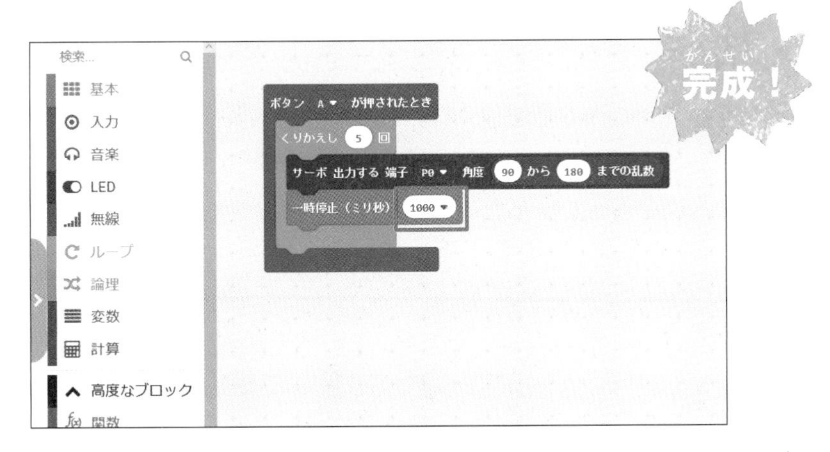

10 「1000」と入力されます。これでおみくじのプログラムは完成です！

➡ サーボモーターの動きは、画面左側のシミュレーターで確認することができます。シミュレーターのボタンAをクリックしてみましょう。

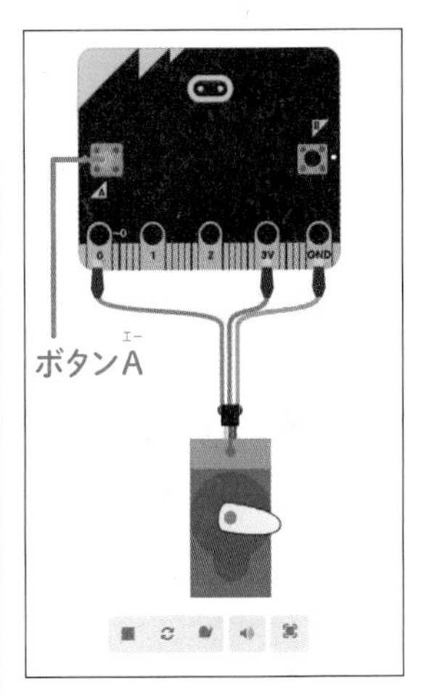

かくにんしよう

ステップ1、2と同様に、サーボモーターの動きをかくにんしましょう。

1 作ったプログラムをmicro:bitに書きこみます（書きこむ方法は18ページ参照）。

2 ワークショップモジュールのスイッチをオンにして、micro:bitのボタンAを押します。はり（サーボホーン）が4回ふれて、5回目に止まることをかくにんしましょう。かくにんしたら、スイッチをオフにします。

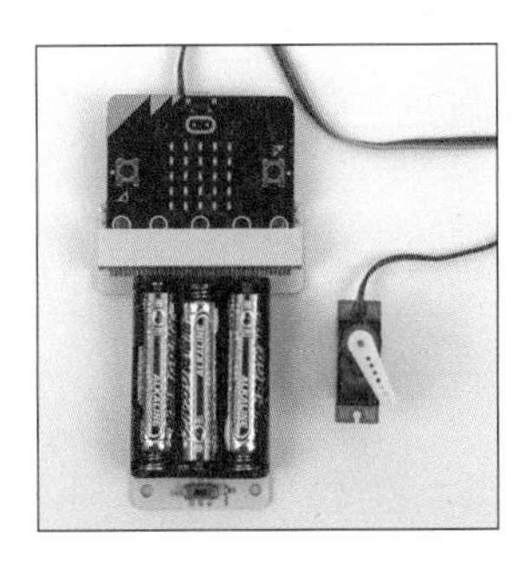

工作する

プログラムを作れたら、次は工作しましょう。まず、ワークショップモジュールにサーボモーターとmicro:bitを取り付けます。厚紙でおみくじ部分とはりを作り、サーボホーンにはりを取り付けたら完成です。

用意するものはコレ!

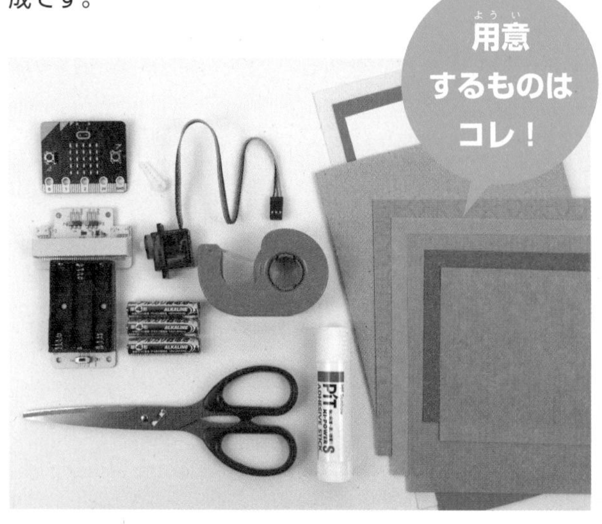

- 作ったプログラムを書きこんだmicro:bit →書きこむ方法は18ページ参照
- ワークショップモジュール［別売］ →175ページ参照
- ベーシックモジュール用サーボモーターセット［別売］
- 単4形乾電池×3本
- ハサミ、セロハンテープ、両面テープ、のりなど
- 厚紙やダンボール、色画用紙、サインペンなど

作り方

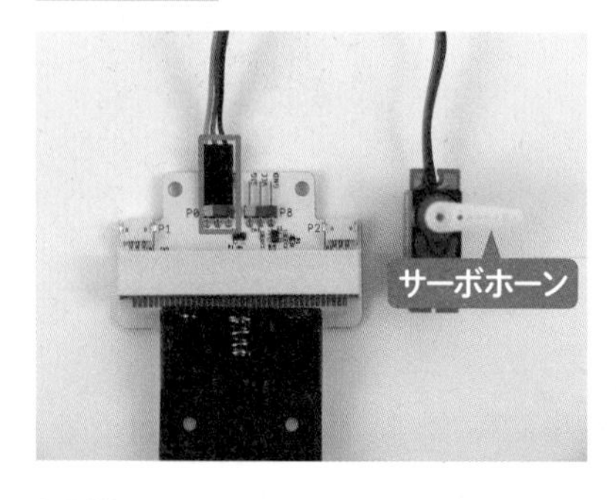

1 サーボモーターを、ワークショップモジュールの「P0」の端子につなげます。このとき、コネクターとコードの色がそろうように気を付けましょう。サーボモーターにサーボホーンを付けていない場合は、取り付けます。

メモ 端子は「P0」と「P8」がありますが、ここでは「P0」につなげます。

メモ サーボホーンは79ページを参照して、180度の位置で取り付けるようにしましょう。

2 ワークショップモジュールのスイッチをオフにし、単4形乾電池を3本セットしたら、micro:bitの表（LED側）を上にして、ワークショップモジュールに差します。

メモ micro:bitを差す向きをまちがえないように気を付けましょう。

3 厚紙や色画用紙で、おみくじ部分とはりを作ります。「大吉」や「吉」など、おみくじの的となる部分は90度のおうぎ形にします。

メモ はりは90度～180度のはんいで動くプログラムにしたので、的を90度のおうぎ形にします。おみくじ部分は「ハッピー」や「よいことがありそう！」など、自由に作りましょう。

4 ワークショップモジュールのスイッチをオンにし、micro:bitのボタンAを押します。はり（サーボホーン）の動きをかくにんしたら、おみくじにサーボモーターをはり付け、最後にサーボホーンにはりの色画用紙をはり付けたら完成です！

メモ はりがうまくおみくじの的を指すように、サーボモーターの向きを調整してください。

完成！

遊び方

1 ワークショップモジュールのスイッチをオンにします。

2 micro:bitのボタンAを押します。

3 はりがふれ、最後に止まったところが、今の運勢です！

指導者の方へ：ワークショップを行うときのポイント

サーボモーターの使い方の基礎となる作例です。最初にサーボモーターとはどんなモーターなのか説明しましょう（76ページの「レシピのポイント」、77ページの「用語」参照）。モーターを動かして、やりたいこととサーボホーンの角度の関係を理解させるのがポイントです。サーボモーターが使えるようになると工作の幅が広がり、プログラミングのアイデアもふくらみます。

光を使ったセンサーを活用

入れたコインの枚数が分かる「貯金箱」を作ろう

光を使ったセンサー「フォトインタラプター」とプログラミングで、コインを入れると枚数が表示される貯金箱を作りましょう。入れるのが楽しくて、たくさん貯金できちゃうかも。

［レベル］★★★★☆　［時間の目安］60分［プログラミング30分＋工作30分］

貯金箱にコインを入れます。コインがフォトインタラプターの間を通ると、枚数が表示されます。

用意する物

■ プログラミング

micro:bit、パソコン、USBケーブル

■ 工作

フォトインタラプター、ワークショップモジュール、単4形乾電池3本、500mlの牛にゅうパック、色画用紙、ハサミ、のり、セロハンテープなど

※この作例では「フォトインタラプター」と「ワークショップモジュール」（170ページ参照）を使います。パーツは、スイッチエデュケーションのWebサイトやパーツショップ、ネットショップなどから買えます。

レシピのポイント

フォトインタラプターは、光を使ったセンサーの一種です。発光部と受光部の間を物が通ることで、その有無や位置を検出できます。貯金箱にコインを入れたときに、発光部と受光部の間をうまく通過させるように工作することがポイントです。プログラミングでは変数を使い、条件（「もし～なら」）を指定します。

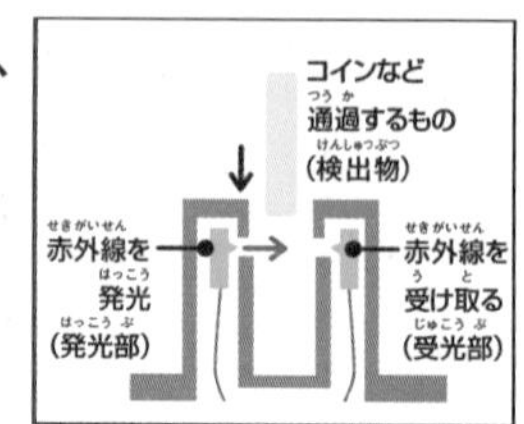

プログラムを作る

フォトインタラプターでコインを読み取り、結果をmicro:bitのＬＥＤ画面に表示するようにプログラミングします。変数を設定し、条件に合わせてそう置が作動するプログラムを作ります。

ステップ1▶フォトインタラプターを使う

フォトインタラプターが検出したデジタルのあたいを読み取り、結果をＬＥＤ画面に表示するプログラムを作ります。

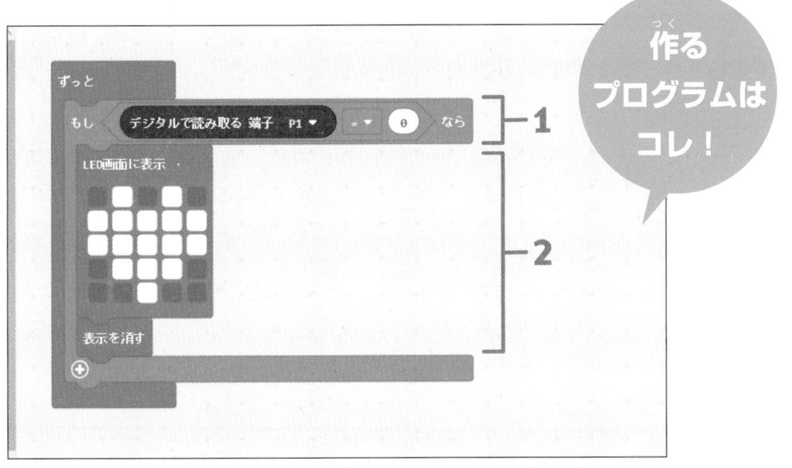

1 フォトインタラプターが作動したかどうかを読み取ります。

2 もし作動したのなら、ＬＥＤ画面に指定したマークが表示されますが、すぐに消えます。

コインが通ったらLEDが光るプログラムを作ろう

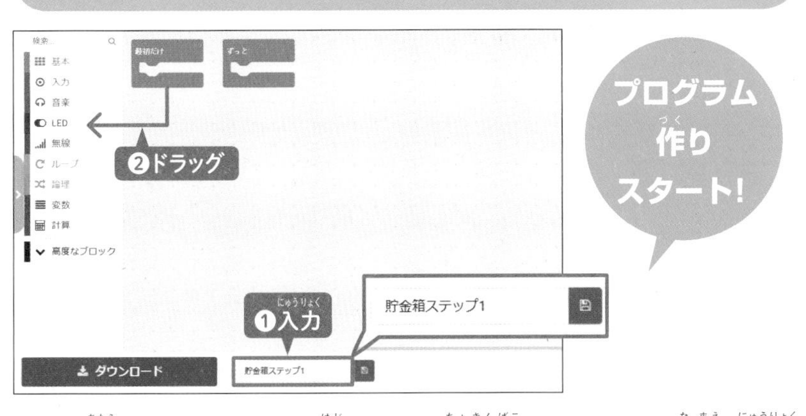

1 新しいプロジェクトを始めます。「貯金箱ステップ1」と名前を入力しましょう。「最初だけ」ブロックは使わないので、ツールボックスまでドラッグしてドロップし、消しましょう。

このプログラムでは、外部センサー（この場合はフォトインタラプター）の使い方を学びます。また、センサーから入力される値を条件にして動作を変える方法を学びます。

用語

●フォトインタラプター

発光部からは赤外線が出ており、通常、受光部が受け取っています。赤外線を受け取っているときの値は「1」、何かにさえぎられて受け取っていないときは「0」の値をmicro:bitに返します。

➜ ブロックを右クリックして、表示されるメニューから「ブロックを削除する」を選ぶか、「delete」キーを押して消す方法もあります。

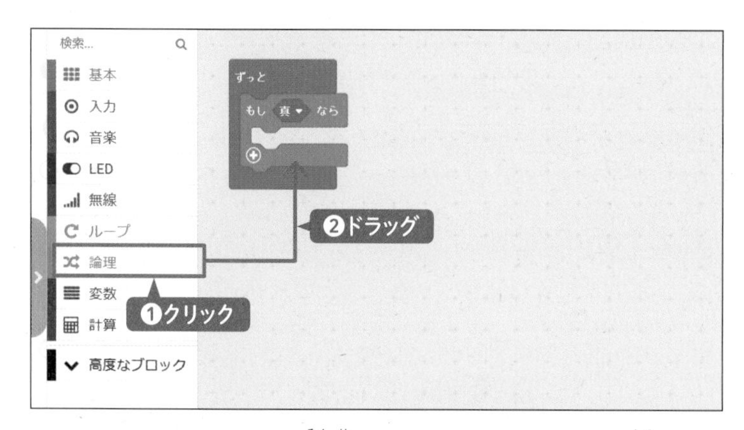

2 ツールボックスの「論理」をクリックします。「もし真なら」ブロックをドラッグして、「ずっと」ブロックの間に入れます。

➡ ツールボックスのメニューは、ドラッグを始めると消えます。手順ではメニューの画面を省略しています。

➡ プログラミングで「真」と「偽」という用語が使われるときは、「オン」と「オフ」、「イエス」と「ノー」など、セットになる2つの状態を表します。「もし～なら」のプログラムで使われる場合、「もし」で指定される条件に合っていれば「真」、合っていなければ「偽」となります。

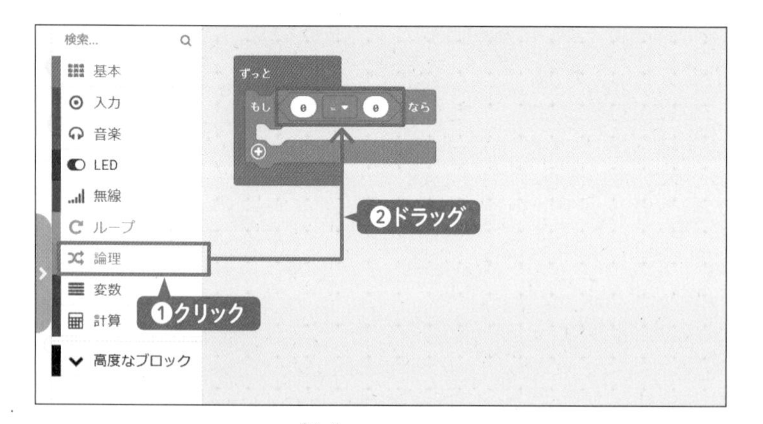

3 ツールボックスの「論理」をクリックします。「0＝0」ブロックをドラッグして、「真」のところに入れます。

➡ 入れたいブロックを「真」の上までドラッグし、「真」のわくが黄色で表示されたらマウスボタンから指をはなしてドラッグしましょう。

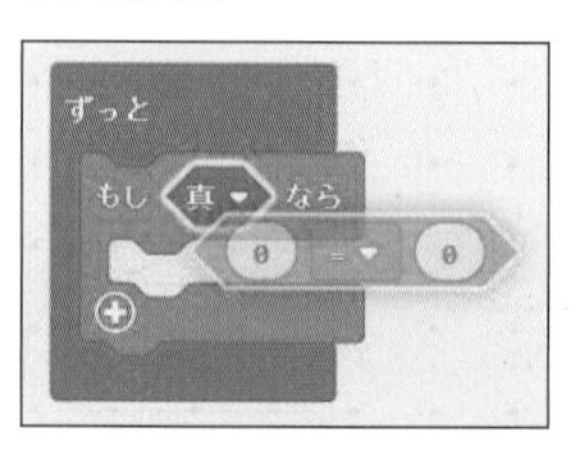

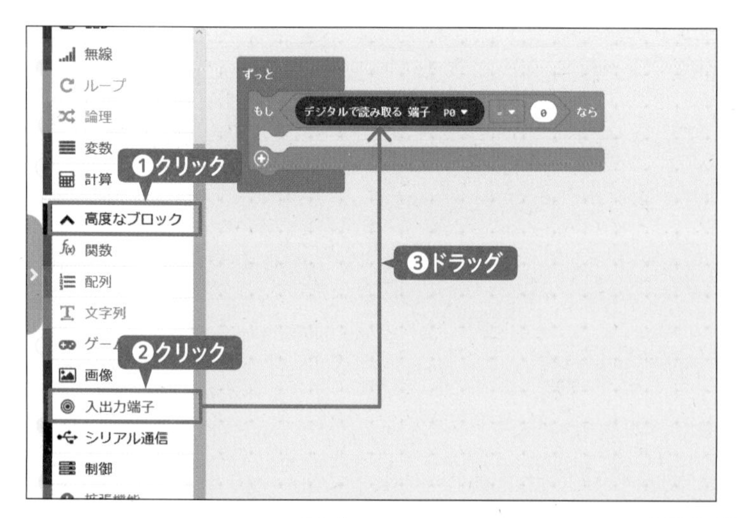

4 ツールボックスの「高度なブロック」をクリックし、「入出力端子」をクリックします。「デジタルで読み取る端子P0」ブロックをドラッグして、「0＝0」ブロックの前の「0」部分に入れます。

➡「デジタルで読み取る端子P0」ブロックが、センサーの値（1か0）を取得するためのブロックです。

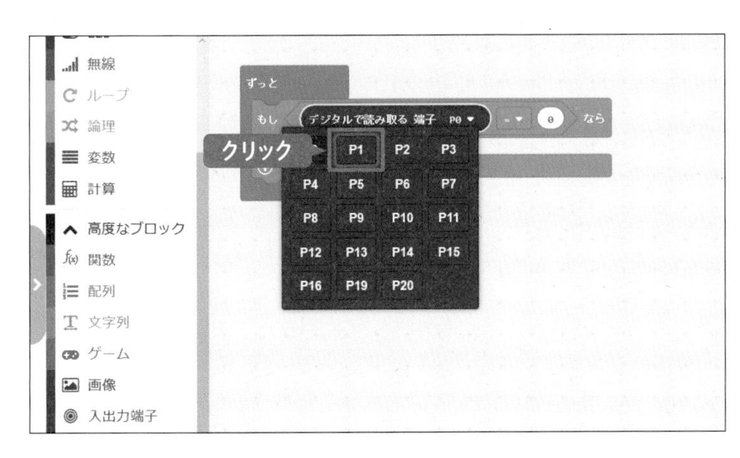

5 「P0」をクリックし、メニューから「P1」をクリックして選びます。

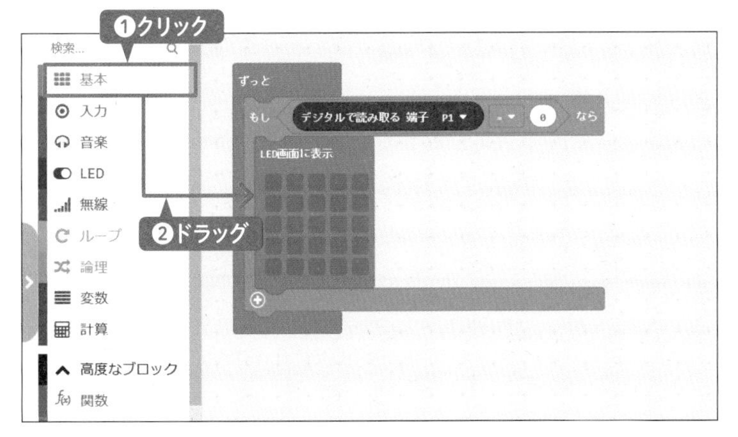

6 ツールボックスの「基本」をクリックします。「LED画面に表示」ブロックをドラッグして、「もしデジタルで読み取る端子P1＝0なら」ブロックの間に入れます。

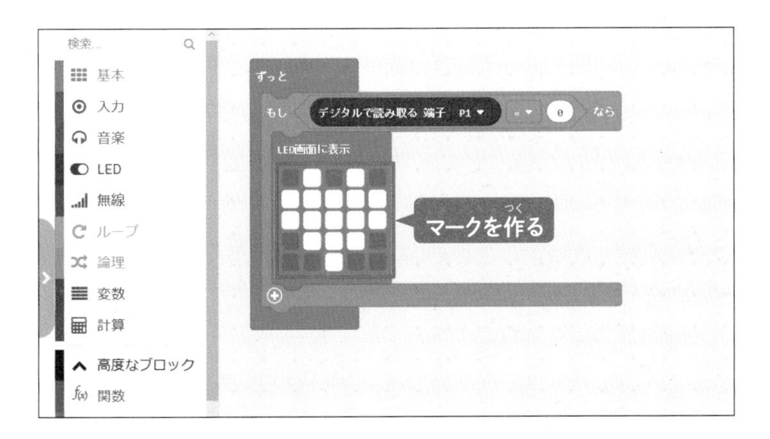

7 四角い部分をクリックして、LEDに表示したいマークを作ります。

➡ ブロックの中の「▼」マークは、プルダウンメニューがあることを表しています。クリックするとメニューが表示され、切りかえることができます。

➡ クリックして白くなった部分のLEDが光ります。

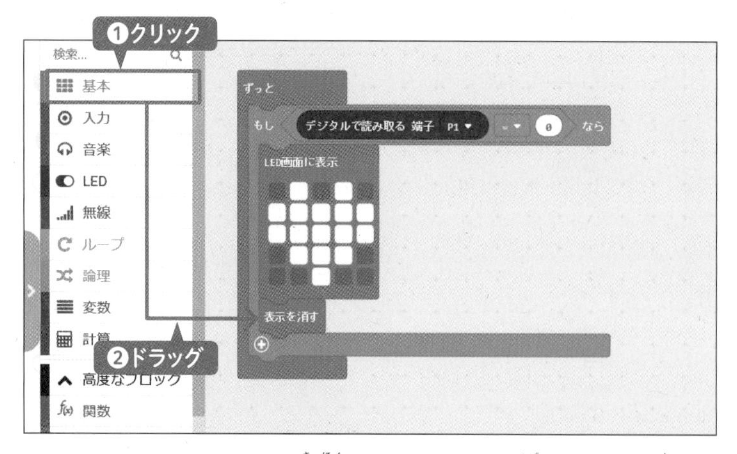

8 ツールボックスの「基本」をクリックし、続けて「その他」をクリックします。「表示を消す」ブロックをドラッグし、「LED画面に表示」ブロックの下につなげます。

かくにんしよう

1 作ったプログラムをmicro:bitに書きこみます（書きこむ方法は18ページ参照）。

2 ワークショップモジュールの「P1」の端子にフォトインタラプターとケーブルでつなぎ、micro:bitを差します（くわしくは98ページ参照）。

3 ワークショップモジュールのスイッチをオンにして、フォトインタラプターの間にコインを通してください。LED画面に自分の作ったマークが表示されればOKです。
コインがセンサーの光をさえぎっているときはセンサーのあたいは「0」、さえぎっていないときは「1」になります。「1」のときは表示が出ません。
かくにんしたら、スイッチをオフにします。

➡ フォトインタラプターのセンサーが実際にどのように反応するのか、工作する前に実際に動かして確認しておきましょう。

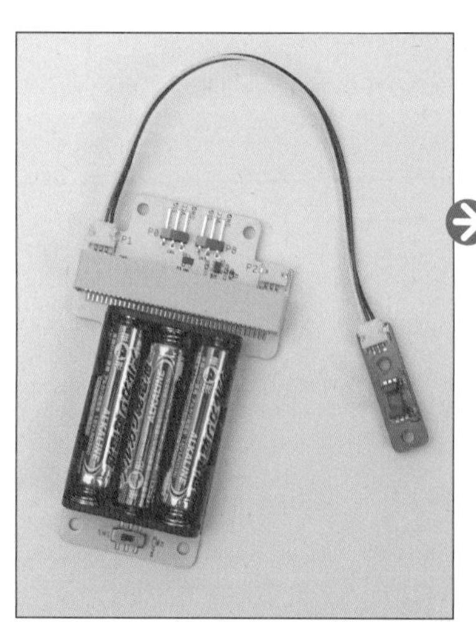

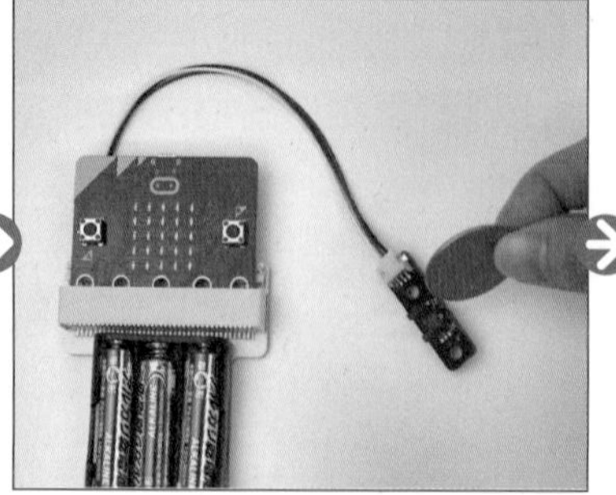

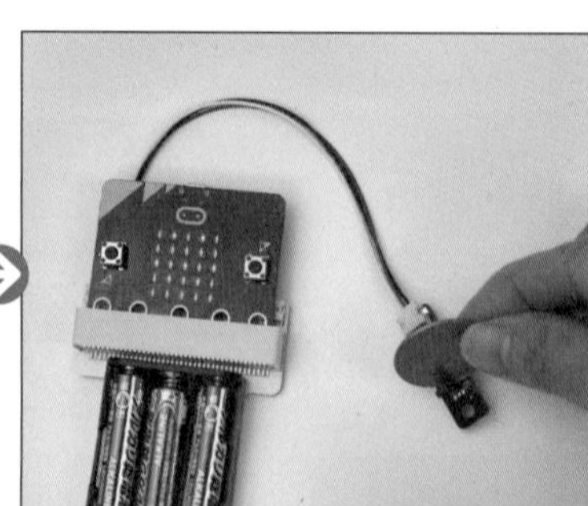

ステップ2 ▶ コインの枚数を数える

貯金箱に入れられたコインの枚数を数え、それをＬＥＤ画面に表示するプログラムを作ります。

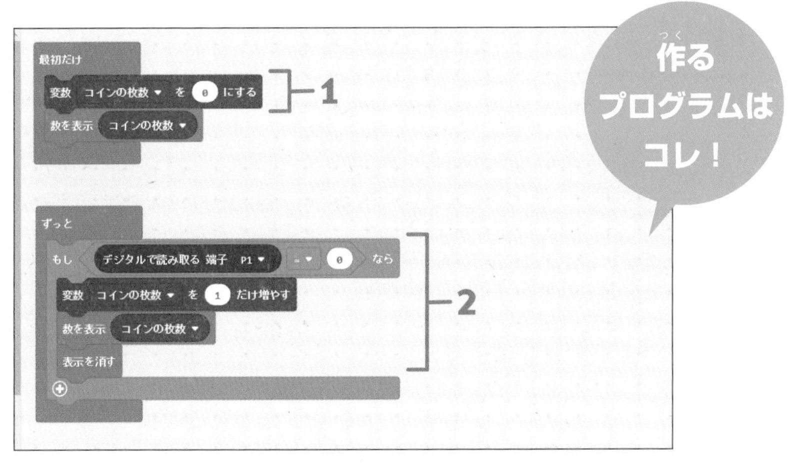

1 最初、貯金箱には何も入っていないので、変数のあたいは「0」とします。

2 もしフォトインタラプターから「0」のあたいが返されたら、コインの通過を意味するので、変数が1だけ増え、枚数を示す数字も変わります。

「最初だけ」ブロックを作ろう

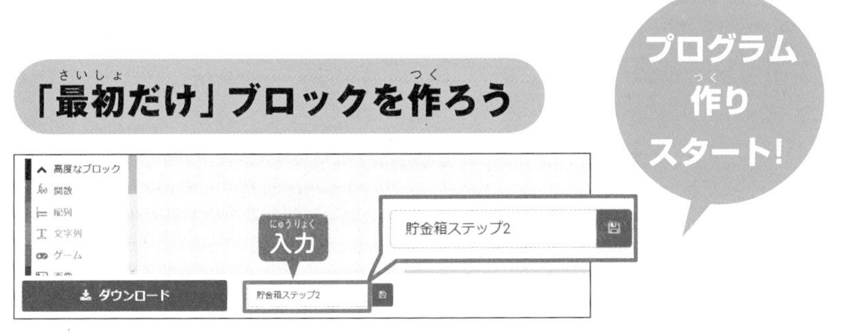

1 新しいプロジェクトを始めます。「貯金箱ステップ2」と名前を入力しましょう。

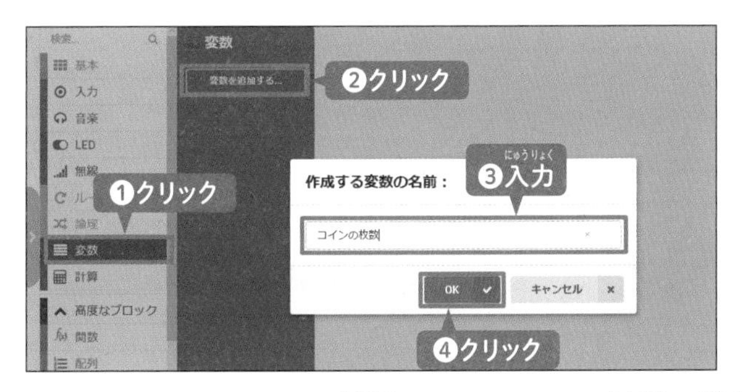

2 ツールボックスの「変数」をクリックし、「変数を追加する」をクリックします。「コインの枚数」と名前を入力し、「OK」をクリックします。

➡ プログラムを作成したあと、新しいプロジェクトを始めたい場合は、プログラミング画面で「ホーム」をクリックします。ホーム画面にもどったら、［新しいプロジェクト］をクリックします。

➡ プログラミングをしやすいよう、ここでは「ずっと」ブロックを「最初だけ」ブロックの下までドラッグしておきます。

➡ 「変数」はコンピューターが使うメモ帳のようなものです。記された数字が何を意味するものか分かるように、名前が付けられるようになっています。この作例の場合は、今何枚お金が入っているか忘れないよう数字を記録しています。

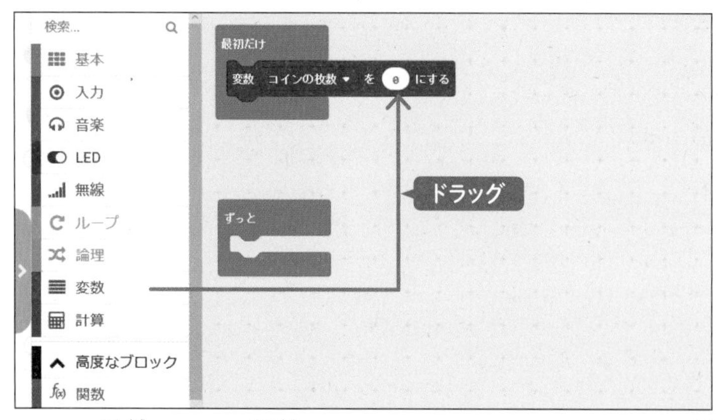

3 「変数 コインの枚数を0にする」ブロックをドラッグし、「最初だけ」ブロックの間に入れます。

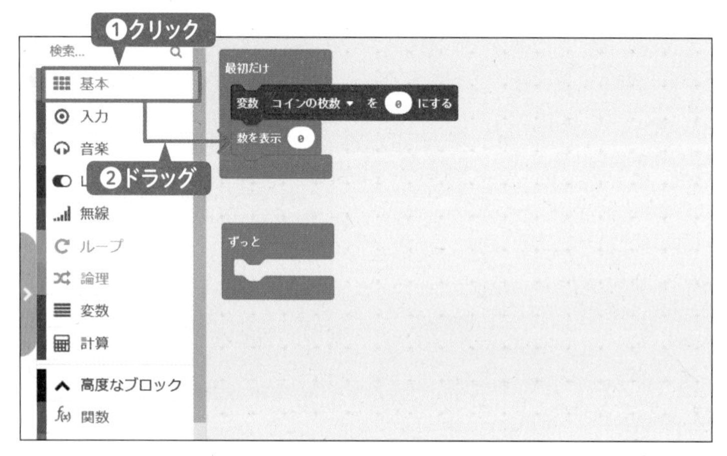

4 ツールボックスの「基本」をクリックします。「数を表示0」ブロックをドラッグして、「変数 コインの枚数を0にする」の下につなげます。

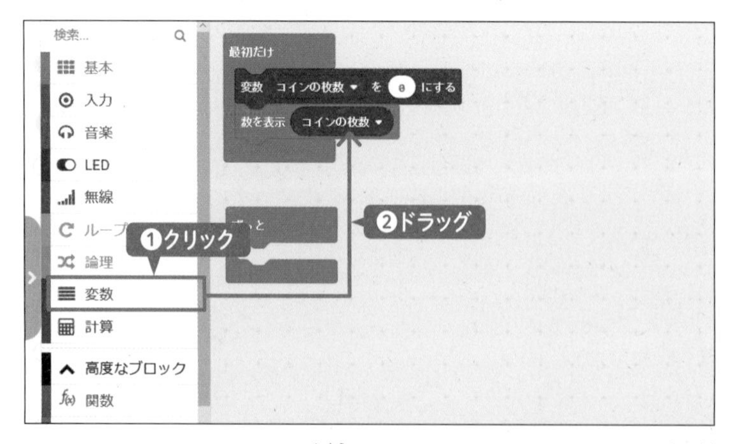

5 ツールボックスの「変数」をクリックします。「コインの枚数」ブロックをドラッグして、「数を表示0」ブロックの「0」のところに入れます。

➡ コインの枚数を「0」にし、それを表示するので、プログラムを実行すると、LEDに「0」と表示されるようになります。

「ずっと」ブロックを作ろう

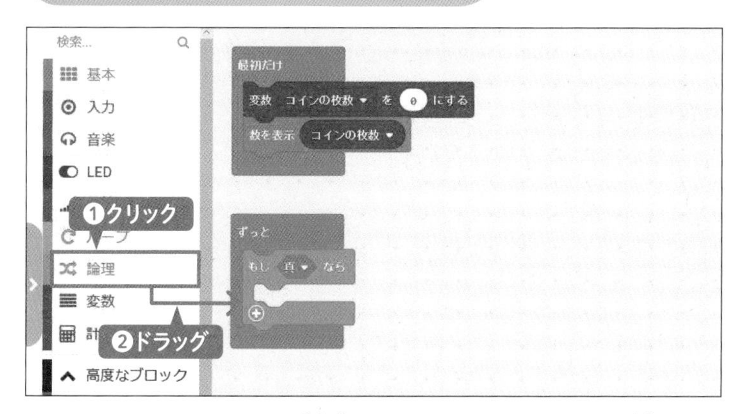

1 ツールボックスの「論理」をクリックします。「もし真なら」ブロックをドラッグして、「ずっと」ブロックの間に入れます。

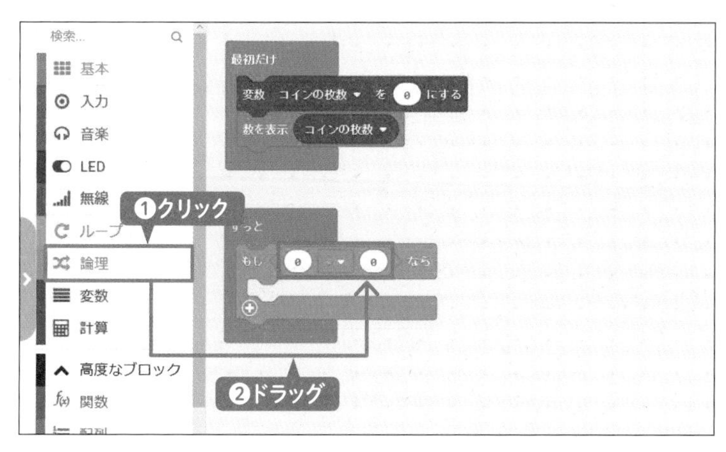

2 ツールボックスの「論理」をクリックします。「0＝0」ブロックをドラッグして、「真」のところに入れます。

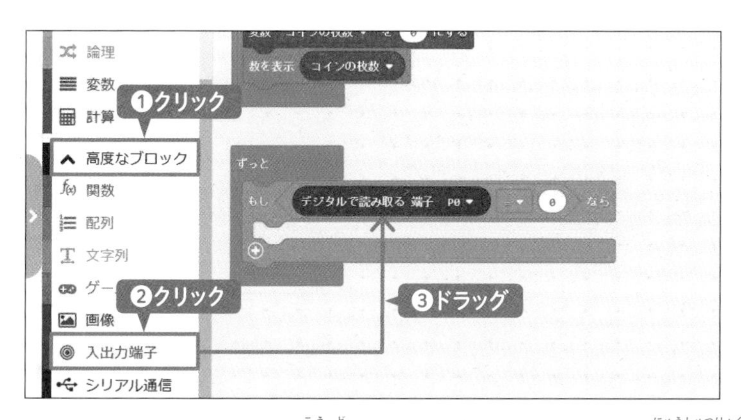

3 ツールボックスの「高度なブロック」をクリックし、「入出力端子」をクリックします。「デジタルで読み取る端子P0」ブロックをドラッグして、「0＝0」ブロックの前の「0」部分に入れます。

第2章 レシピ編

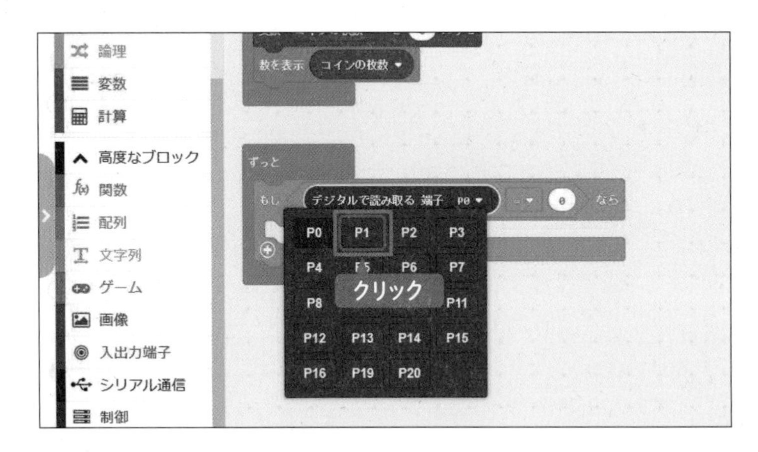

4 「P0」をクリックし、メニューから「P1」をクリックして選びます。

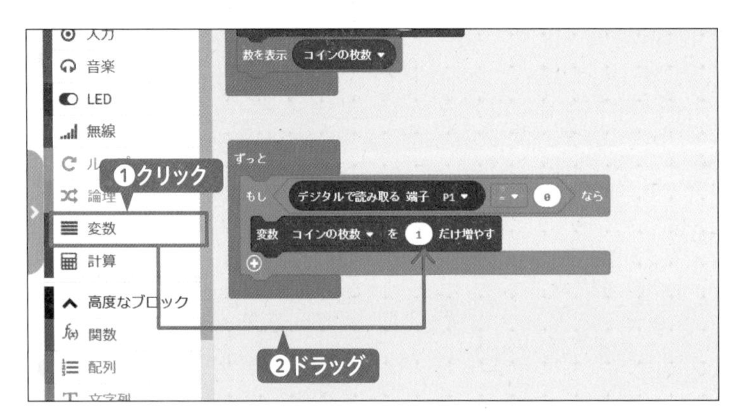

5 ツールボックスの「変数」をクリックします。「変数 コインの枚数を1だけ増やす」ブロックをドラッグして、「もしデジタルで読み取る端子P1＝0なら」ブロックの間に入れます。

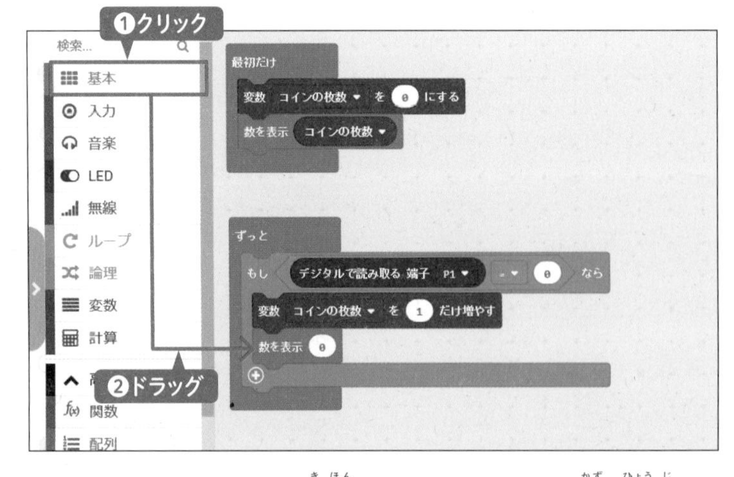

6 ツールボックスの「基本」をクリックします。「数を表示0」ブロックをドラッグして、「変数 コインの枚数を1だけ増やす」ブロックの下につなげます。

➡ コインが入るたびに変数に書かれた内容を1つ増やしていくようにしてあるため、コインの枚数を数えられます。

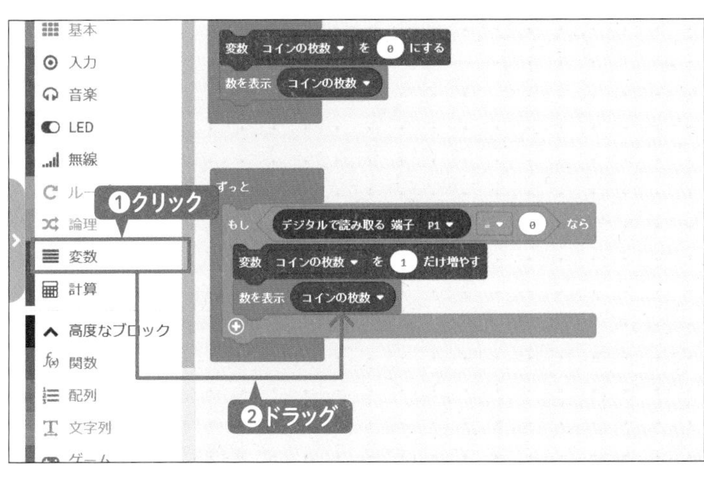

7 ツールボックスの「変数」をクリックします。「コインの枚数」ブロックをドラッグして、「数を表示0」ブロックの「0」のところに入れます。

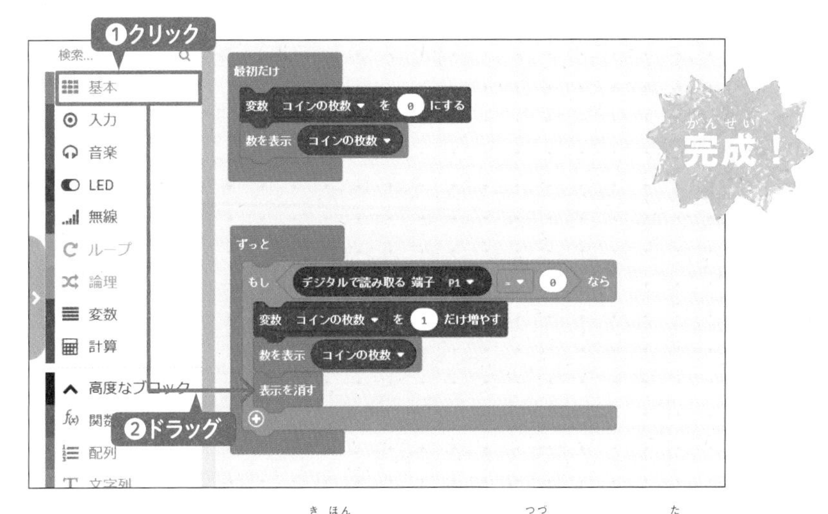

➡ 手順 7 までだと、コインの数を表示したままとなってしまうため、最後にLEDを消すブロックを追加します。

8 ツールボックスの「基本」をクリックし、続けて「その他」をクリックします。「表示を消す」ブロックをドラッグして、「数を表示コインの枚数」ブロックの下につなげます。これで貯金箱のプログラムは完成です！

かくにんしよう

1 作ったプログラムをmicro:bitに書きこみます（書きこむ方法は18ページ参照）。

2 ワークショップモジュールのスイッチをオンにして、フォトインタラプターの間にコインを何回か通してください。通した回数がLED画面に表示されればOKです。

3 かくにんしたら、スイッチをオフにします。

工作する

プログラムを作れたら、次は工作しましょう。牛にゅうパックを使って貯金箱のボックスを作ります。コインを入れる口を切りぬき、内側にフォトインタラプターを取り付けます。最後に、ボックスの外側にワークショップモジュールをセットすれば完成です。

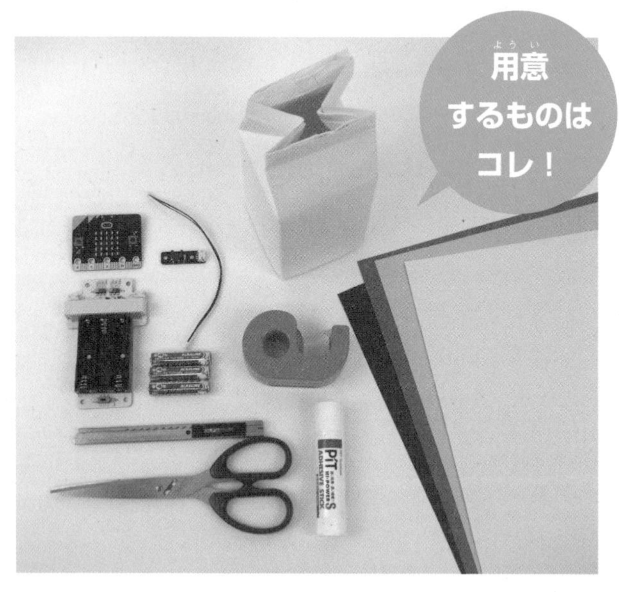

用意するものはコレ！

- 作ったプログラムを書きこんだmicro:bit
→書きこむ方法は18ページ参 照
- フォトインタラプター（コネクタータイプ）[別売]
- ワークショップモジュール［別売］ →170ページ参 照
- 単4形乾電池×3本
- 500ｍｌの牛にゅうパック
- 色画用紙、ハサミ、のり、セロハンテープなど

作り方

1 牛にゅうパックの口のななめの部分に、コインを入れるあなを開け、色画用紙をはり付けるなどして、貯金箱を自由にデザインしましょう。側面には、ケーブルを通すあなを開けます。

メモ コインの中では500円玉がいちばん大きいので、500円玉の大きさに合わせましょう。

2 フォトインタラプターと付属のケーブルをつなぎます。

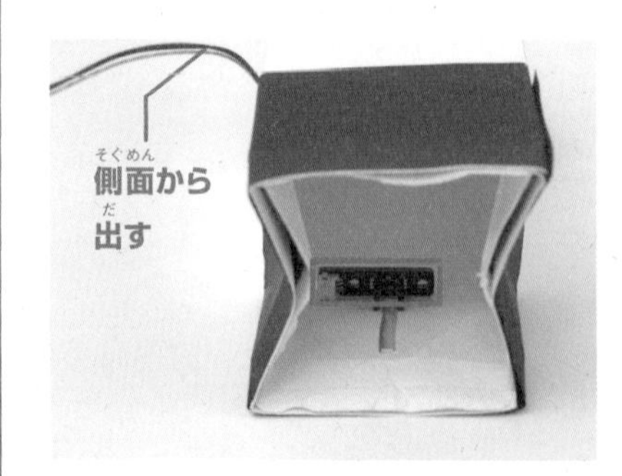

3 コインを入れるあなの内側にフォトインタラプターを取り付けます。側面のあなにケーブル通して外側に出します。

メモ フォトインタラプターの発光部と受光部の間をコインが通るように、取り付けることがポイントです。

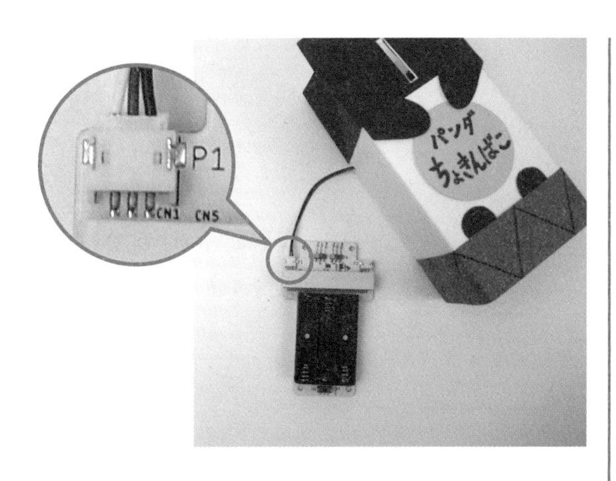

4 ケーブルを、ワークショップモジュールの「P1」端子につなげます。

5 ワークショップモジュールのスイッチをオフにし、単4形乾電池をセットしたら、micro:bitの表（LED側）を上にして、ワークショップモジュールに差します。両面テープなどで牛にゅうパックにはり付けたら完成です！

メモ ここでは貯金箱の側面にワークショップモジュールをはり付けましたが、正面にはり付けるデザインにしてもよいでしょう。

遊び方

1 ワークショップモジュールのスイッチをオンにします。

2 コインを貯金箱に入れます。

3 入れたコインの枚数が、LEDに表示されます。

指導者の方へ：ワークショップなどを行うときのポイント

外部装置をセンサーとして使う場合の基本を学びます。外部装置を接続する端子を指定し、センサーから得られる情報を変数とします。条件を設定してセンサーの値によって動作を変えるようプログラミングするのがポイントです。

フォトインタラプターで測る

きょりやものの長さが分かる「測量計」を作ろう

光を使ったセンサー「フォトインタラプター」とプログラミングで
きょりやものの長さが測れる測量計を作りましょう。
地面の上で使えば、実際のきょりも測れます。

[**レベル**] ★★★★☆ [**時間の目安**] 60分 [プログラミング30分＋工作30分]

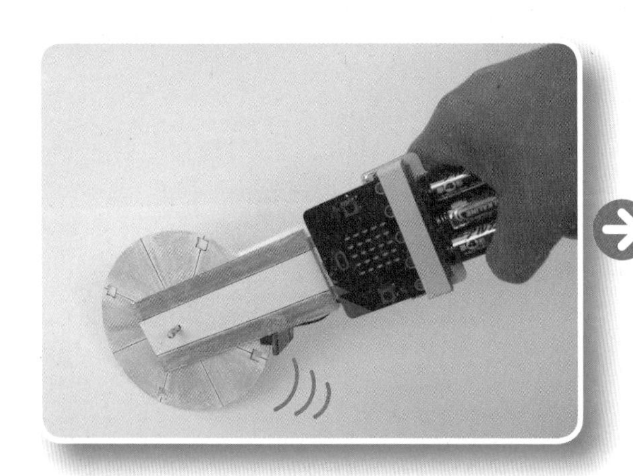

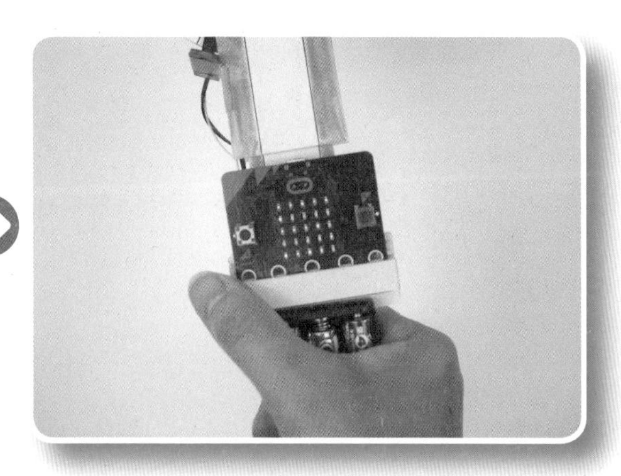

円板を転がすと……転がしたきょりがLEDに表示されます。

用意する物

■ プログラミング

micro:bit、パソコン、USBケーブル

■ 工作

フォトインタラプター、ワークショップモジュール、単4形乾電池3本、工作用スチレンボード（厚さ3mm以下。ダンボールや厚紙でもよい）、コンパス、ハサミまたはカッター、セロハンテープ、両面テープ、つまようじ、マーカー、色えん筆など

※この作例では「フォトインタラプター」と「ワークショップモジュール」（170ページ参照）を使います。パーツは、スイッチエデュケーションのWebサイトやパーツショップ、ネットショップなどから買えます。

レシピのポイント

フォトインタラプターの発光部から受光部への赤外線は、円板が通るとさえぎられ、スリット（あな）のところだけ通ります。スリットとスリットの間のきょりが分かれば、何回スリットを通過したかで、円板の回転数が分かるので、全体のきょりが測れます。

■ フォトインタラプターの断面図

さえぎられている場合（あたいは0）

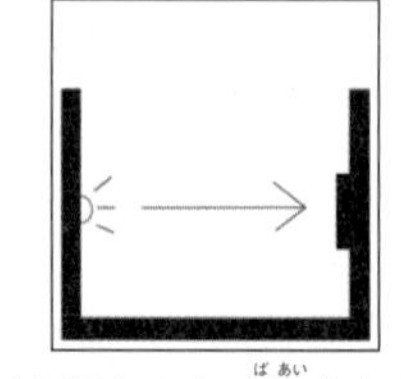

さえぎられていない場合（あたいは1）

工作する

作った測量計を使ってプログラムのかくにんを行うため、最初に工作をしましょう。測量計の仕組みが理解でき、このあとのプログラミングをスムーズに行えます。

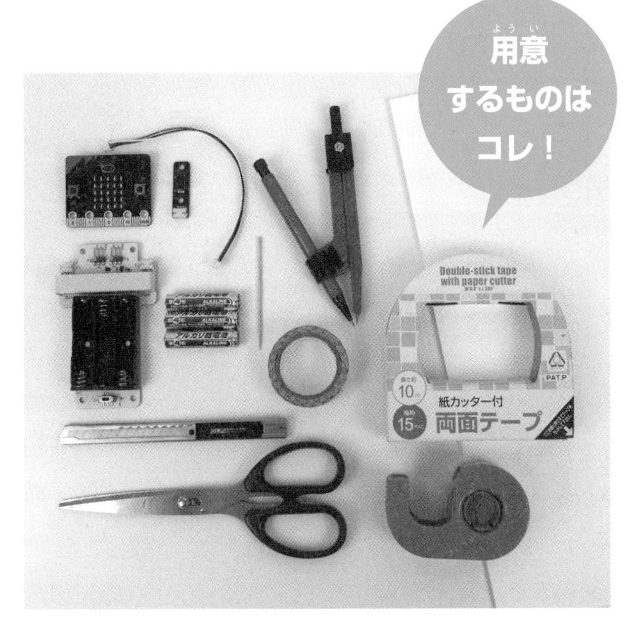

- micro:bit　※プログラムの書きこみは、あとで行います。
- フォトインタラプター（コネクタータイプ）[別売]
- ワークショップモジュール［別売］ →170ページ参照
- 単4形乾電池×3本
- 工作用スチレンボード（厚さ3mm以下。ダンボールや厚紙でもよい）
- コンパス、ハサミまたはカッター、セロハンテープ、両面テープ、つまようじ　など
- もようをかく場合はマーカーや色えん筆など

注意 スチレンボードの厚さが3mm以上あると、フォトインタラプターの間に入りません。

作り方

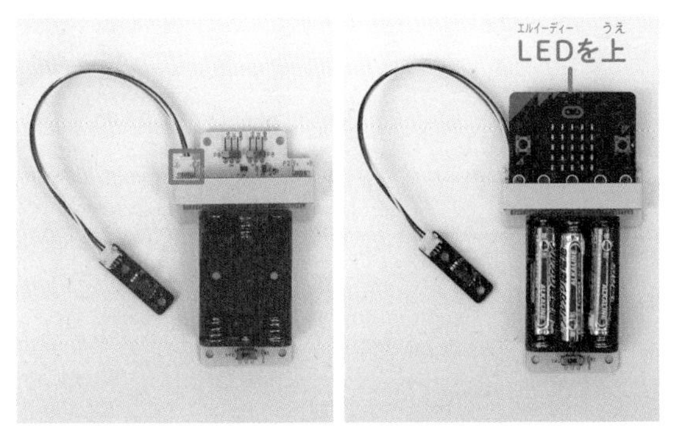

1 フォトインタラプターとワークショップモジュールを、フォトインタラプターに付属のケーブルでつなぎます。ここでは、「P1」端子につなぎます。次に、ワークショップモジュールのスイッチをオフにし、単4形乾電池を3本セットします。micro:bitの表（LED側）を上にして、ワークショップモジュールに差します。

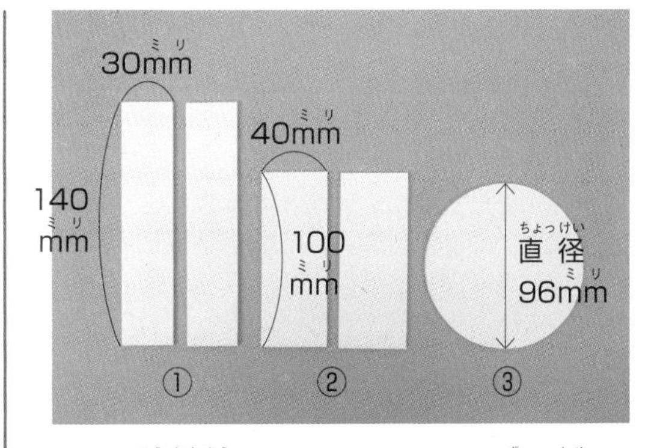

2 工作用スチレンボードを、図で示したように切ります。①持ち手2つ（140mm×30mm）、②円板をはさむ板2つ（100mm×40mm）、③円板1つ（直径96mm）です。

メモ 「サークルカッター」「コンパスカッター」とよばれるカッターを使うと、かんたんにキレイな円形に切れます。

注意 切るときは、ハサミやカッターで手や指などを切ってケガしないように注意してください。

3 ①持ち手2つを重ねてはり合わせたら、両面テープなどでワークショップモジュールをはり付けます。

メモ もようをかいて、測量計を自由にデザインしましょう。ただし、持ち手のワークショップモジュールをはり付ける部分は、絵がかくれてしまいます。

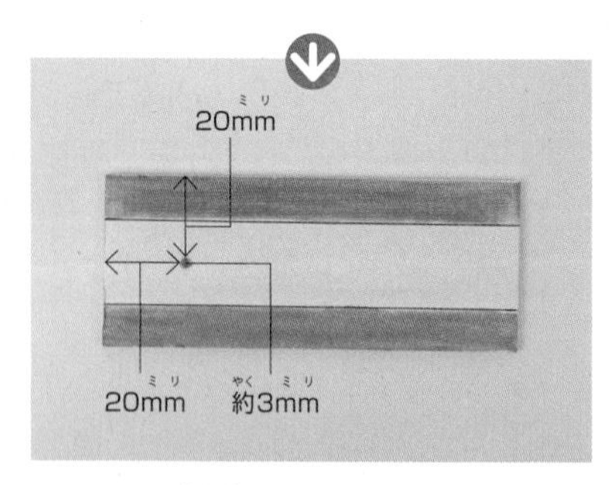

4 ②円板をはさむ板を、上から20mm、左から20mmの位置に、直径3mmほどのあなを開けます。円板のじくにする、つまようじを通すあなです。2つとも同じように作ります。

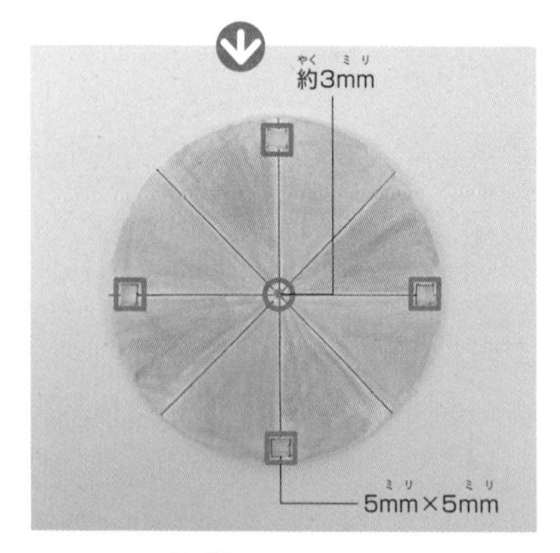

5 ③円板に、スリットとなるあなを開けます。それぞれ90度になるように、5mm×5mmのあなにします。円の中心に、つまようじを通すための、直径3mmほどのあなを開けます。

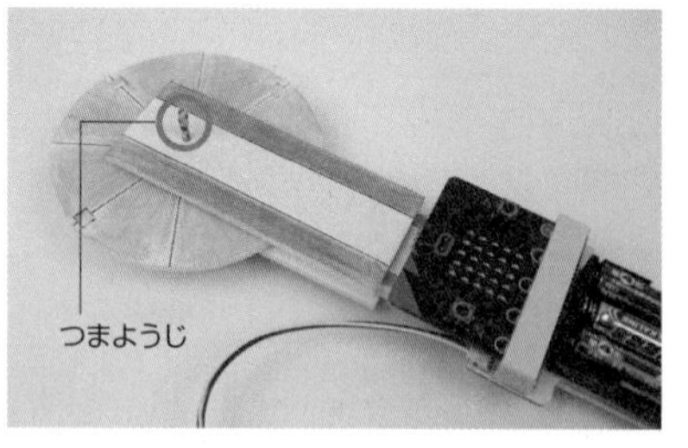

6 ②の板の間に、③円板をはさみ、中央のあなにつまようじを通します。ようじの両はしに、マスキングテープやビニールテープをまいて、ぬけないようにします。③円板の反対のはしに、手順3で作った①持ち手をはさみ、両面テープなどではり付けます。

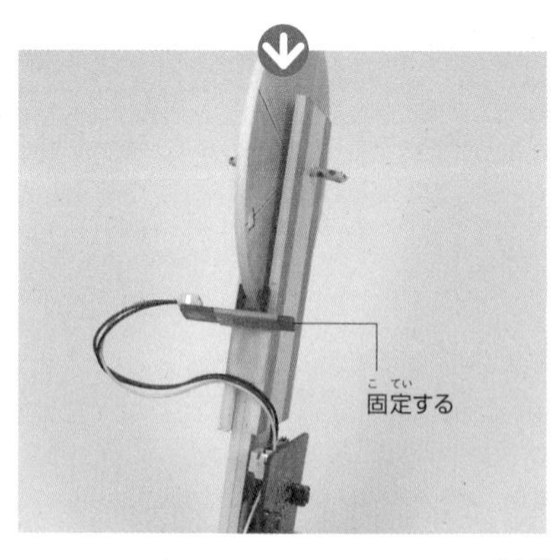

7 つまようじをじくとして、円板がしゃりんのように軽く回ることをかくにんします。フォトインタラプターを、②の板にテープなどで固定します。フォトインタラプターの間を円板のスリットが通るように取り付けることが大切です。

メモ 円板を動かしづらい場合は、つまようじのあなをもう少しだけ大きくしましょう。大きくしすぎないように注意してください。

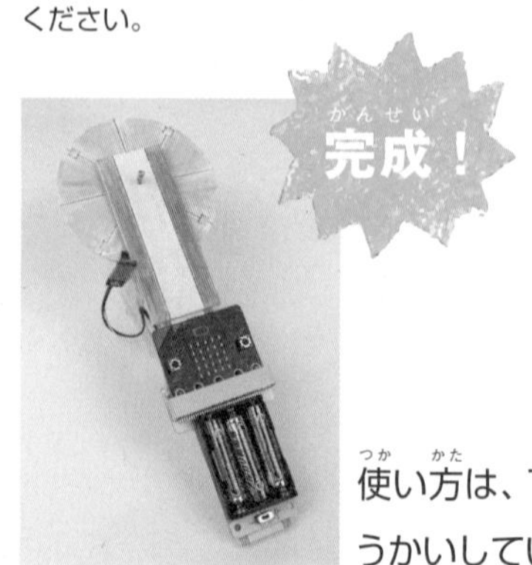

使い方は、113ページでしょうかいしています。

プログラムを作る

測量計の円板はフォトインタラプターの赤外線の光をさえぎっていますが、円板のスリットの位置では光が通過します。光が通過した回数をカウントして、スリット間の長さとかけ合わせることで、きょりを計算します。ステップをふんでプログラミングしていきましょう。

ステップ1▶フォトインタラプターを使う

フォトインタラプターは赤外線の光が物体にさえぎられているかどうかを知るためのセンサーです。物体がセンサーの光をさえぎっているときはセンサーのあたいは「0」、さえぎっていないときは「1」になります。センサーのあたいが0→1→0と変化することを「正パルス」、1→0→1と変化することを「負パルス」といいます。

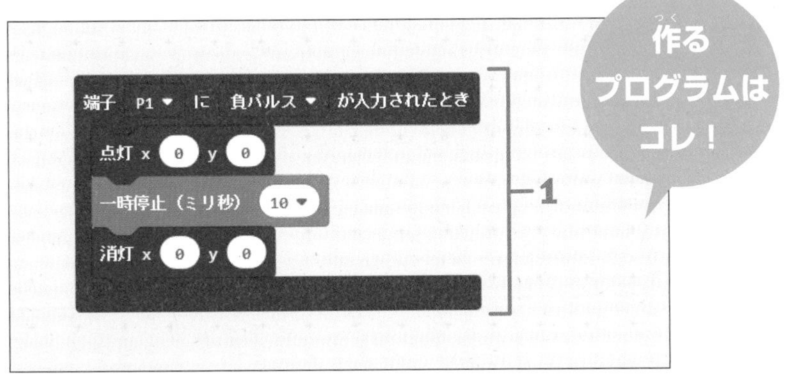

1 円板が回転し、スリットの位置で光が通過したとき、LEDが光ります。

学びのポイント

このプログラムでは、「LED画面に表示」を使わずに「点灯」「消灯」を使っています。「LED画面に表示」は実行すると終わるまで1秒近い時間がかかるためです。

時間がかかると、LED画面に表示を実行中に次のスリットが来てしまい、LEDが光り続けてしまいます（「消灯」は実行されるのですが、すぐに「点灯」が実行されるため、人間の目には光り続けているように見えます）。同じ理由で、一時停止の時間も短くしています。

➡ ブロックを右クリックして、表示されるメニューから「ブロックを削除する」を選ぶか、「delete」キーを押して消す方法もあります。

回転中にLEDが光るプログラムを作ろう

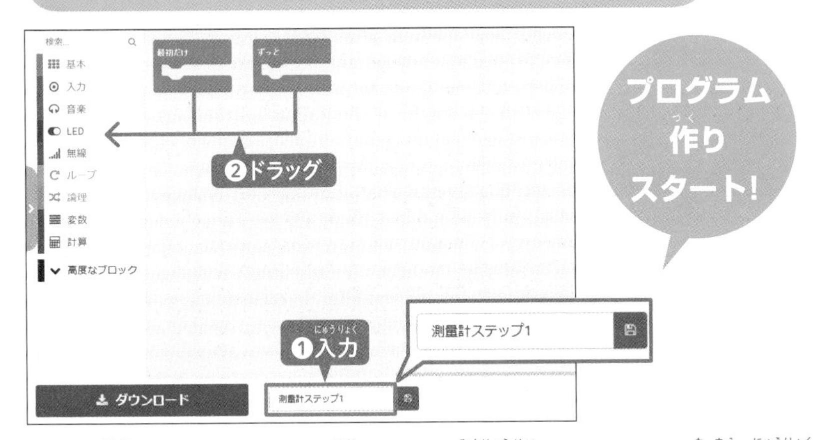

1 新しいプロジェクトを始めます。「測量計ステップ1」と名前を入力しましょう。「最初だけ」ブロックと「ずっと」ブロックは使いません。それぞれツールボックスまでドラッグしてドロップし、消しましょう。

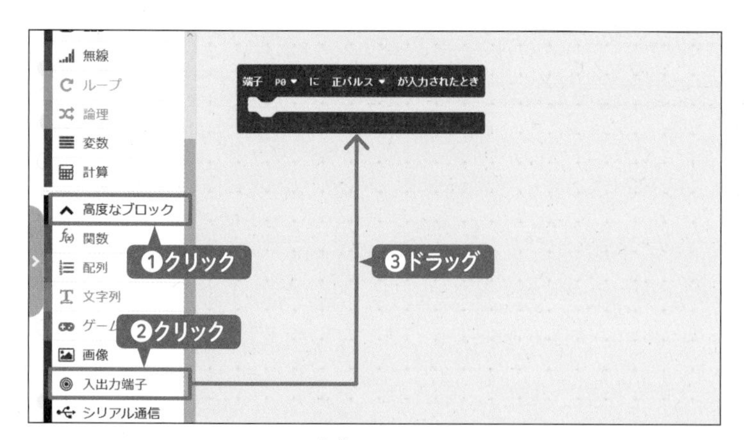

➡ ツールボックスのメニューは、ドラッグを始めると消えます。手順ではメニューの画面を省略しています。

2 ツールボックスの「高度なブロック」をクリックし、「入出力端子」をクリック、続けて「その他」をクリックします。「端子P0に正パルスが入力されたとき」ブロックをドラッグして、プログラミングエリアの左上のあたりでドロップします。

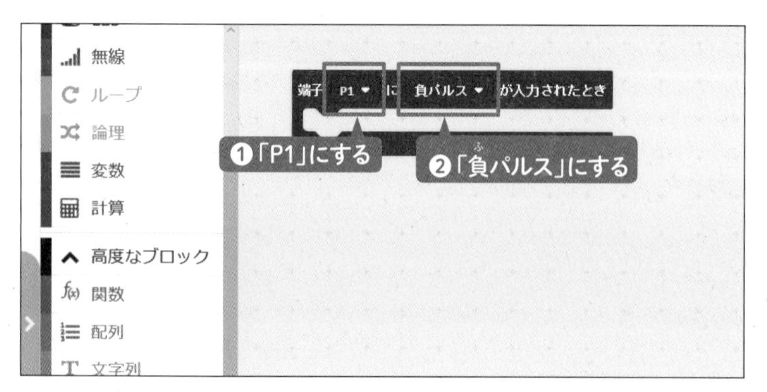

➡ ブロックの中の「▼」マークは、プルダウンメニューがあることを表しています。クリックするとメニューが表示され、切りかえることができます。

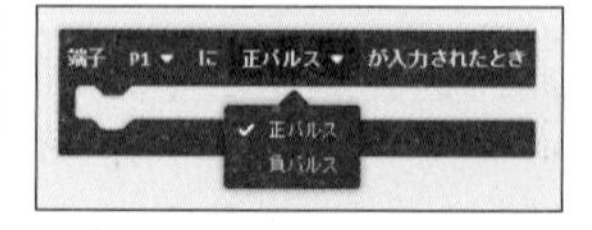

3 「P0」をクリックし、「P1」をクリックして選びます。「正パルス」をクリックし、「負パルス」をクリックして選びます。

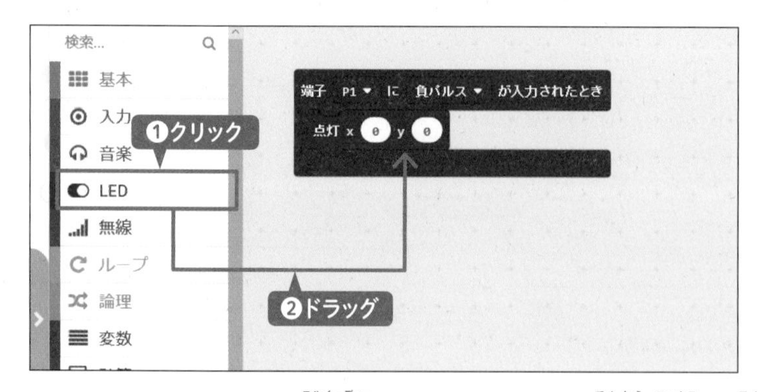

➡「点灯 x 0y0」ブロックは、LEDを点灯させるブロックです。x、yで指定された座標のLEDを点灯します。(0, 0)が左上になります。

4 ツールボックスの「LED」をクリックします。「点灯 x 0 y 0」ブロックをドラッグして、「端子P1に負パルスが入力されたとき」ブロックの間に入れます。

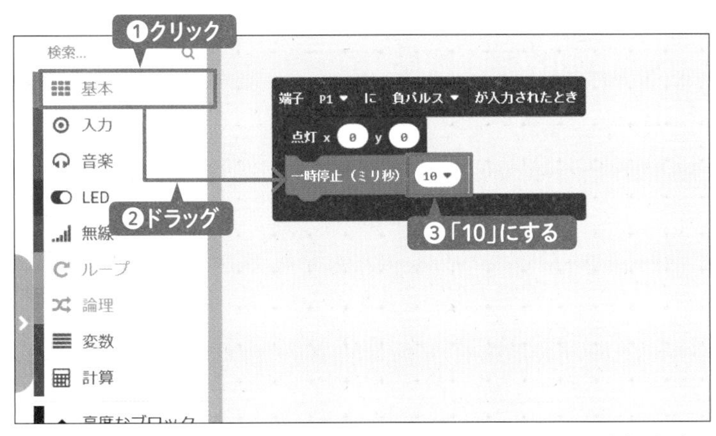

5 ツールボックスの「基本」をクリックします。「一時停止(ミリ秒)100」ブロックをドラッグして、「点灯 x 0 y 0」ブロックの下につなげます。「100」を「10」にします。

➡「100」をクリックして表示されるメニューに「10」はないため、直接数字を入力します。

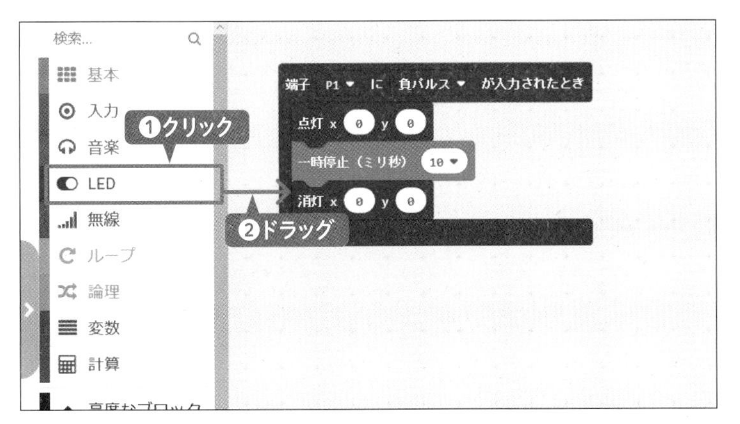

6 ツールボックスの「LED」をクリックします。「消灯 x 0 y 0」ブロックをドラッグして、「一時停止(ミリ秒)10」ブロックの下につなげます。

➡「消灯」ブロックを入れないと、LEDは光ったままになってしまいます。

かくにんしよう

1 作ったプログラムをmicro:bitに書きこみます(書きこむ方法は18ページ参照)。

2 ワークショップモジュールのスイッチをオンにし、測量計の円板を転がして、LEDが点めつするか、かくにんしましょう。

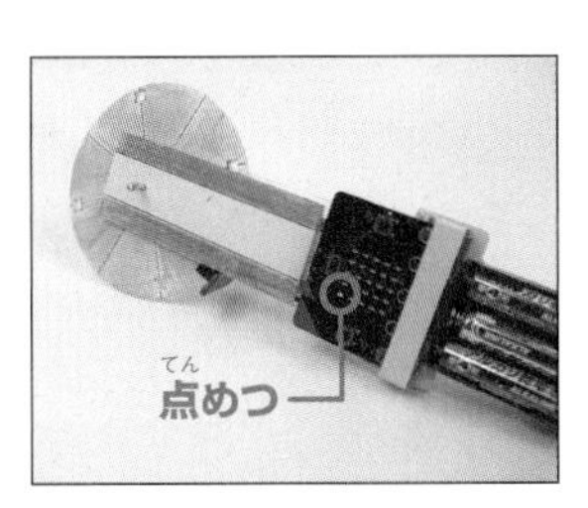

3 かくにんしたら、スイッチをオフにします。

ステップ2-1 ▶ LEDが光った回数を数える

円板の回転中、LEDが何回光ったかを数えるプログラムを作ります。ボタンAを押すと光った回数が表示されます。数を0にもどすにはボタンBを押します。変数をうまく使うことがポイントです。

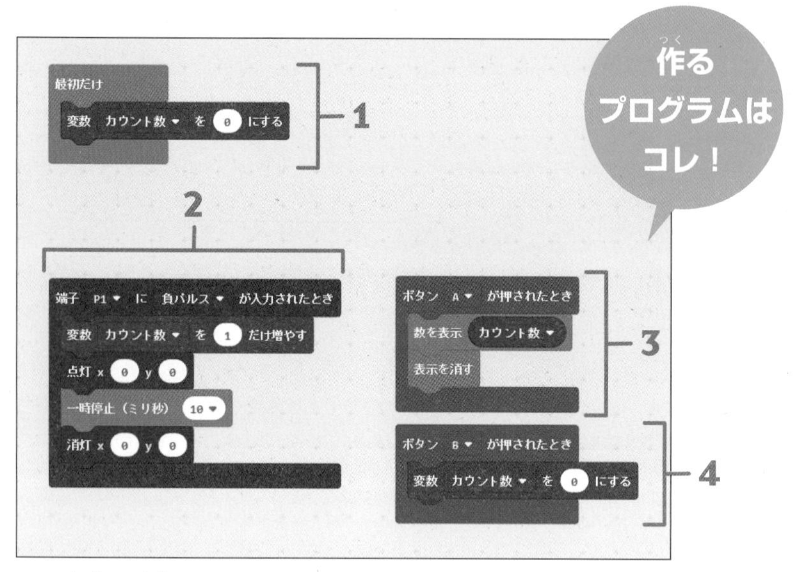

1 最初の数を0にします。

2 円板の回転中、LEDが光った回数を数えます。

3 ボタンAを押すと光った回数を表示します。

4 ボタンBを押すと、数を0にもどします。

回転中に何回光るかを数えるプログラムを作ろう

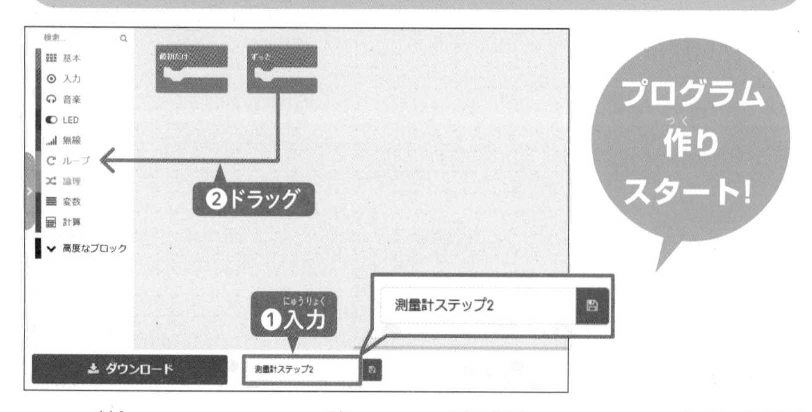

1 新しいプロジェクトを始めます。「測量計ステップ2」と名前を入力しましょう。「ずっと」ブロックは使いません。ツールボックスまでドラッグしてドロップし、消しましょう。

➡ プログラムを作成したあと、新しいプロジェクトを始めたい場合は、プログラミング画面で「ホーム」をクリックします。ホーム画面にもどったら、［新しいプロジェクト］をクリックします。

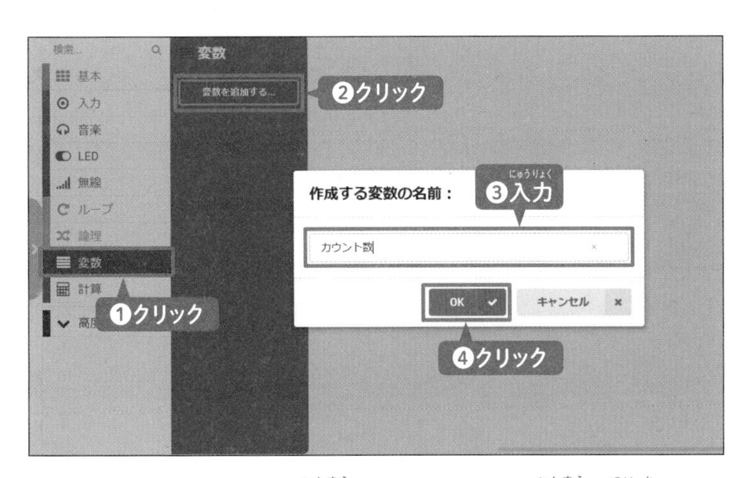

2 ツールボックスの「変数」をクリックし、「変数を追加する」をクリックします。「カウント数」と名前を入力し、「OK」をクリックします。

➡ 変数を追加すると、「カウント数（変数の名前）」「変数 カウント数を0にする」「変数 カウント数を1だけ増やす」ブロックが作られます。

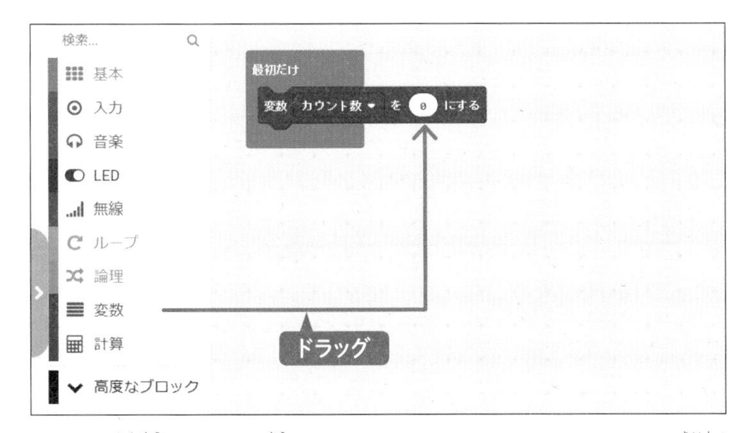

3 「変数 カウント数を0にする」ブロックをドラッグし、「最初だけ」ブロックの間に入れます。

➡ プログラムを実行したときのカウント数を「0」にします。

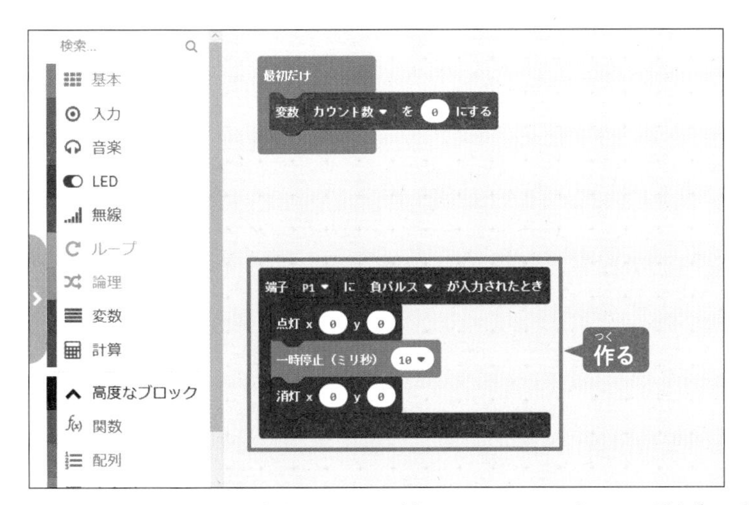

4 ステップ1の手順2〜6と同じようにそう作して、LEDを光らせるブロックを作ります。

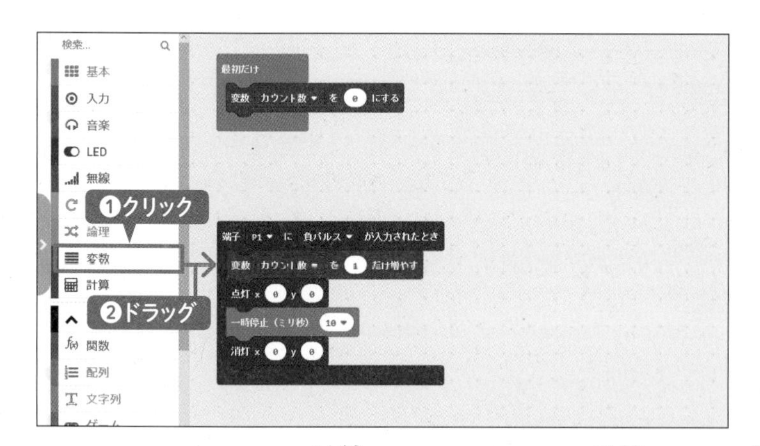

5 ツールボックスの「変数」をクリックします。「変数 カウント数を1だけ増やす」ブロックをドラッグして、「点灯 x 0 y 0」ブロックの上に加えます。これで、光るたびにカウント数が1ずつ増えるようになります。

➡ 円板が回転し、光がさえぎられている状態からさえぎられていない状態になったときに、ＬＥＤが点めつするだけでなく、カウント数が1つずつ増えるようにします。

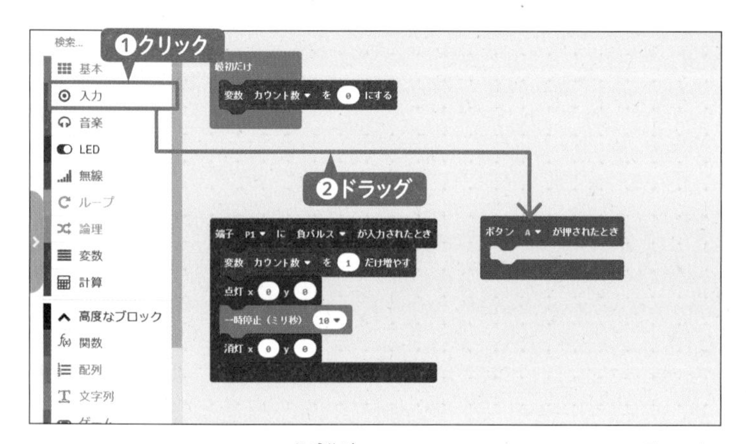

6 ツールボックスの「入力」をクリックします。「ボタンAが押されたとき」ブロックをドラッグして、プログラミングエリアにドロップします。

➡ プログラミングエリアのどの位置にブロックをドロップしても、プログラムの実行には影響はありませんが、全体の構造を考え、分かりやすい位置に配置するとよいでしょう。

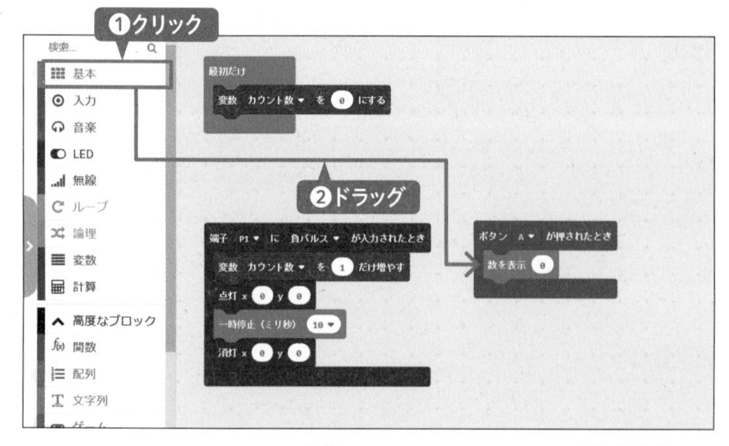

7 ツールボックスの「基本」をクリックします。「数を表示0」ブロックをドラッグして、「ボタンAが押されたとき」ブロックの間に入れます。

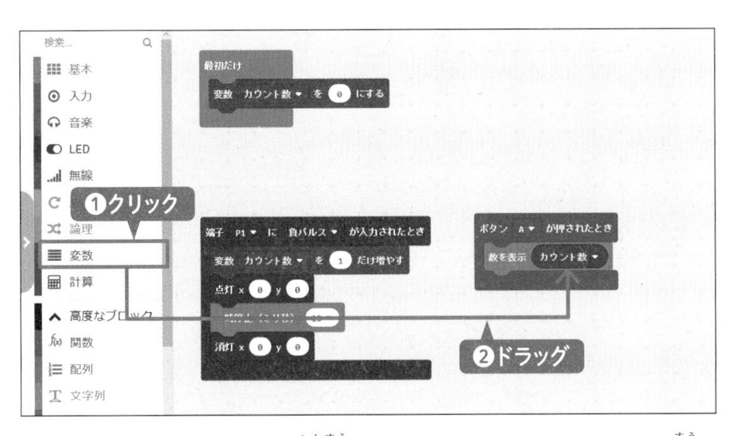

➡ 入れたいブロックを「0」の上までドラッグし、「0」のわくが黄色で表示されたらマウスボタンから指をはなしてドラッグしましょう。

8 ツールボックスの「変数」をクリックします。「カウント数」ブロックをドラッグして「0」のところに入れます。

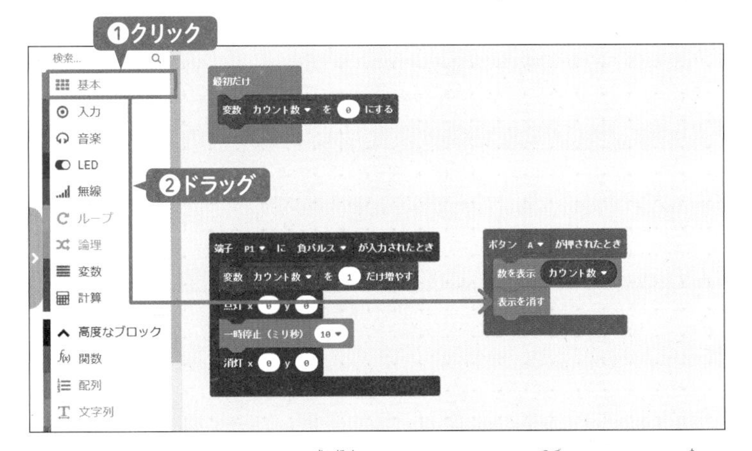

➡ ボタンAを押すと、カウント数を表示し、そのあとで表示が消えるようにしています。ボタンAを押すたびに、そのときのカウント数が表示されます。

9 ツールボックスの「基本」をクリックし、続けて「その他」をクリックします。「表示を消す」ブロックをドラッグし、「数を表示カウント数」ブロックの下につなげます。

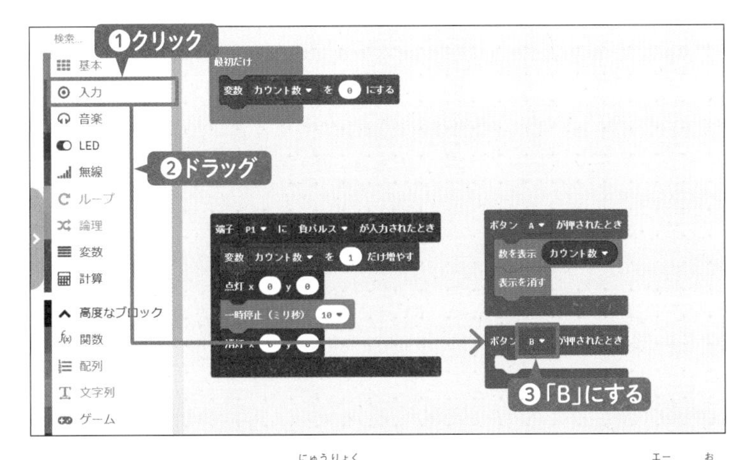

➡「ボタンAが押されたとき」ブロックが2つ並ぶのはプログラム的におかしいため、ドロップしたときはうすい色で表示されます。「A」を「B」に変えると、通常の表示にもどります。

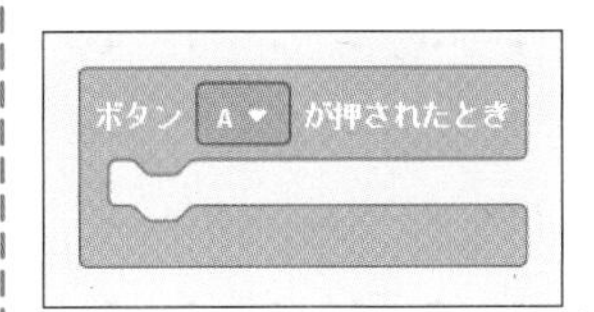

10 ツールボックスの「入力」をクリックします。「ボタンAが押されたとき」ブロックをドラッグしてプログラミングエリアにドロップします。「A」を「B」にします。

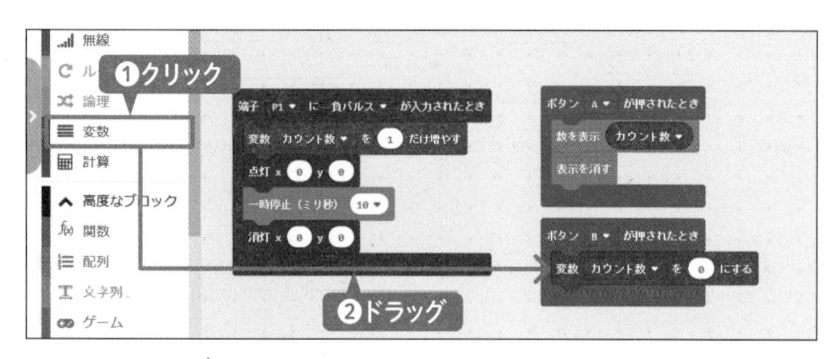

11 ツールボックスの「変数」をクリックします。「変数 カウント数を0にする」ブロックをドラッグして、「ボタンBが押されたとき」ブロックの間に入れます。

かくにんしよう

1 プログラムをmicro:bitに書きこみます（18ページ参照）。

2 測量計の円板を転がします。スリットを通過すると、LEDが点めつします。

3 ボタンAを押すと光った回数が表示され、ボタンBを押すとカウントが0にもどることをかくにんしましょう。

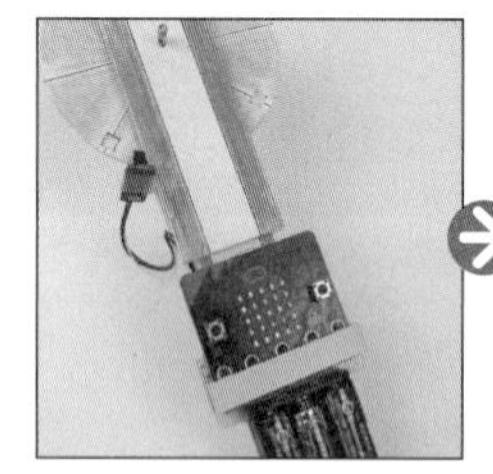

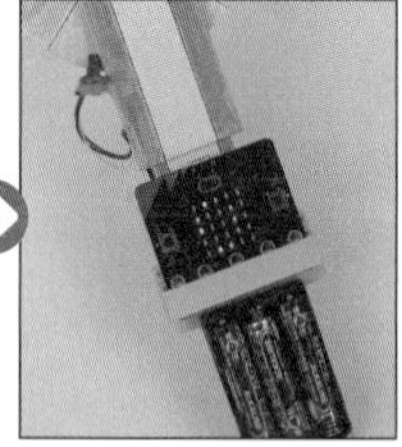

ステップ2-2 ▶ きょりを測る

ボタンAを押すと測ったきょりが表示されます。ボタンBを押すとカウント数が0にもどります。きょりの計算をうまくプログラミングするのがポイントです。

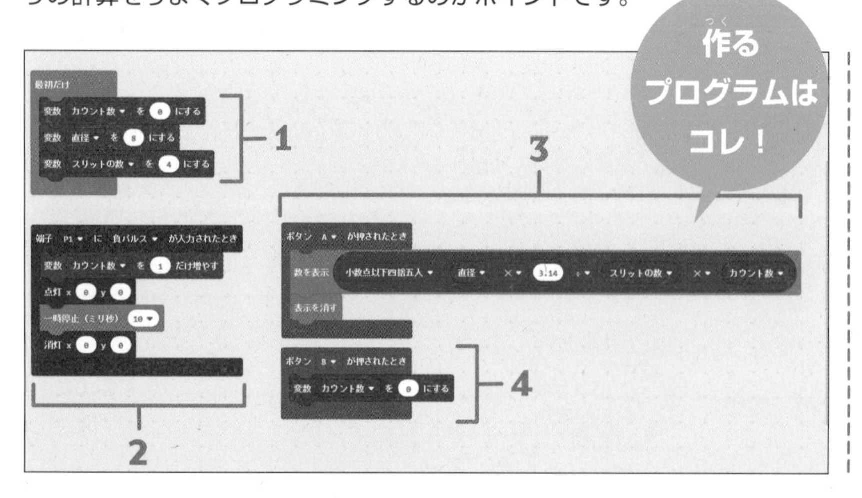

●きょりの計算方法

円板を1回転させた場合、転がしたきょりは円板の円周の長さとなります。スリット1個分回転させた場合、転がしたきょりは「円周÷スリットの数」となります。今回は、「スリット1個分回転させたきょり（＝スリット間の長さ）」×「スリットを通った回数（＝カウント数）」できょりを計測しています。

1 使用する変数の最初の状態を設定します。

2 円板の回転中、LEDが光った回数を数えます。

3 ボタンAを押すと測ったきょりを表示します。

4 ボタンBを押すと、数を0にもどします。

測ったきょりを表示するプログラムを作ろう

1 ステップ2-1で作ったプログラムに続けて作成します。まずは必要となる変数を追加します。ツールボックスの「変数」をクリックし、「変数を追加する」をクリックします。「直径」と名前を入力し、「OK」をクリックします。

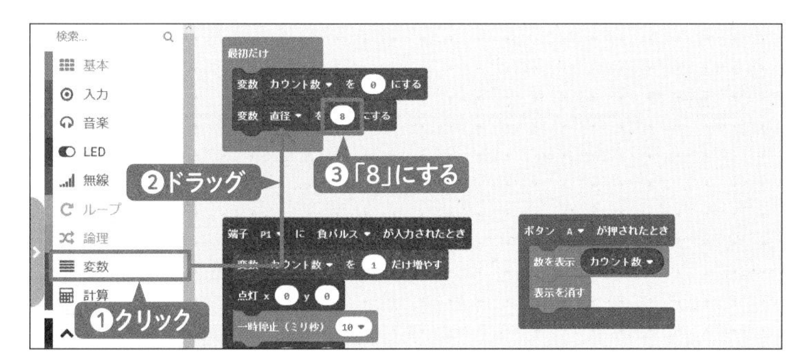

2 「変数 直径を0にする」ブロックをドラッグします。「最初だけ」ブロックの「変数 カウント数を0にする」ブロックの下につなげます。「0」を「8」にします。

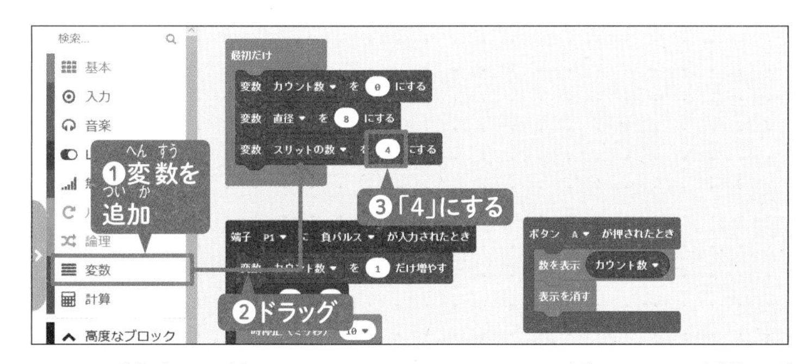

3 手順1と同じようにして、「スリットの数」という変数を作ります。「変数 スリットの数を0にする」ブロックをドラッグし、「最初だけ」ブロックの「変数 直径を0にする」ブロックの下につなげます。「0」を「4」にします。

➡ ステップ2-1までのプログラムを残しておきたい場合は、「測量計ステップ2-2」のように名前を変こうし、「保存」をクリックして別の名前で保存しましょう。

➡ プログラミングエリアのブロックが増えてきました。説明をよく読み、プログラムの構造を考えて、ブロックをつなげる場所をまちがえないように気を付けて作っていきましょう。

➡ このプログラムでは、複数の変数を追加して使います。変数の活用を身に付けましょう。

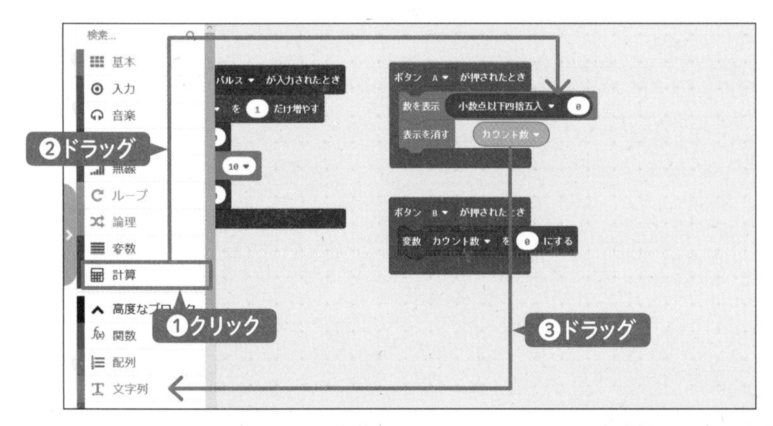

4 ツールボックスの「計算」をクリックします。「小数点以下四捨五入 0」ブロックをドラッグして、「ボタンAが押されたとき」ブロックの、「数を表示カウント数」ブロックの「カウント数」のところに入れます。「カウント数」ブロックが外に出されるので、ツールボックスまでドラッグして消しましょう。

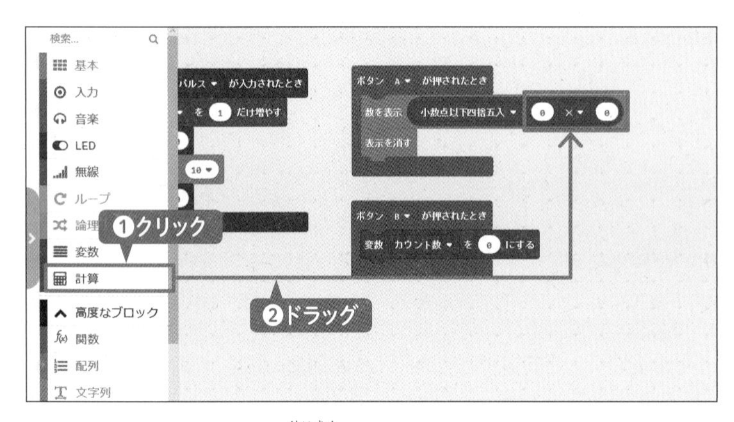

5 ツールボックスの「計算」をクリックします。「0×0」ブロックをドラッグして、「0」のところに入れます。

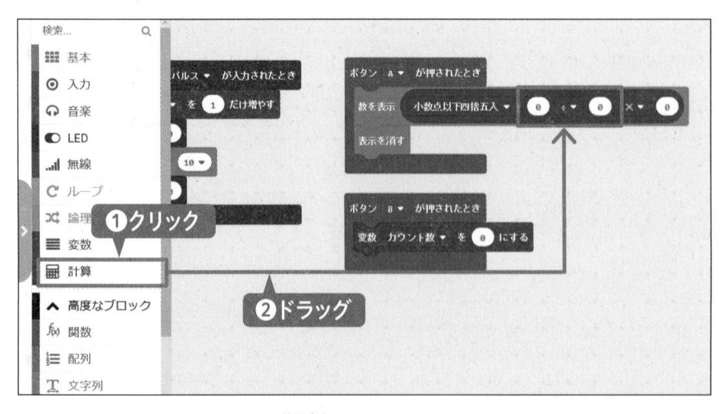

6 ツールボックスの「計算」をクリックします。「0÷0」ブロックをドラッグして、「0×0」ブロックの左側の「0」のところに入れます。

➡ コンピューターはわり算の計算が苦手です。きれいにわり切れるように思える数でも、コンピューターはそれに近い値を計算の結果として出すことがあります。そのためmicro:bitのLEDには「....999999999」と表示されてしまうことがよくあります。それをさけるため、小数点以下の数を四捨五入するブロックを使います。

➡ プログラミングエリアにならべているブロックの位置は、自由に変えられます。プログラムを作りやすいように、必要に応じて動かしてください。また、プログラミングエリアを広く使いたい場合は、シミュレーターをかくしておくとよいでしょう。

➡ ブロックを入れる位置は、黄色のわく線を確認するようにしましょう。すでにほかのブロックを入れているところで指をはなすと、最初に入れていたブロックが外に出されてしまいます。

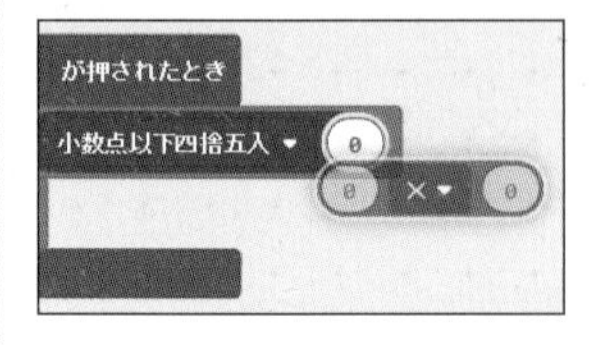

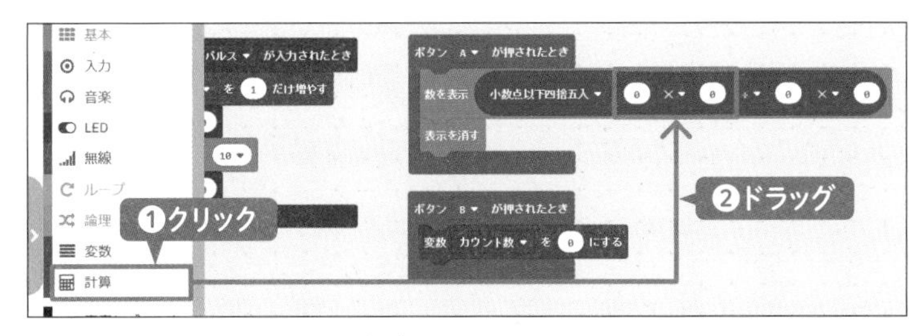

7 ツールボックスの「計算」をクリックします。「0×0」ブロックをドラッグして、「0÷0」ブロックの左側の「0」のところに入れます。

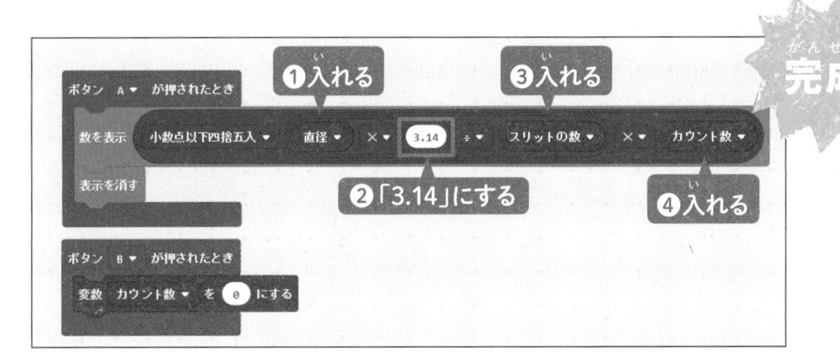

➡ ここでは、円周率を「3.14」で計算しています。求める精度によっては「3」で計算してもかまいません。

8 ツールボックスの「変数」をクリックします。「直径」ブロックをドラッグして一番左の「0」のところに入れます。次の「0」は「3.14」にします。続けて「変数」の「スリットの数」、「カウント数」をそれぞれ「0」のところに入れます。きょりを計算する式ができました。測量計のプログラムは完成です！

使い方

1 作ったプログラムをmicro:bitに書きこみます（18ページ参照）。

2 スイッチをオンにして、測りたい場所のスタート位置に測量計の円板をあてます。

3 スリットの位置をフォトインタラプターの発光部と受光部の間に来るように調整します。

4 ボタンBを押して、カウント数を0にリセットします。

5 測りたい場所の最後まで転がしたら、ボタンAを押して表示された数を読み取ります。数は表示後、自動的に消えます。

6 もう一度測るときは、ボタンBを押し、リセットしてから始めます。使い終わったら、スイッチをオフにします。

指導者の方へ：ワークショップなどを行うときのポイント

最初にフォトインタラプターの原理を説明し（88、89、100ページ参照）、この測量計でどんな使われ方をしているのか、考えさせます。プログラミングでは、変数をうまく使うのがポイントになります。工作ではスリットの位置（各スリット間は90度）や円板が軽く動くことなどが大切です。また、作った測量計だと誤差が出る場合もあります。誤差を少なくするには何をするといいか、考えさせるとよいでしょう。

●誤差をなくす工夫：回転板の直径をより小さくする／スリットの数を多くする（ただし各スリット間の角度は同じにする）など

車を自由にコントロール

回転サーボモーターが決め手「プログラムカー」を作ろう！

回転サーボモーターとプログラミングで車を作りましょう。
車を前後左右に動かすために回転サーボモーターをどう動かしたらいいでしょうか？
micro:bitを2個使って、リモコンで走る車も作ってみましょう。

［レベル］★★★☆☆　［時間の目安］120分［プログラミング90分＋工作＆イベント30分］

車を作ってリモコンでコントロールします。

用意する物

■ プログラミング

micro:bit（2個※）、パソコン、USBケーブル

※リモコンも作る場合、2個必要です。

■ 工作

bitPak:Minicar（車体など一式、ワークショップモジュール、回転サーボモーターほか）、micro:bit用コントローラーキット、単4形乾電池5本

※この作例では「bitPak:Minicar」と「micro:bit用コントローラーキット」を使います。スイッチエデュケーションのWebサイトから買えます。

レシピのポイント

左右のタイヤの回転サーボモーターをコントロールすることで、車を前進、後進、左、右などに動かせます。通信機能を使って、リモコンでのそうじゅうが可能となります。リモコン側ではどんな信号を送ればいいか、車側では受け取った信号をどうしょりすればいいか、考えながらプログラミングすることがポイントです。

「角度」とモーターの回転方向の関係

「サーボ出力する端子P0角度0」ブロックの「角度」のあたいを変えることで、モーターの回転方向やスピードが変わります。時計回りの場合は0に近いほど、反時計回りの場合は180に近いほど、回転速度は上がります。

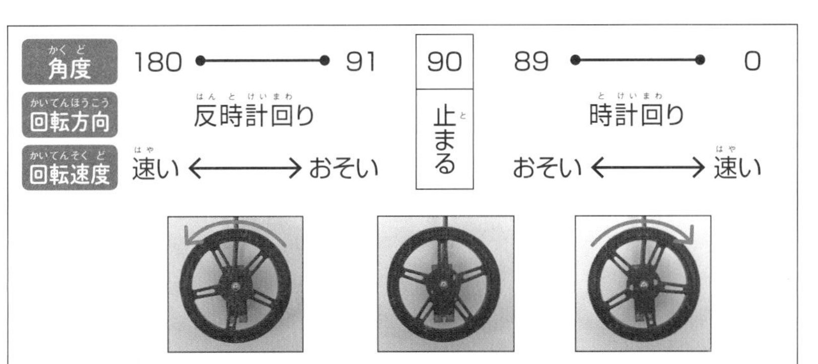

モーターの回転方向とタイヤの関係

ワークショップモジュールを外すと、2つの回転サーボモーターがおたがい反対の向きに取り付けられていることが分かります。つまり、同じ向きにタイヤを回転させるには、おたがいを逆方向に回転させる必要があります。

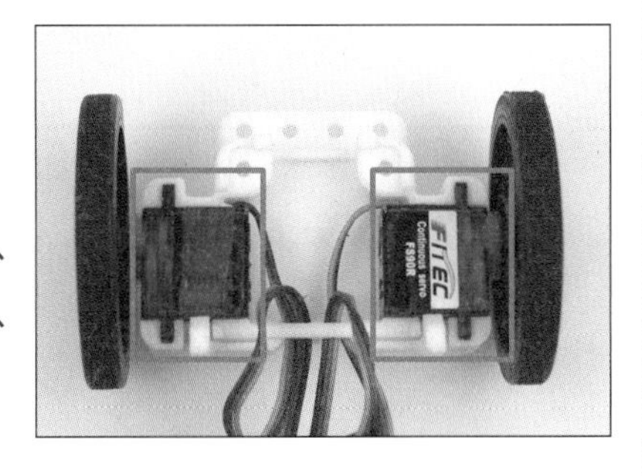

●前進させるためのプログラム例

タイヤと車の左右の動きの関係

一方のタイヤを停止し、一方のタイヤを回転させると、車は左右どちらかに動きます。作例の場合、P0(左タイヤ)を停止し、P8(右タイヤ)を前進方向に動かすと、車は左に動きます。

●左に動かすためのプログラム例

➡ 回転サーボモーターは角度を90度に指定すると停止するようになっていますが、わずかに動いてしまう場合があります。この場合、調整が必要になります。まず組み立てた車を少し分解して、ドライバーを使って写真赤丸部分にあるネジ(トリマポテンショメーター)を少しだけ回します。 時計回り、反時計回りと少しずつ回して、回転サーボモーターを90度でプログラミングしたときに、停止したところでドライバーをはなしましょう。

プログラムを作る

回転サーボモーターの角度を指定し、前後に車を動かし、停止するプログラムを作ります。

ステップ1 ▶ 前後に車を動かし、停止する

micro:bitのボタンAを押すと、車が前後に動いて停止するプログラムです。回転サーボモーターをおたがいに逆に回転させることがポイントです。

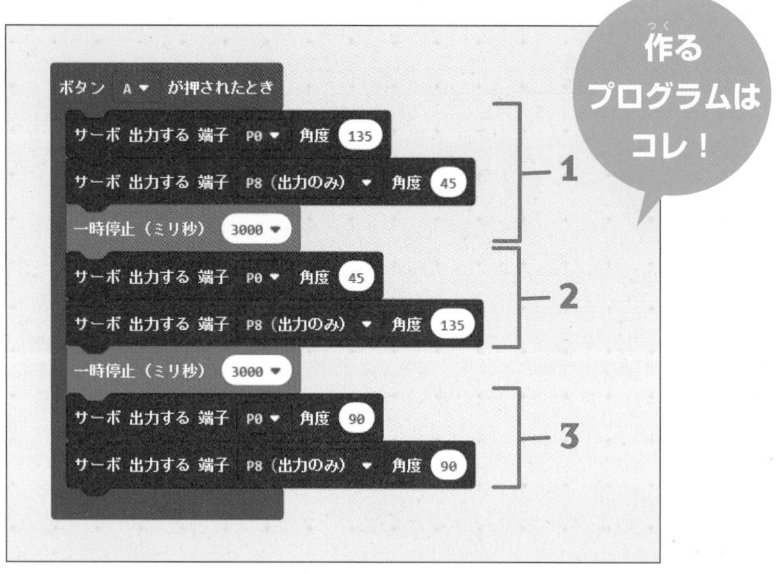

作るプログラムはコレ！

1 車を前進させます。
2 車を後進させます。
3 車を停止させます。

学びのポイント

このプログラムでは、回転サーボモーターの動かし方を学びます。角度を指定して、モーターの動きをコントロールしましょう。

用語

●回転（かいてん）サーボモーター
モーターと制御装置が入っていて、角度を指定することで、モーターの軸を時計回り、または反時計回りに回すことができる装置です。回すときのスピードも変えられます。

車を前後に動かすプログラムを作ろう

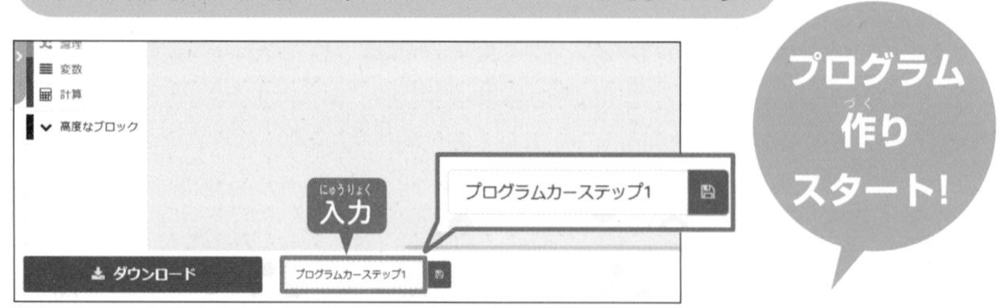

プログラム作りスタート!

1 新しいプロジェクトを始めます。「プログラムカーステップ1」と名前を入力しましょう。「最初だけ」ブロックと「ずっと」ブロックは使いません。それぞれツールボックスまでドラッグしてドロップし、消しましょう。

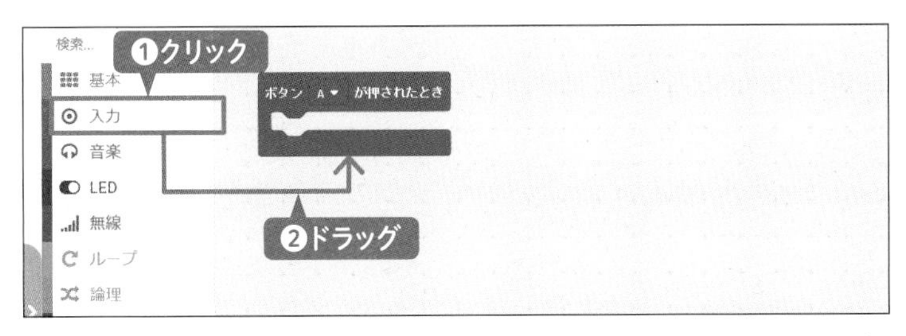

2 ツールボックスの「入力」をクリックします。「ボタンAが押されたとき」ブロックをドラッグし、プログラミングエリアの左上のあたりでドロップします。

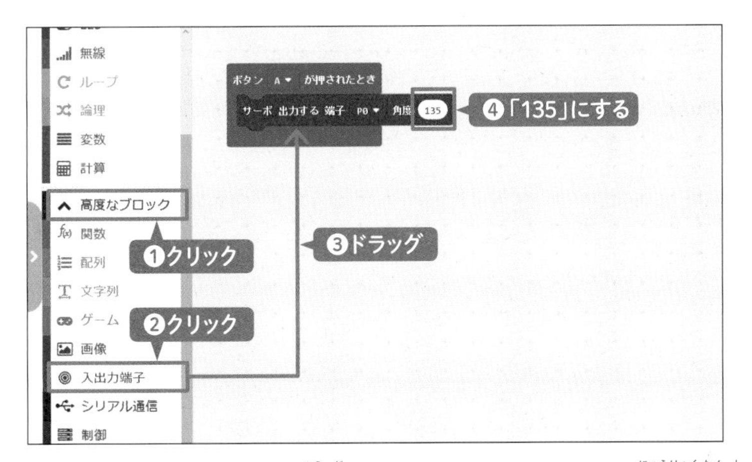

3 ツールボックスの「高度なブロック」をクリックし、「入力端子」をクリックします。「サーボ出力する端子P0角度180」ブロックをドラッグし、「ボタンAが押されたとき」ブロックの間に入れます。「180」を「135」にします。

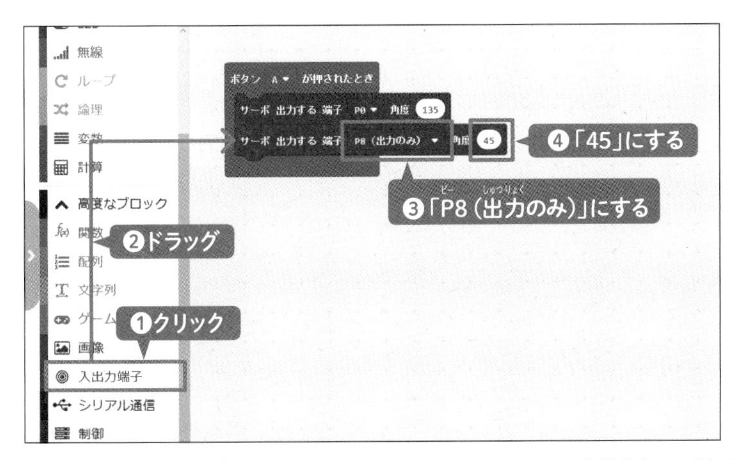

4 手順3と同じブロックをドラッグし、「サーボ出力する端子P0角度135」ブロックの下につなげます。「P0」を「P8（出力のみ）」に、「180」を「45」にします。これで車は前進します。

➡ プログラミングエリアのどの位置にブロックをドロップしても、プログラムの実行には影響ありませんが、全体の構造を考え、分かりやすい位置に配置するとよいでしょう。

➡ ツールボックスのメニューは、ドラッグを始めると消えます。手順ではメニューの画面を省略しています。

➡「180」をクリックして数値を直接入力するか、表示される画面のスライダーをドラッグして変えられます。

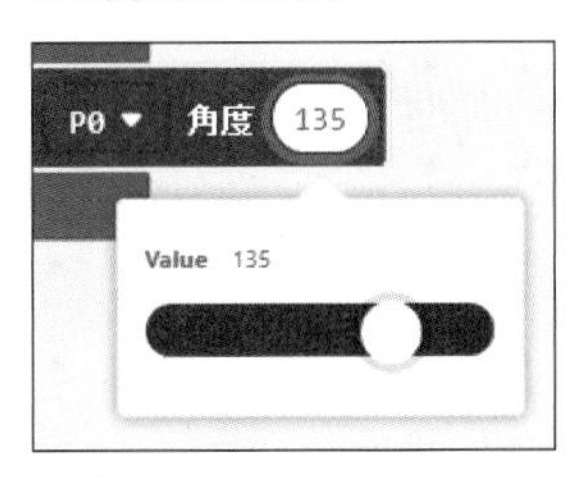

➡ ブロックの中の「▼」マークは、プルダウンメニューがあることを表しています。クリックするとメニューが表示され、切りかえることができます。

➡「サーボ出力する端子……」ブロックを2つつなげることで、2つの回転サーボモーターがつながれた状態になります。それぞれ角度を指定し、前進、後進、停止させます。

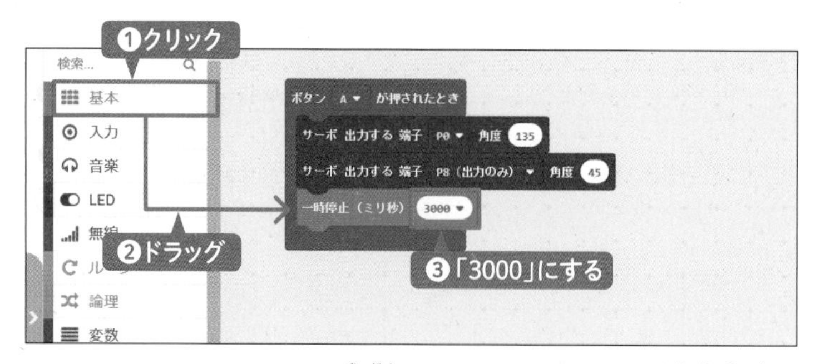

5 ツールボックスの「基本」をクリックします。「一時停止（ミリ秒）100」ブロックをドラッグして、「サーボ出力する端子P8（出力のみ）角度45」ブロックの下につなげます。「100」を「3000」にします。

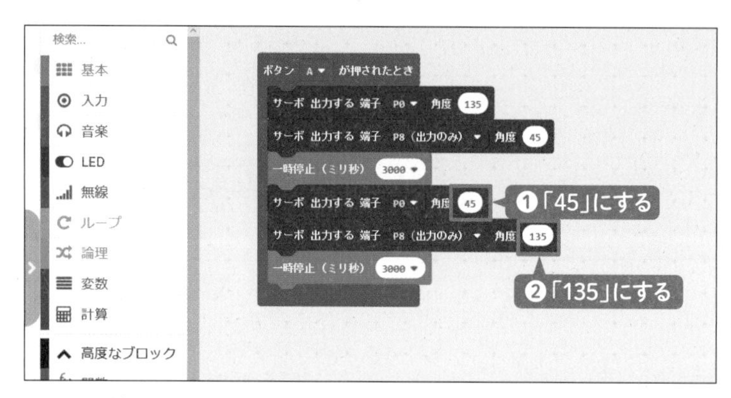

6 手順3～5と同じようにそうさし、角度をそれぞれ「45」「135」にします。これで車は後進します。一時停止のあたいは同じです。

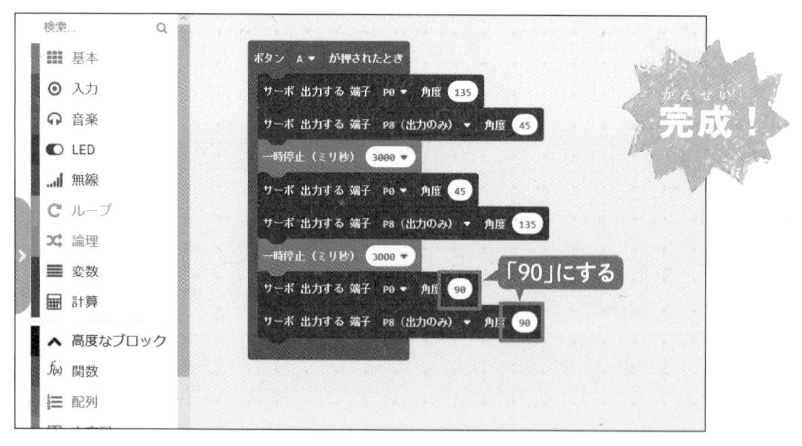

7 手順3～4と同じようにそう作し、角度をどちらも「90」にします。これで車は停止します。停止したあとは一時停止はいりません。車を前後に動かして停止するプログラムは、これで完成です！

かくにんしよう

ボタンAを押すと、車は3秒前進し、3秒後進してから停止します。

➡「100」をクリックして、「3000」と直接入力します。

➡ブロックの時間の単位は「ミリ秒」です。1秒＝1000ミリ秒なので、ここでは3秒にしたいので、数字を「3000」にしています。

ステップ2 ▶ 左右に車を動かし、停止する

micro:bitのボタンBを押すと、車が左に回転し、そのあと右に回転してから停止するプログラムを作ります。2つある回転サーボモーターのうちどちらをどう回すと、車がどの方向に回転するか、考えながらプログラミングしましょう。

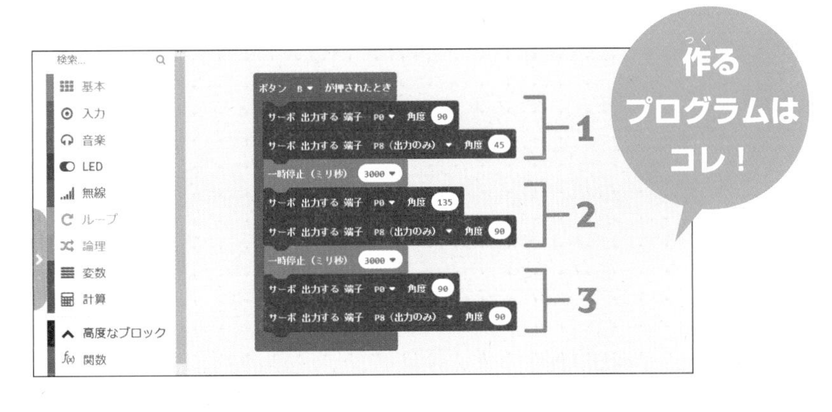

作るプログラムはコレ！

1 車を左に回転させます。

2 車を右に回転させます。

3 車を停止させます。

車を左右に動かすプログラムを作ろう

プログラム作りスタート！

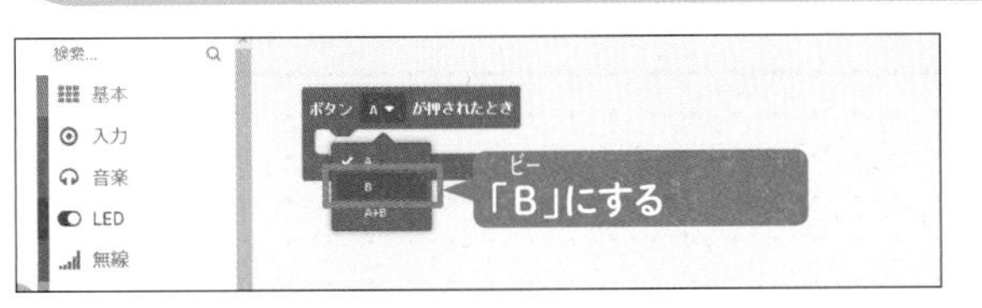

1 新しいプロジェクトを始め、「プログラムカーステップ2」と名前を入力します。プログラムはステップ1とほぼ同じです。「ボタンAが押されたとき」ブロックをドロップしたら「A」をクリックし、「B」をクリックして選びます。

➡ プログラムを作成したあと、新しいプロジェクトを始めたい場合は、プログラミング画面で「ホーム」をクリックします。ホーム画面に戻ったら、[新しいプロジェクト]をクリックします。

完成！

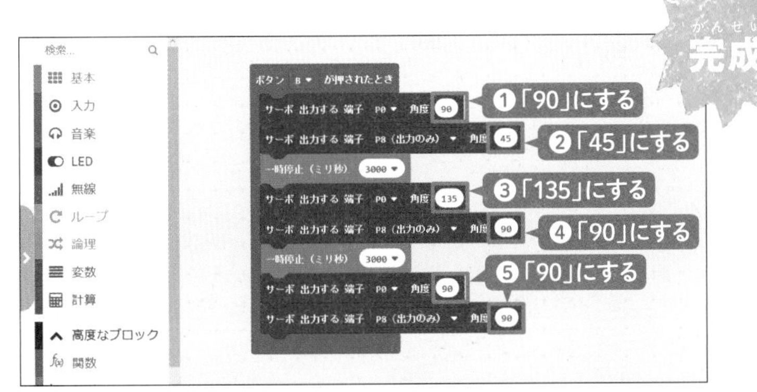

2 「ボタンBが押されたとき」の間に入れるブロックは、ステップ1と同じです。上の2つの角度を、車が左回転する「90」「45」に、真ん中の2つの角度を、車が右回転する「135」「90」にしてください。車の停止はステップ1と同じ「90」「90」となります。

かくにんしよう

ボタンBを押すと、車は3秒左に回転し、その後3秒右に回転してから停止します。

ステップ3 ▶ 無線通信でコントロールしよう

リモコン側のmicro:bitのボタンA、ボタンBなどを使って、車の前進、左右、停止の動きをコントロールします。

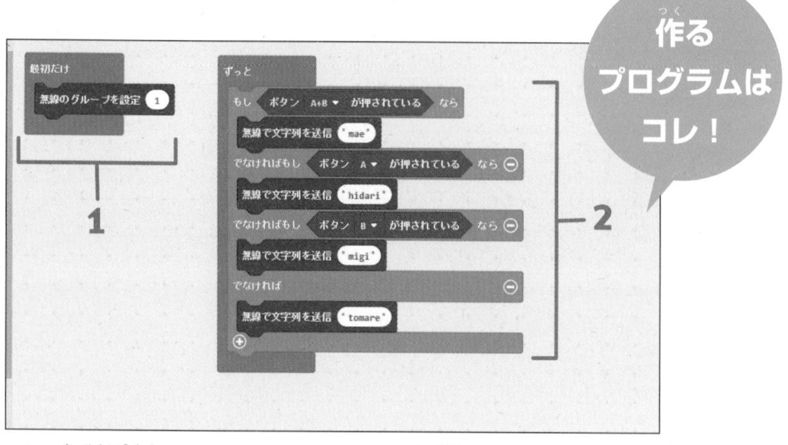

1 無線通信をするためのグループを設定します。

2 リモコンのそうさによって、プログラムカーの動きが変わるデータを送信します。

➡ ここでは、「ボタンAとボタンBを一緒に押したとき」「ボタンAだけ押したとき」「ボタンBだけを押したとき」、そして「何も押していないとき」に、それぞれ無線で送る文字列を指定します。

リモコン側のプログラムを作ろう

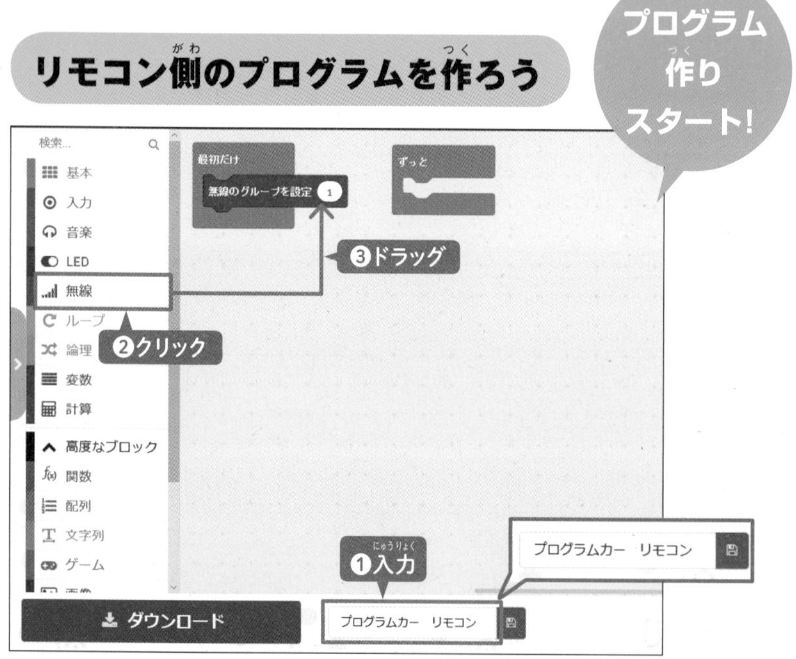

1 新しいプロジェクトを始めます。「プログラムカー　リモコン」と名前を入力しましょう。ツールボックスの「無線」をクリックします。「無線のグループを設定1」ブロックをドラッグし、「最初だけ」ブロックの間に入れます。

➡ 無線通信を行う場合は、送信側と受信側で同じIDを設定する必要があります（この場合は「1」です）。

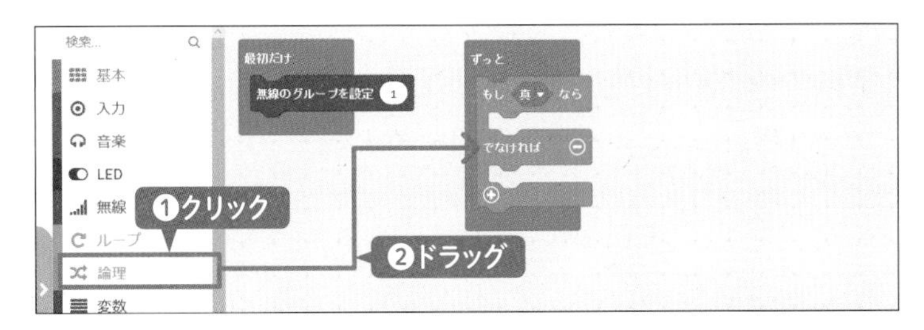

2 ツールボックスの「論理」をクリックします。「もし真なら〜でなければ」ブロックをドラッグし、「ずっと」ブロックの間に入れます。

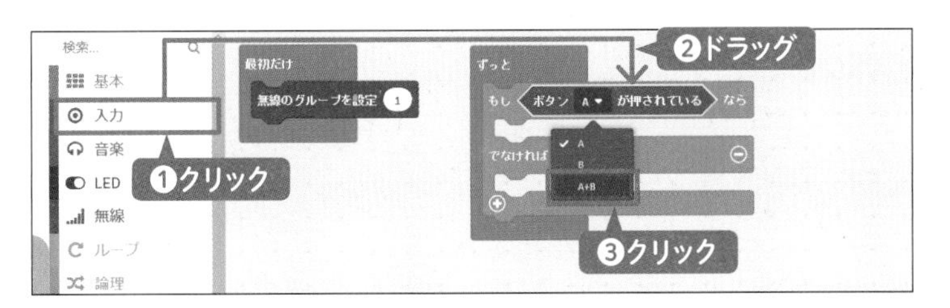

3 ツールボックスの「入力」をクリックします。「ボタンAが押されている」ブロックをドラッグし、「真」のところに入れます。「A」をクリックし、「A+B」をクリックして選びます。

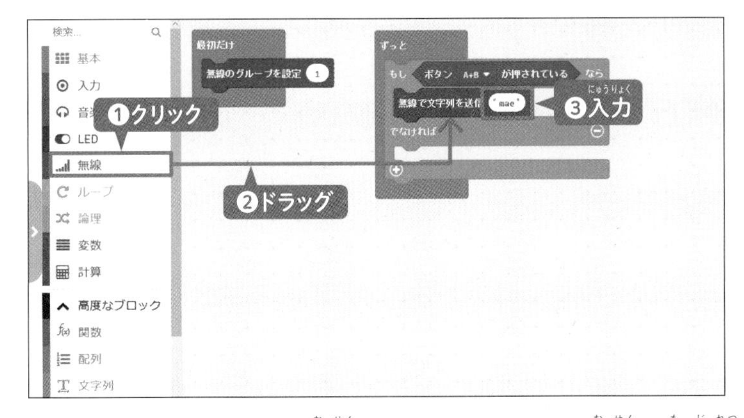

4 ツールボックスの「無線」をクリックします。「無線で文字列を送信" "」ブロックをドラッグして「もしボタンA+Bが押されているなら」と「でなければ」の間に入れます。「" "」をクリックし、「mae」と入力します。

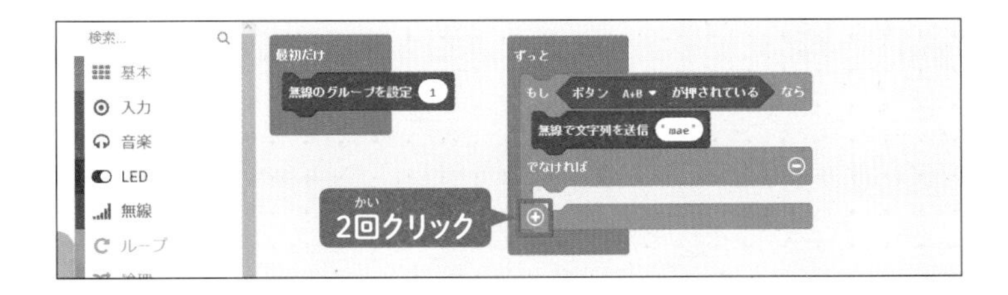

5 「+」を2回クリックします。

➡ このプログラムの場合、最初の「もし真なら」の「真」のところを「ボタンA＋Bが押されている」にすることが重要です。ボタンAのままだとプログラムが動きません。

➡ 必要な条件の数に合わせて「+」「−」でブロックの形を変えます。

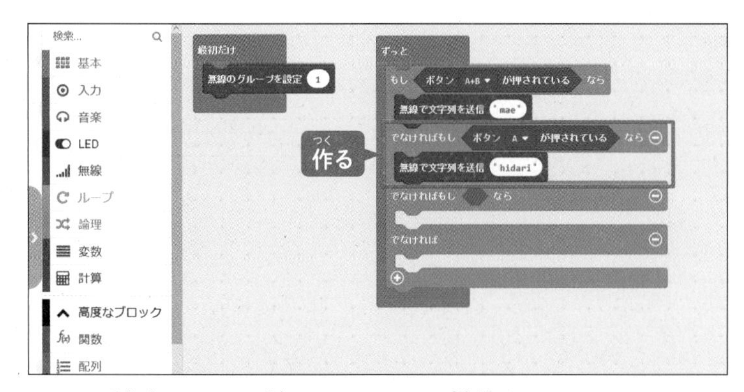

6 手順3～4と同じようにして、上側の「でなければもし～なら」の間の部分に「ボタンAが押されている」ブロックを入れます。「でなければもしボタンAが押されているなら」と「でなければ」の間に、「無線で文字列を送信"hidari "」を入れます。

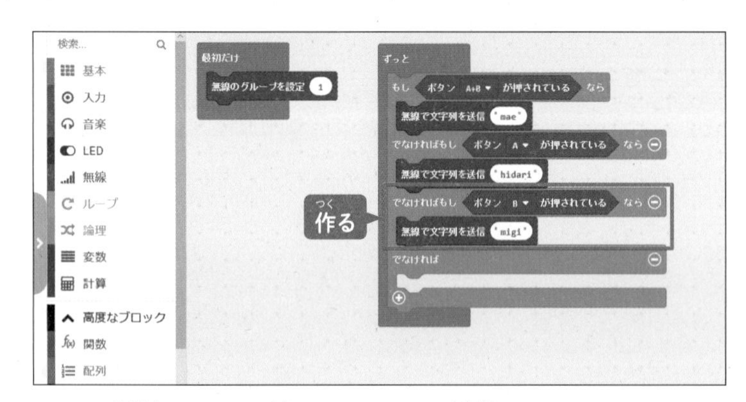

7 手順3～4と同じようにして、下側の「でなければもし～なら」の間の部分に「ボタンBが押されている」ブロックを入れます。「でなければもしボタンBが押されているなら」と「でなければ」の間に、「無線で文字列を送信"migi"」を入れます。

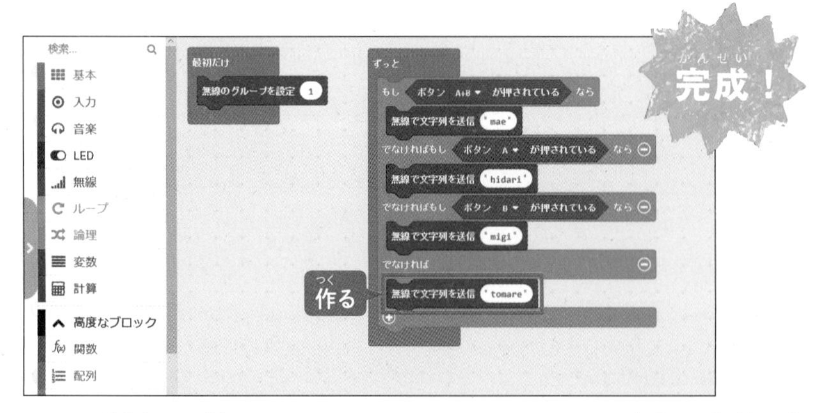

8 手順4と同じようにして、「でなければ」と「+」の間に「無線で文字列を送信"tomare"」ブロックを入れます。これでリモコン側のプログラムは完成です！

車側のプログラムを作ろう

リモコン側から送られてくるデータに応じて車が動作するようにプログラミングします。

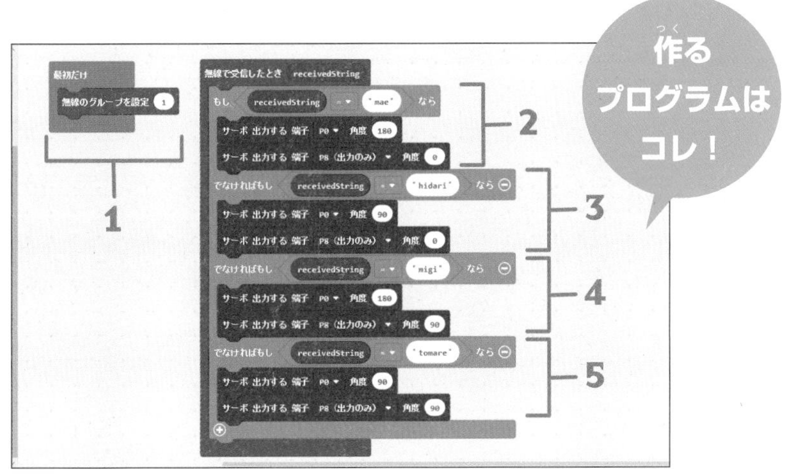

1 無線通信をするためのグループを設定します。

2 リモコンから「mae」と送られてきたら車を前進させます。

3 リモコンから「hidari」と送られてきたら車を左に回転させます。

4 リモコンから「migi」と送られてきたら車を右に回転させます。

5 リモコンから「tomare」と送られてきたら車を停止させます。

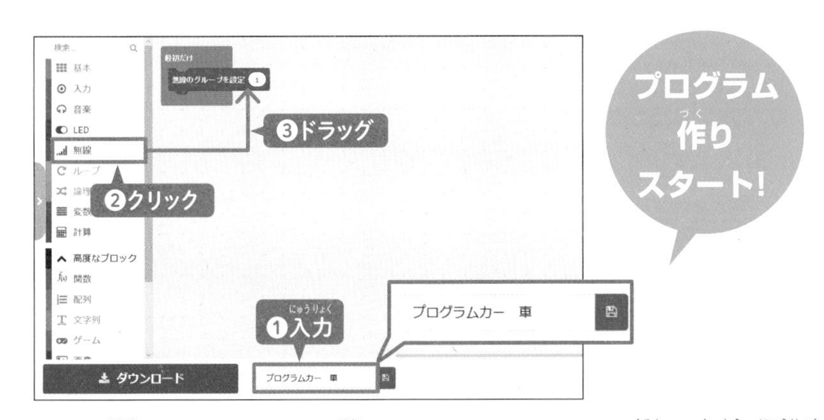

1 新しいプロジェクトを始めます。「プログラムカー 車」と名前を入力しましょう。「ずっと」ブロックは使わないので、ツールボックスまでドラッグして消しましょう。ツールボックスの「無線」をクリックします。「無線のグループを設定1」ブロックをドラッグし、「最初だけ」ブロックの間に入れます。

➡「無線のグループを設定」は、リモコン側と同じ数値にします。ちがう数値にしてしまうと、リモコンの発信する無線を車が受信できません。

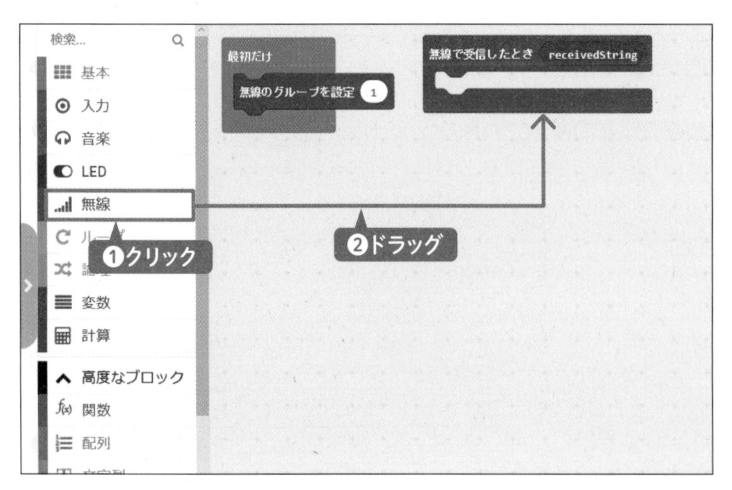

2 ツールボックスの「無線」をクリックします。「無線で受信したときreceivedString」ブロックをドラッグして、プログラミングエリアにドロップします。

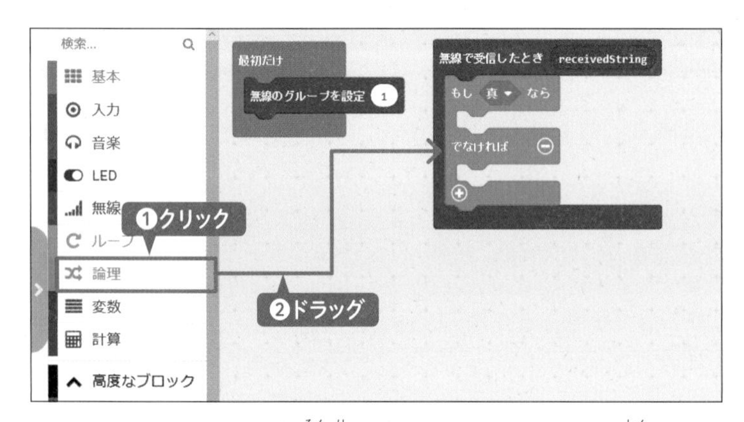

3 ツールボックスの「論理」をクリックします。「もし真なら～でなければ」ブロックをドラッグし、「無線で受信したときreceivedString」ブロックの間に入れます。

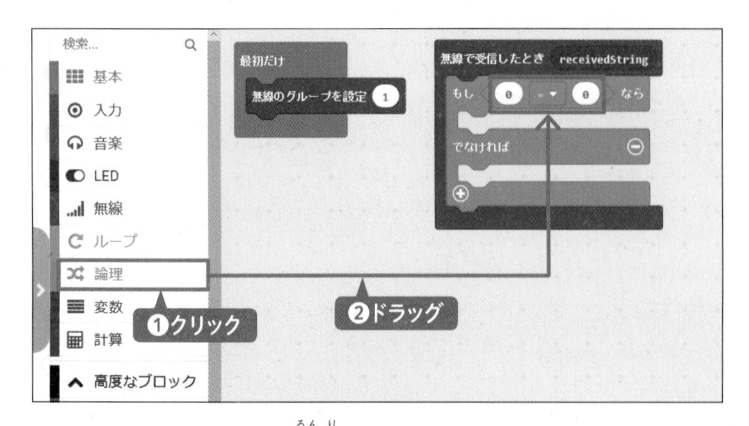

4 ツールボックスの「論理」をクリックします。「0＝0」ブロックをドラッグし、「真」のところに入れます。

➡「無線で受信したときreceivedString」は、無線で文字列を受信したときに動かすプログラムです。

➡ 英語が書かれた、よく似たブロックがあります。使うブロックをまちがえないように気を付けましょう。※この作例では、下のブロックを使います。

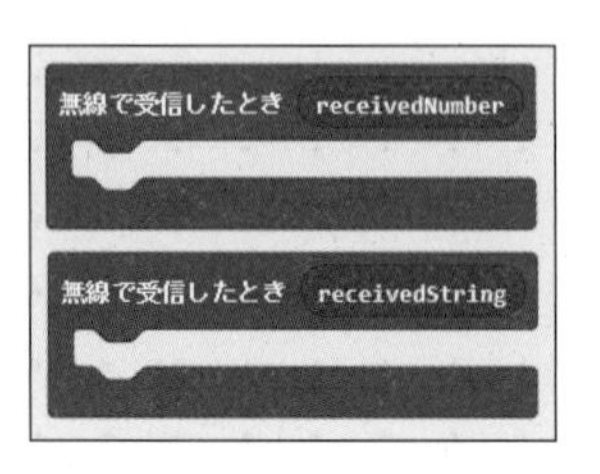

➡ 入れたいブロックを「真」の上までドラッグし、「真」のわくが黄色で表示されたらマウスボタンから指をはなしてドラッグしましょう。

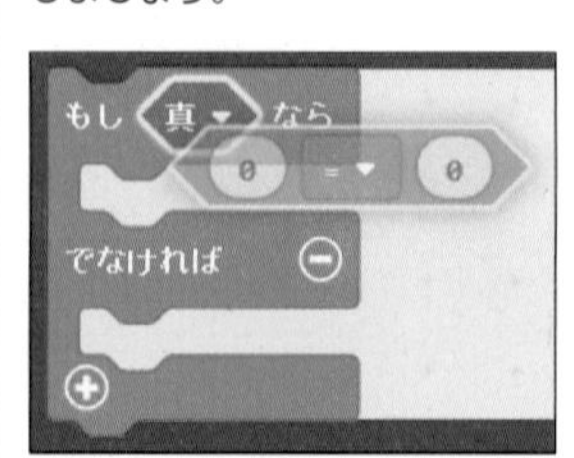

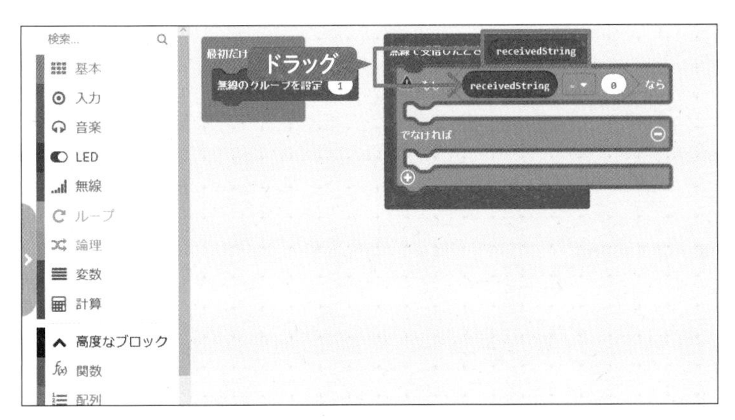

5 「無線で受信したときreceivedString」ブロックの「receivedString」をドラッグし、左側の「0」のところに入れます。

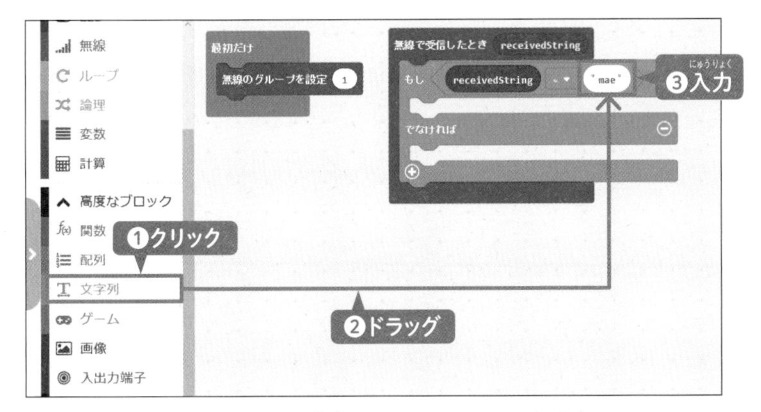

6 ツールボックスの「高度なブロック」の「文字列」をクリックします。「" "」ブロックをドラッグして、右側の「0」のところに入れます。「" "」をクリックして「mae」と入力します。

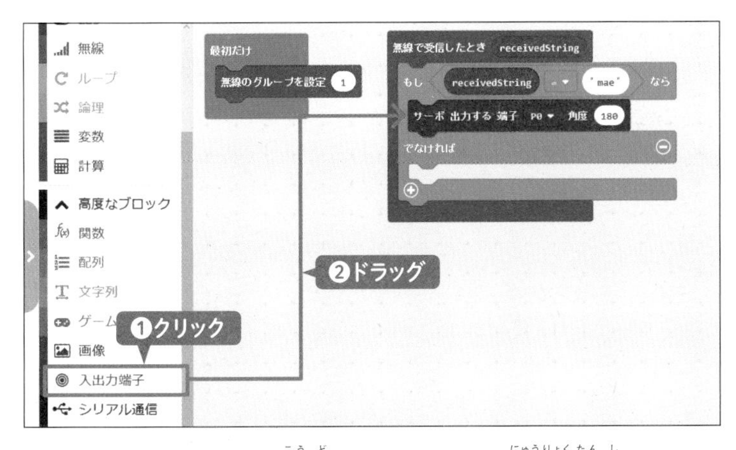

7 ツールボックス「高度なブロック」の「入力端子」をクリックします。「サーボ出力する端子P0角度180」をドラッグして、「もしreceivedString=maeなら」と「でなければ」の間に入れます。

➡「receivedString」ブロックを入れた直後は、プログラムにまちがいがあるため、ブロックが赤わくで囲まれ、「！」マークが表示されます。次の手順6の操作でプログラムに問題がなくなると、通常の表示にもどります。

➡「mae」という文字列がリモコンから送られてきたときの車の動きを指定します。

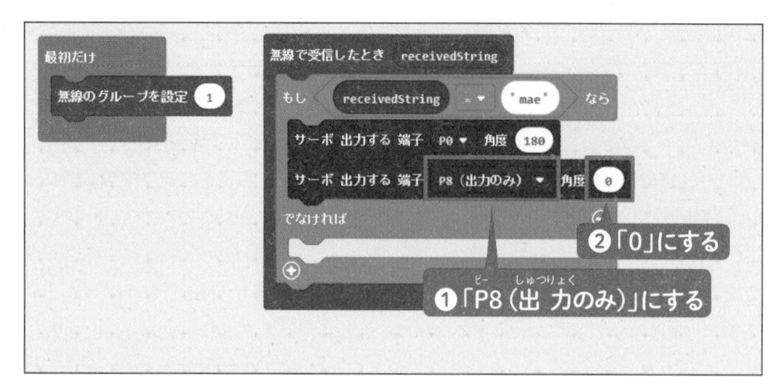

8 手順**7**と同じブロックをドラッグして下につなげます。「P0」を「P8（出力のみ）」に、「180」を「0」にします。

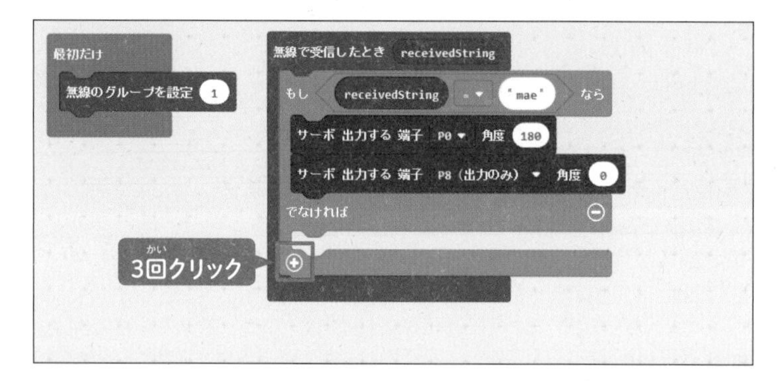

9 「+」を3回クリックします。

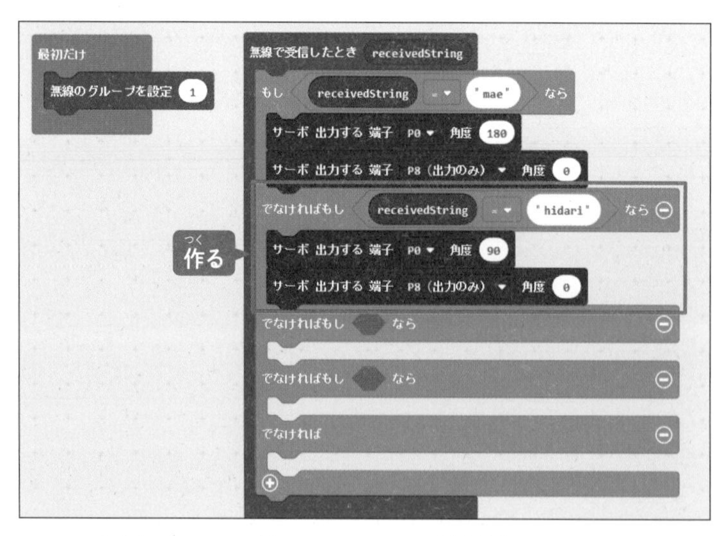

10 手順**4**～**8**と同じようにして、一番上の「でなければもし～なら」の間の部分に「receivedString=hidari」ブロックを入れます。「サーボ出力する端子P0角度180」ブロックを2つ、「でなければもしreceivedString=hidariなら」と「でなければもし～なら」の間に入れ、「P0」は「90」、「P8（出力のみ）」は「0」とします。

➡「hidari」という文字列がリモコンから送られてきたときの車の動きを指定します。

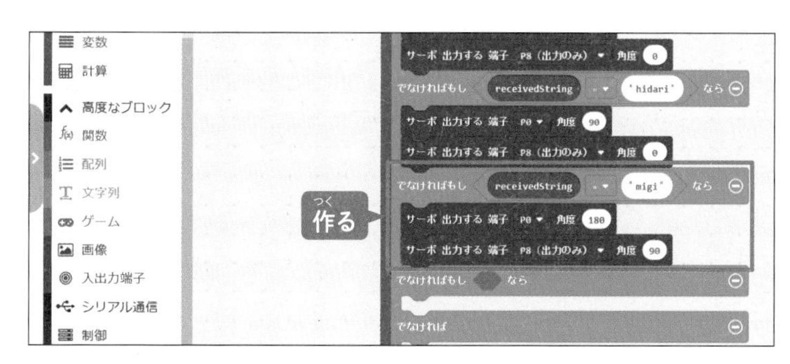

11 1つ下の「でなければもし～なら」の間の部分には「receivedString= migi」ブロックを入れます。「サーボ出力する端子P0角度180」ブロックを2つ、「でなければもしreceivedString=migi～なら」と「でなければもし～なら」の間に入れ、「P8（出力のみ）」は「90」とします。

➡「migi」という文字列がリモコンから送られてきたときの車の動きを指定します。

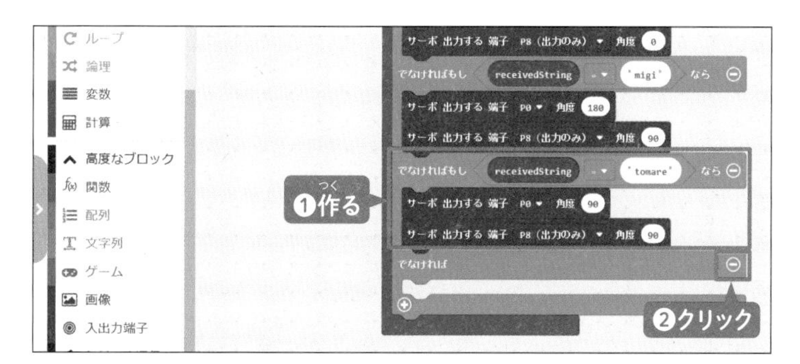

12 一番下の「でなければもし～なら」の間の部分には「receivedString =tomare」ブロックを入れます。「サーボ出力する端子P0角度180」ブロックを2つ、「でなければもしreceivedString=tomareなら」と「でなければ」の間に入れ、「P0」は「90」、「P8（出力のみ）」も「90」とします。条件はこれだけなので、「でなければ」の右側の「－」をクリックします。

➡「tomare」という文字列がリモコンから送られてきたときの車の動きを指定します。

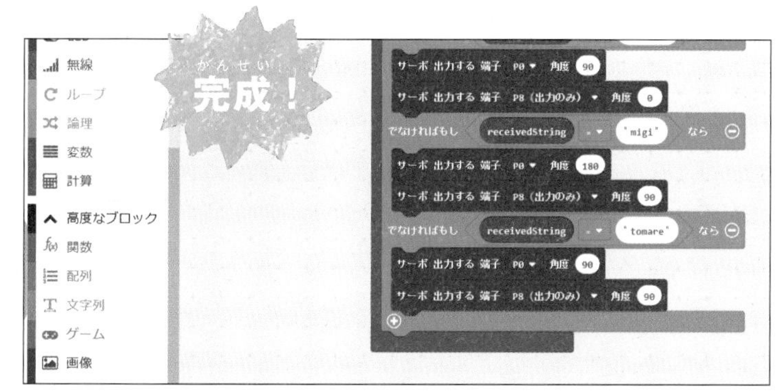

13 「でなければ」がなくなりました。これで、車側のプログラムは完成です！

かくにんしよう

リモコン側のmicro:bitの、ボタンA+Bを押すと車が前進、ボタンAを押すと左、ボタンBを押すと右に動きます。

プログラムカーを組み立てる

プログラムカーは、別売の「bitPak:Minicar」を組み立て、micro:bitと組み合わせます。リモコンを作る場合は、micro:bit用コントローラーキットを用意するか、21ページでしょうかいした方法で電げんにつないでください。

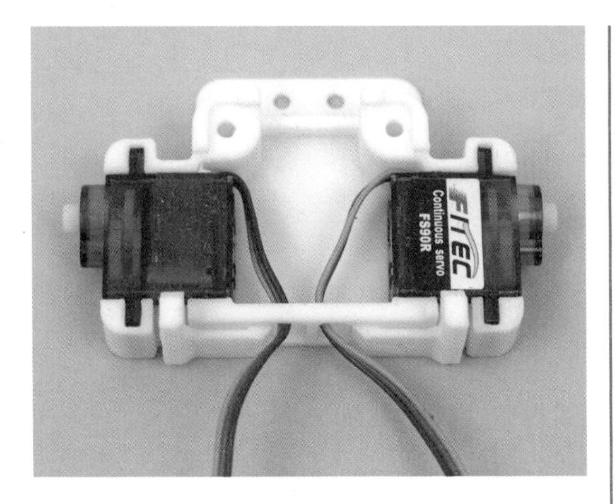

1 モジュールサポーターにサーボモーターをセットします。ケーブルは手前のあなに通します。

2 ワークショップモジュールにキャスターを取り付けます。ワークショップモジュール側からネジ2本を入れ、うら（キャスター側）からナットを回し入れてドライバーで固定しましょう。

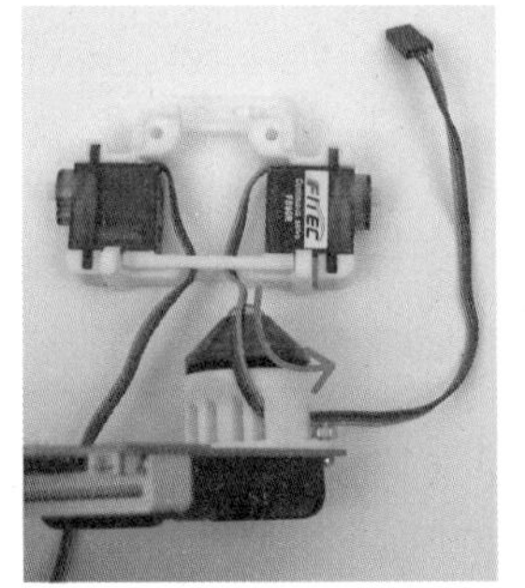

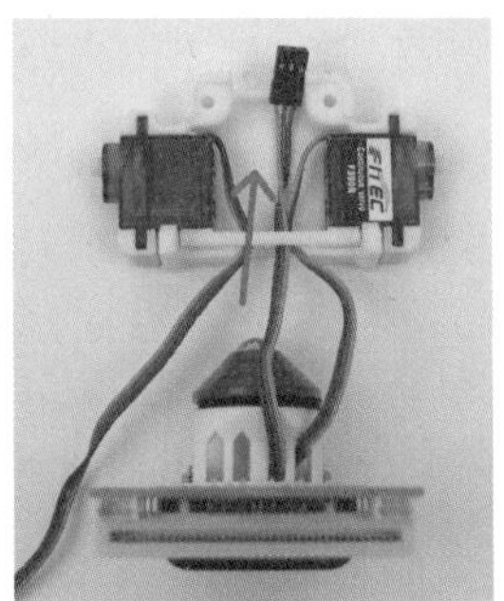

3 キャスターのはしのあなに、サーボモーターのケーブルを通します。折り返してとなりのあなからケーブルを出し、元のあなに通します。

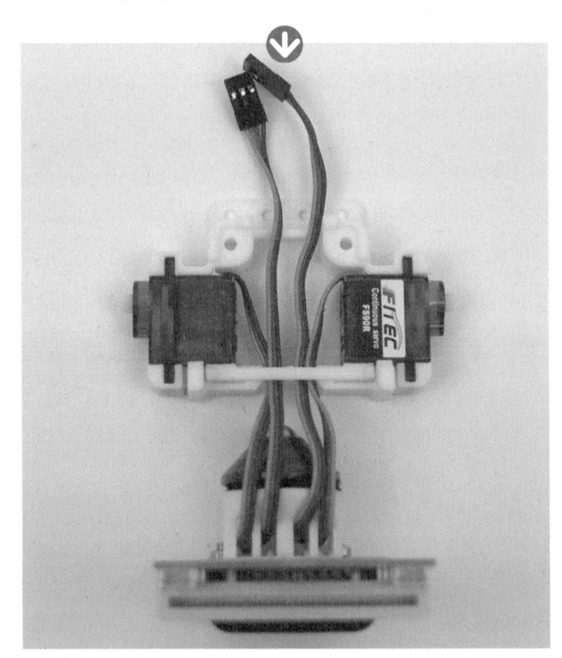

4 もう1つのサーボモーターのケーブルも同様に、はしのあなに通し、折り返します。

bitPak:Minicarを使った車の作り方は下記でしょうかいされています。
https://switch-education.com/products/bitpak-minicar/

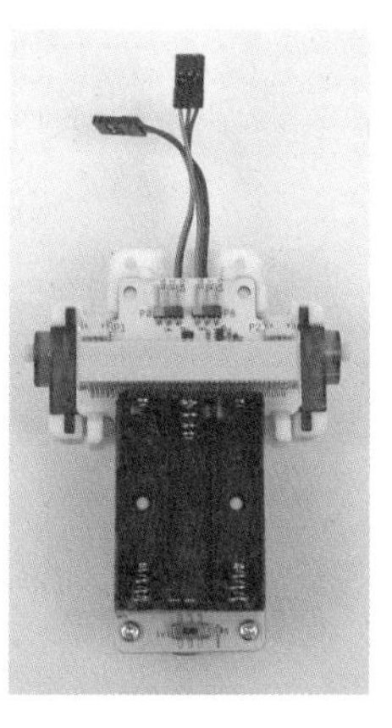

5 モジュールサポーターの中にケーブルをおさめるようにして、ワークショップモジュールを組み合わせます。「カチッ」と音がしてはまります。

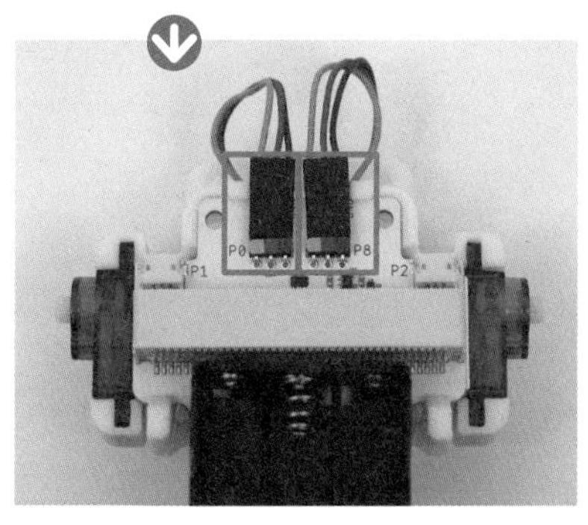

6 左側のサーボモーターのケーブルをベーシックモジュールの左側の「P0」のピンに、右側のサーボモーターのケーブルを右側の「P8」のピンにつなぎます。このとき、ピンにはられているシールの色と、ケーブルの色がそろうようにつないでください。

7 タイヤを取り付け、ワークショップモジュールのスイッチをオフにして、単4形乾電池3本をセットします。micro:bitのLED面を上にしてワークショップモジュールに差したら完成です。

●コントローラーの組み立て方

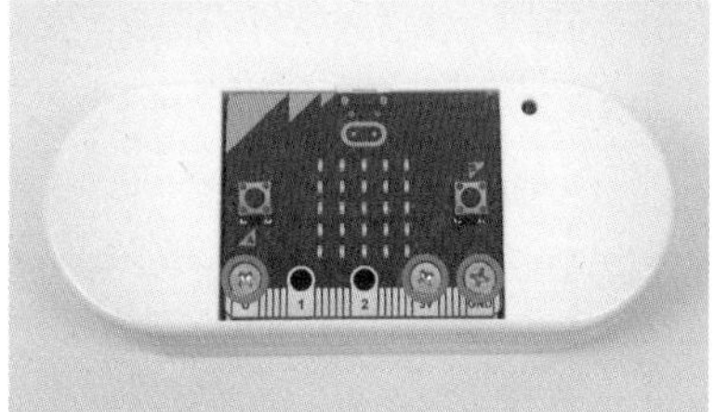

1 コントローラーの真ん中にmicro:bitのLED面を上にしてセットし、3本のネジで固定します。

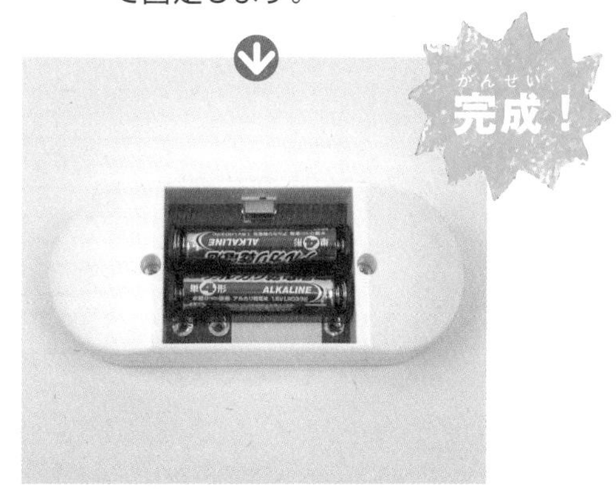

2 うら側に単4形乾電池を2本セットしたら完成です。

ワークショップなどへの展開例

時間	内容
基本操作 15分 ※1章の内容です。	● micro:bit、MakeCodeの説明。 ● パソコンでえがおマークをプログラミング。 ● micro:bit本体への書きこみ方法の説明。
工作 20分	● 車の組み立て。回転サーボモーター、キャスターなどをワークショップモジュールに取り付けて、車を作る。
説明 15分	● 回転サーボモーターの角度、回転方向、車の動きの関係を、実際にやりながら説明する。
プログラミング（ステップ1：回転サーボモーターの制御） 25分	● ボタンによって、車を前進させたり、左右に動かしたり、止めたりする。一連の動作をプログラミングする。 **課題** **→車を前進あるいは左右に動かすには回転サーボモーターをどうコントロールすればいいか？**
競技1（カーリングゲーム） 25分	● 障害物をさけ、一番中心に近いところで車が止まるプログラミングをした人が勝ち。 ● 実際に動かしてみる。 ※使いながら改善していく。
プログラミング（ステップ2：リモコン） 20分	● リモコン側のmicro:bitからボタンでデータが送れるようにプログラミング。 ● リモコンからのデータを受けて、車が動くようにプログラミング。 **課題** **→リモコン側からはどんなデータを送ればいいか？** **→車側ではデータを受信したときにどんな動きをさせればいいか？（ステップ1のデータを応用）**
予備競技（棒倒しゲーム） 25分	● チームを作って総当たりのリーグ戦。 ● 時間内に先に棒を倒したチームが勝ち。 ● 成績の良かった2チームで決勝戦。

指導者の方へ：展開のポイント

回転サーボモーターで車などの動きをコントロールするための基本のワークショップになります。回転サーボモーターの角度、回転方向、車の動きの関係をしっかり理解してもらってから、ステップ1、2と進みましょう。試行錯誤しながら、参加者がプログラムを自ら修正し、車の動きを調整するように促します。時間に余裕があれば、予備競技の棒倒しゲームもやってみましょう。

競技1：カーリングゲーム

スタートラインから車を前進させ、ゴールとなる円の中心に止まるようにプログラミングします。最も中心に近いところに止められた人の勝ちです。どれくらいのスピードで、何秒くらい走らせればいいか、試行錯誤しながらプログラミングを修正していきます。

円の中心に向けて、プログラミングされた車が進みます。

予備競技：棒倒しゲーム

2人で1組になり、相手チームの棒を倒すゲームです。リモコンで車を操作します。相手の棒を倒しに行くのか、自分の棒を守るのか、作戦が大事です。ゲームを通して、リモコンで物を動かす楽しさを体験できます。

ボタンやセンサーでコントロール

オリジナルの改造が決め手「ロボットサッカー大会」を開こう！

回転サーボモーターとプログラミングでサッカーロボットを作りましょう。
みんなでサッカー大会を開けば、もり上がります。
ゲームに勝つためのオリジナルのくふうも入れましょう。

［レベル］★★★★★　［時間の目安］150分［プログラミング60分＋工作60分＋競技30分］

2台1組でチームを組み、ボールをゴールまで運びます。時間内に多く得点したチームが勝ちです。

用意する物

■ プログラミング

micro:bit（2個）、パソコン、USBケーブル

■ 工作

bitPak:Drive（Drive※車体など一式、ベーシックモジュール、回転サーボモーターほか）、micro:bit用コントローラーキット、単4形乾電池5本、はり金、紙コップ、厚紙、サインペンなど自由に工作

※Driveがサッカーロボットになります。

※この作例では「bitPak:Drive」と「micro:bit用コントローラーキット」を使います。スイッチエデュケーションのWebサイトから買えます。

レシピのポイント

「プログラムカー」（114ページ〜）は、左右の回転サーボモーターをコントロールして車を動かすことをメインにしていました。一方、このサッカーロボットは、リモコンで車を動かすことにポイントを置いています。ボタンや加速度センサーと連動させることで、リモコンを使ったそうじゅうが可能となります。通信機能をうまく使って、2台のmicro:bitを使いこなすことがプログラミングのポイントです。

プログラムを作る

micro:bit用コントローラーキットをリモコンにして、サッカーロボットを動かします。ボタンでそうさする方法と、加速度センサーでそうさする方法の2種類のプログラムを作ります。

ステップ1 ▶ リモコンのプログラム（ボタンを使う）

リモコン側のmicro:bitのボタンA、ボタンB、端子などを使って、サッカーロボットの前進、後進、左、右など動きをコントロールします。

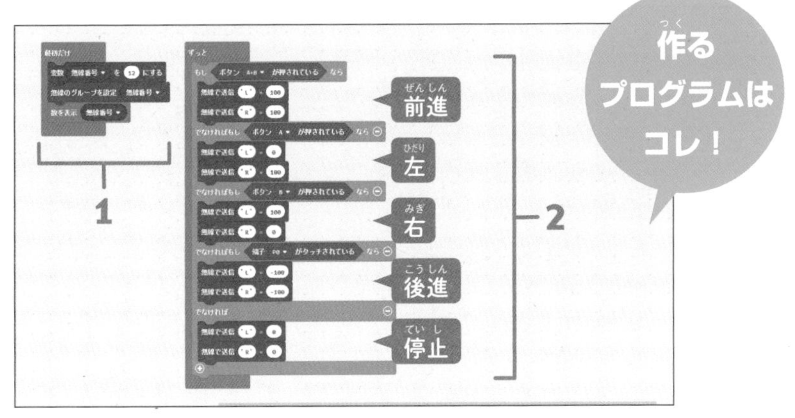

学びのポイント

このプログラムでは、ボタンを使って、回転サーボモーターを動かす方法を学びます。

1 無線通信をするためのグループを設定します。

2 リモコンのそうさによって、サッカーロボットの動きが変わるデータを送信します。

リモコンのボタンでそうさするプログラムを作ろう

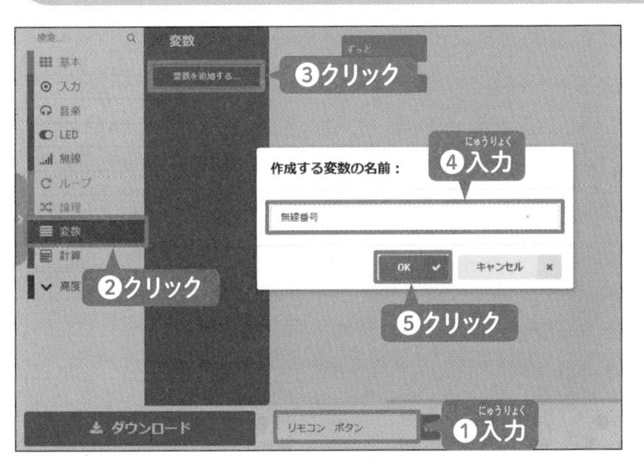

1 新しいプロジェクトを始めます。「リモコン　ボタン」と名前を入力しましょう。ツールボックスの「変数」をクリックし、「変数を追加する」をクリックします。「無線番号」と名前を入力し、「OK」をクリックします。

➡ 変数を追加すると、「無線番号（変数の名前）」「変数 無線番号を0にする」「変数 無線番号を1だけ増やす」ブロックが作られます。

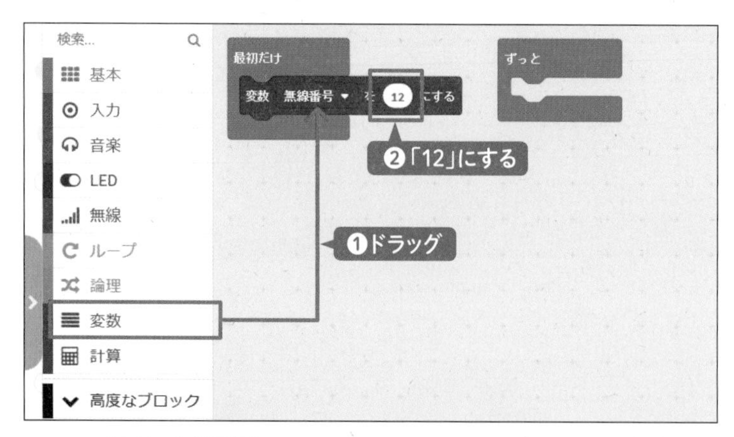

➡ ツールボックスのメニューは、ドラッグを始めると消えます。手順ではメニューの画面を省略しています。

➡ ここで変数を使った理由は、参加者が複数の場合に、無線のグループが混ざらないようにするためです。

2 「変数 無線番号を0にする」ブロックをドラッグし、「最初だけ」ブロックの間に入れます。「0」を「12」にします。

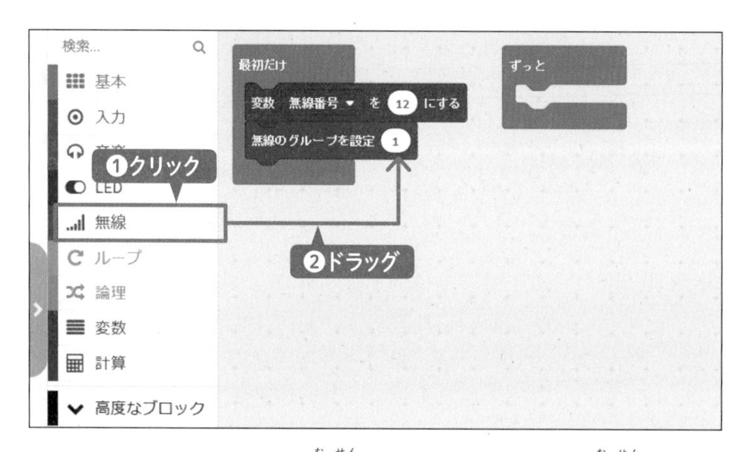

3 ツールボックスの「無線」をクリックします。「無線のグループを設定1」ブロックをドラッグし、「変数 無線番号を12にする」ブロックの下につなげます。

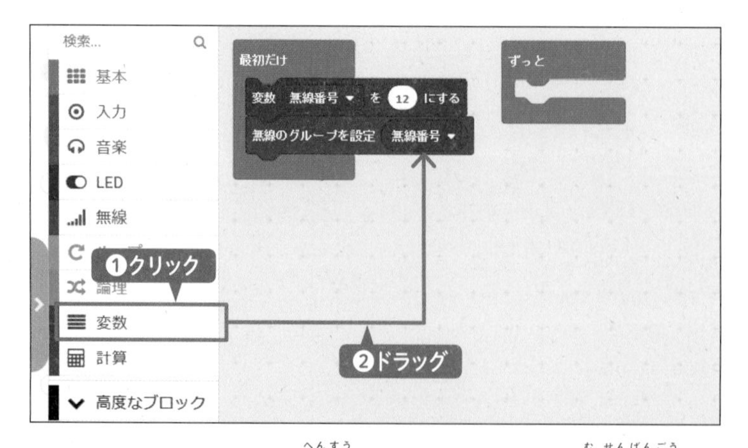

4 ツールボックスの「変数」をクリックします。「無線番号」ブロックをドラッグし、「1」のところに入れます。

➡ 入れたいブロックを「1」の上までドラッグし、「1」のわくが黄色で表示されたらマウスボタンから指をはなしてドラッグしましょう。

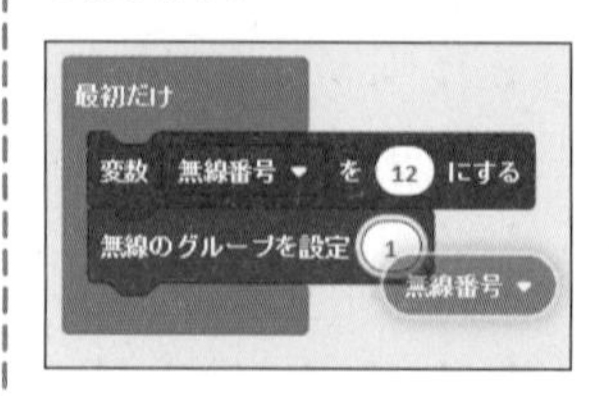

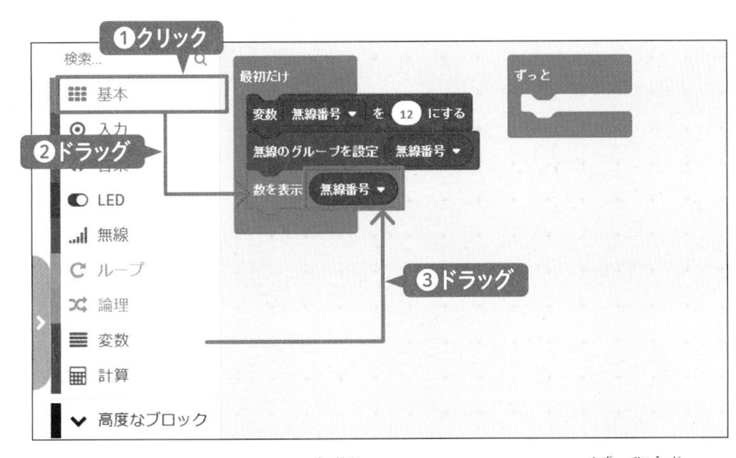

5 ツールボックスの「基本」をクリックします。「数を表示0」ブロックをドラッグして、「無線のグループを設定 無線番号」ブロックの下につなげます。手順 4 と同じように、「変数」の「無線番号」ブロックを「0」のところに入れます。「最初だけ」ブロックはこれで終わりです。

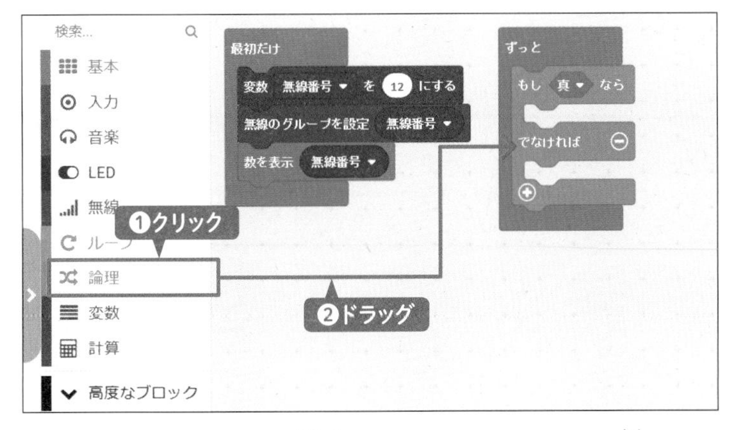

6 ツールボックスの「論理」をクリックします。「もし真なら〜でなければ」ブロックをドラッグし、「ずっと」ブロックの間に入れます。

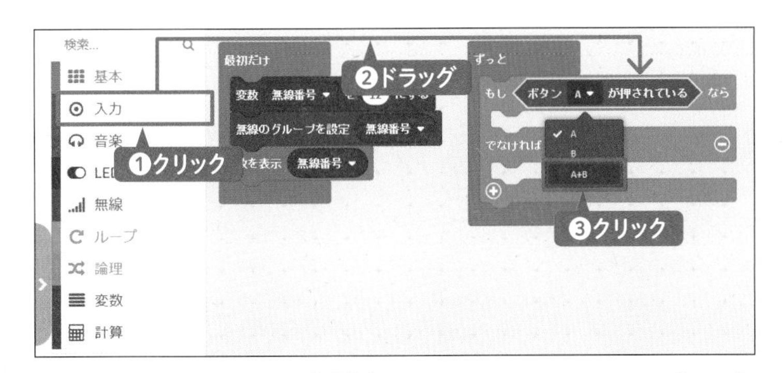

7 ツールボックスの「入力」をクリックします。「ボタンAが押されている」ブロックをドラッグし、「真」のところに入れます。「A」をクリックし、「A+B」をクリックして選びます。

➡ 押すボタンによって、サッカーロボットの動きを操作するためのプログラムを作ります。

➡ ブロックの中の「▼」マークは、プルダウンメニューがあることを表しています。クリックするとメニューが表示され、切りかえることができます。

➡ 「A＋B」は、ボタンAとBを同時に押しているときです。

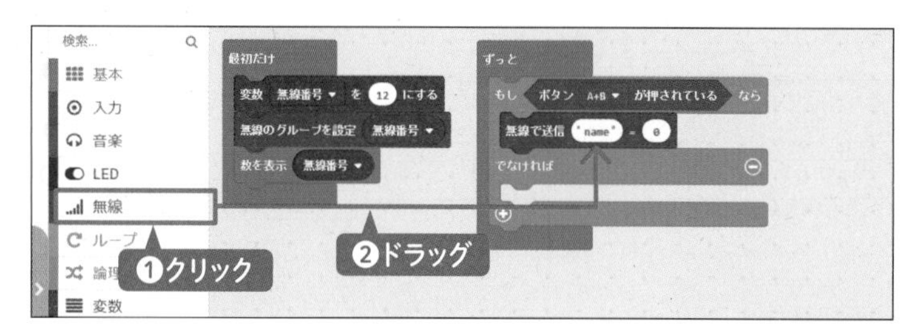

8 ツールボックスの「無線」をクリックします。「無線で送信 "name" =0」ブロックをドラッグして、「もしボタンA＋Bが押されているなら」と「でなければ」の間に入れます。

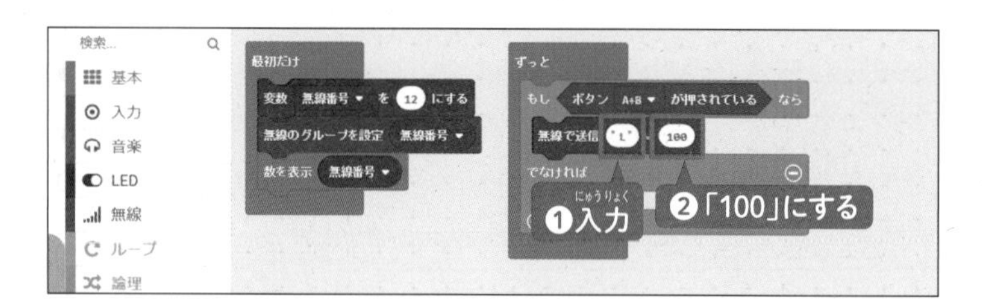

9 「name」をクリックし、「L」と入力します。「0」を「100」にします。

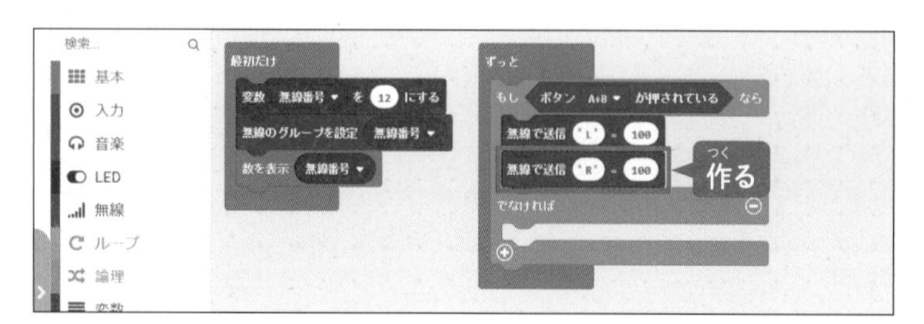

10 同じようにしてその下に、「無線で送信 "R"=100」というブロックを作ります。

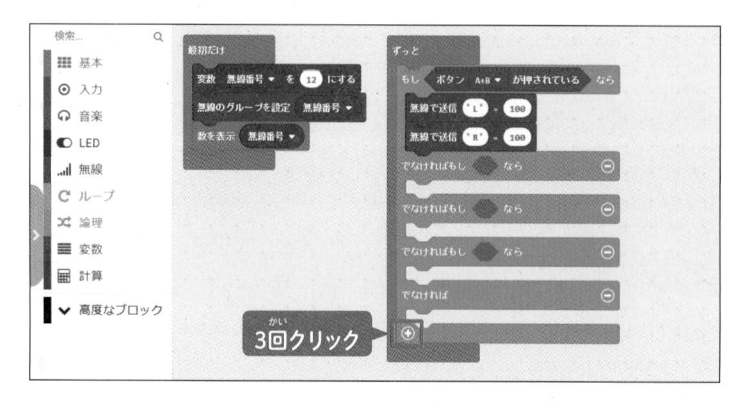

11 「＋」を3回クリックしてブロックを広げます。

➡ LはLeft（左）、RはRight（右）の車輪を表しています。ここでは、両方「100」にしているので、ボタンAとBを同時に押すとサッカーロボットは前進します。

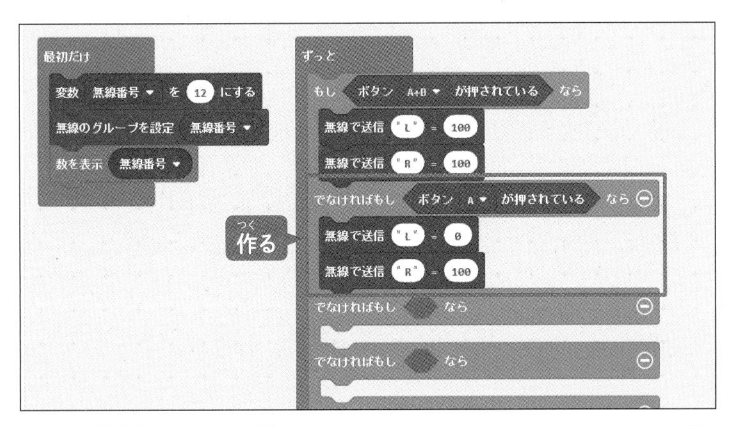

12 手順7～9と同じようにして、「でなければもしボタンAが押されているなら」→「無線で送信 "L"=0」「無線で送信 "R"=100」というプログラムを作ります。

➡ Lが「0」でRが「100」なので右の車輪だけが回転し、ボタンAを押すとサッカーロボットは左に回ります。

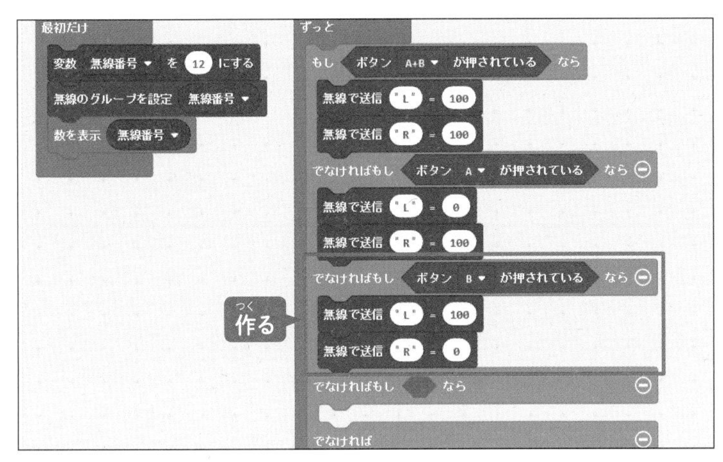

13 「でなければもしボタンBが押されているなら」→「無線で送信 "L"=100」「無線で送信 "R"=0」というプログラムを作ります。

➡ Lが「100」でRが「0」なので左の車輪だけが回転し、ボタンBを押すとサッカーロボットは右に回ります。

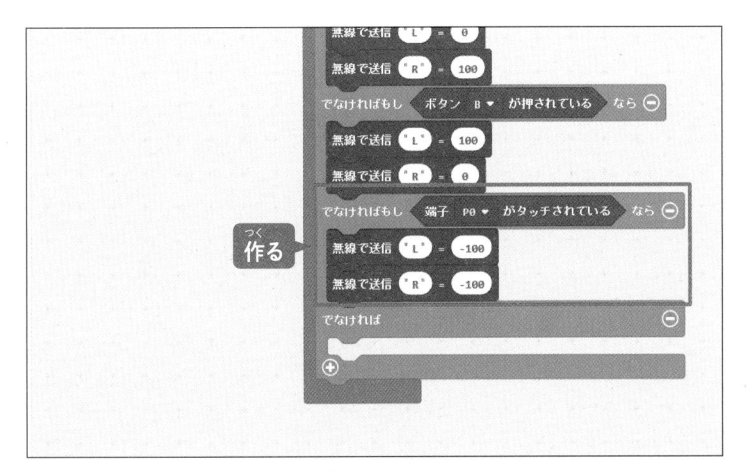

14 「でなければもし端子P0がタッチされているなら」→「無線で送信 "L"=-100」「無線で送信 "R"=-100」というプログラムを作ります。

➡ LもRも「-100」なので、端子P0をタッチするとサッカーロボットは後進します。

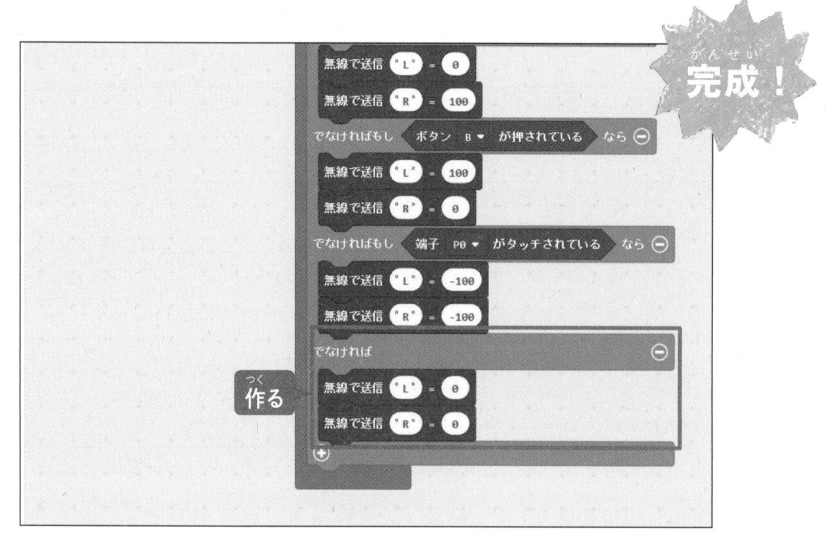

➡ LもRも「0」なので、何もさわらなければサッカーロボットは停止します。

15 最後に「でなければ」→「無線で送信 "L"=0」「無線で送信 "R"=0」というプログラムを作ります。これでプログラムは完成です！

ステップ2 ▶ リモコンのプログラム（加速度センサーを使う）

リモコン側のmicro:bitの加速度センサーを使って、サッカーロボットの前進、後進、左、右など動きをコントロールします。

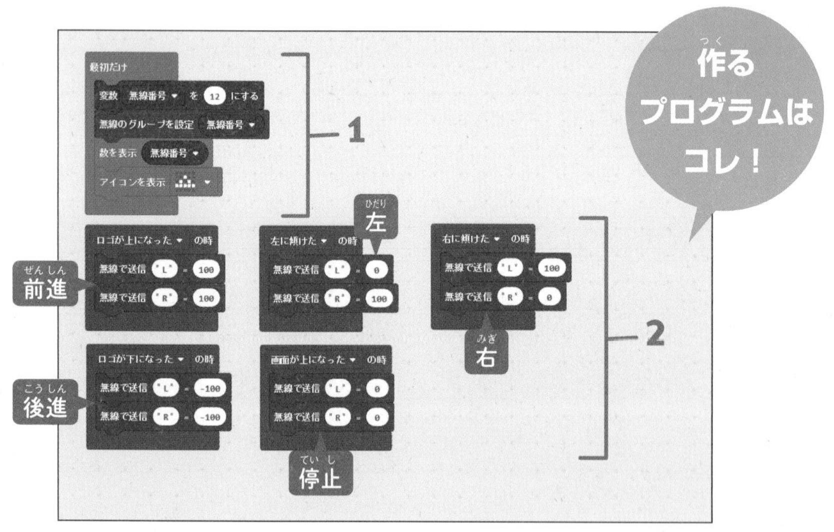

学びのポイント

このプログラムでは、加速度センサーをリモコンに使って、回転サーボモーターを動かす方法を学びます。

1 無線通信をするためのグループを設定します。

2 リモコンのかたむきによって、サッカーロボットの動きが変わるデータを送信します。

リモコンのかたむきでそうさするプログラムを作ろう

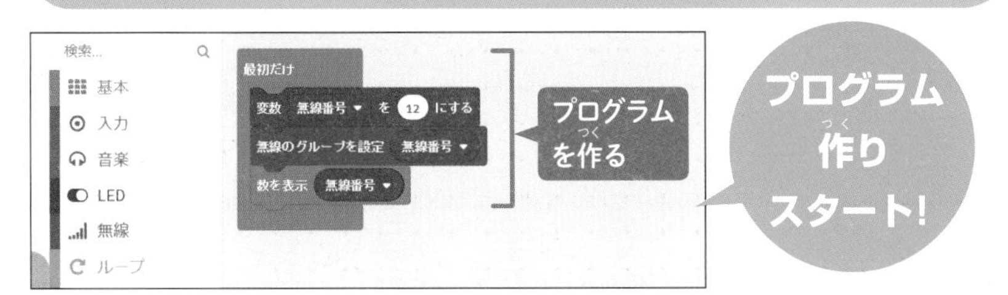

1 新しいプロジェクトを始めます。「リモコン　センサー」と名前を入力しましょう。「ずっと」ブロックは必要ないので、ツールボックスまでドラッグして消しましょう。ステップ1と同じようにして、「最初だけ」ブロックを作ります。

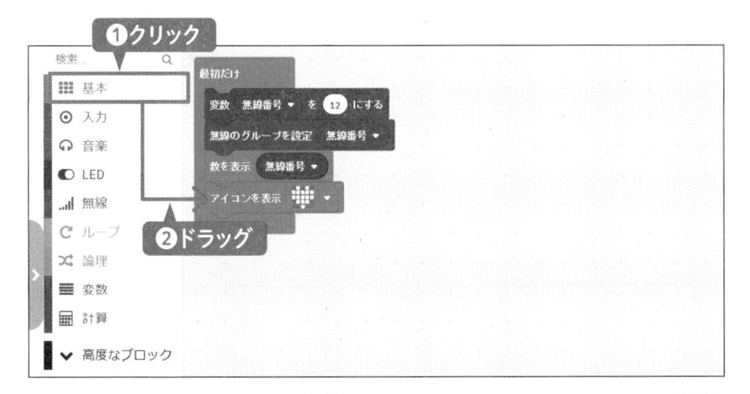

2 ツールボックスの「基本」をクリックします。「アイコンを表示」ブロックをドラッグして「数を表示 無線番号」ブロックの下につなげます。

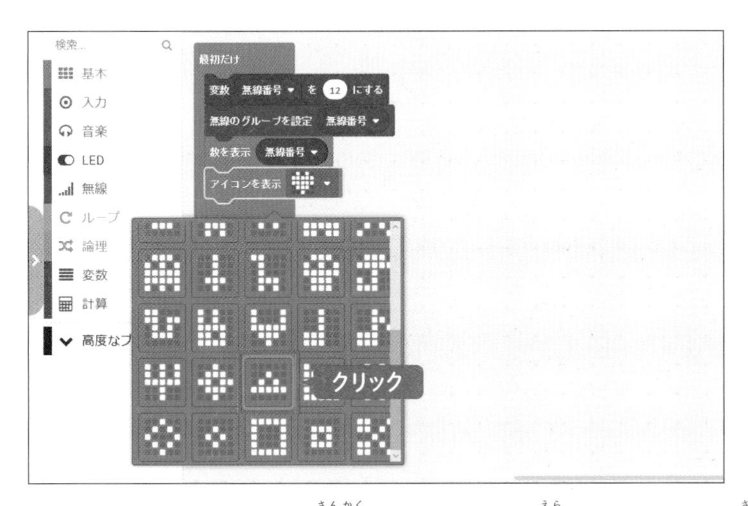

3 ▼をクリックして、「三角」をクリックして選びます。これで「最初だけ」ブロックは終わりです。

➡ 傾きによってサッカーロボットの動きを操作するためのプログラムを作ります。

➡ プログラムを作成したあと、新しいプロジェクトを始めたい場合は、プログラミング画面で「ホーム」をクリックします。ホーム画面に戻ったら、[新しいプロジェクト]をクリックします。

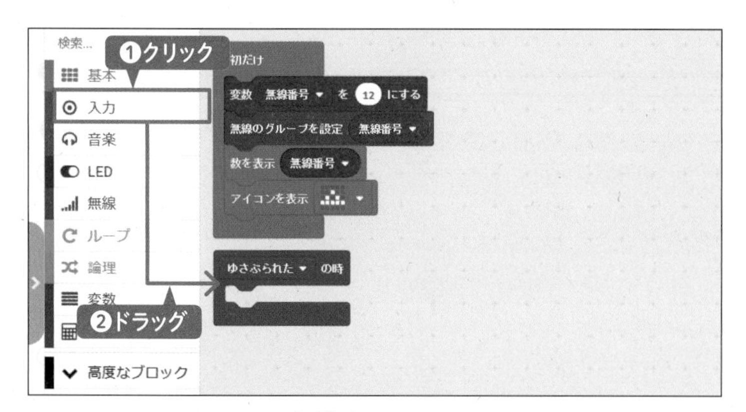

➡ プログラミングエリアのどの位置にブロックをドロップしても、プログラムの実行には影響はありませんが、全体の構造を考え、分かりやすい位置に配置するとよいでしょう。

4 ツールボックスの「入力」をクリックします。「ゆさぶられた の時」ブロックをプログラミングエリアにドラッグします。

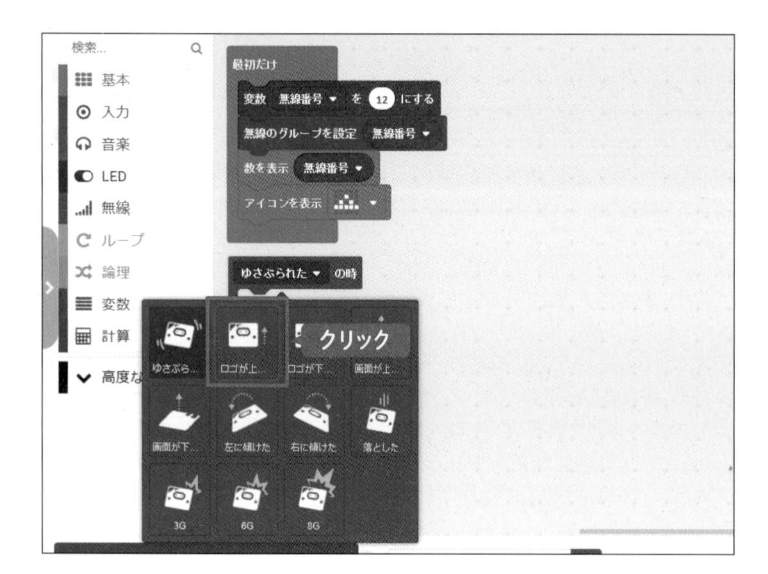

➡「ロゴが上になった」とは、micro:bitを地面に垂直に、ロゴが上向きになっていることを表します。

5 「ゆさぶられた」をクリックし、「ロゴが上になった」をクリックします。

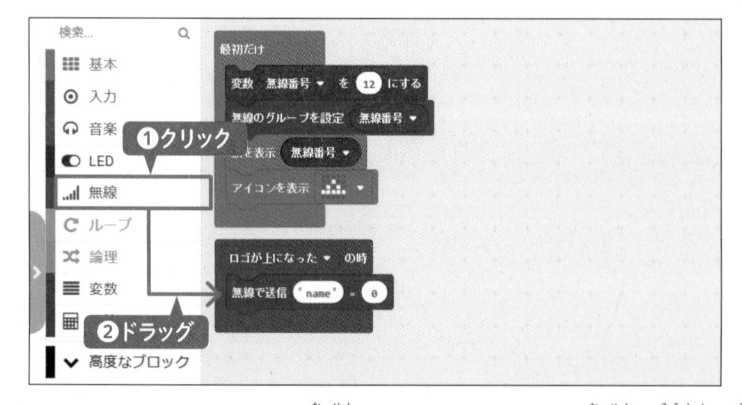

6 ツールボックスの「無線」をクリックします。「無線で送信 "name" =0」ブロックをドラッグして、「ロゴが上になった の時」ブロックの間に入れます。

7 「name」をクリックし、「L」と入力します。「0」を「100」にします。

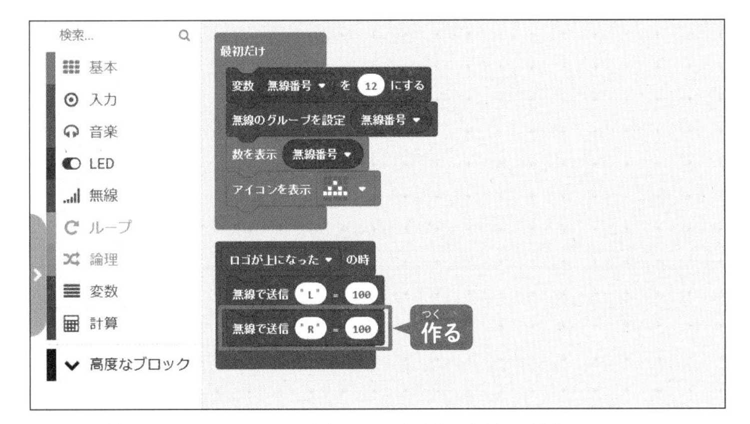

➡ LはLeft（左）、RはRight（右）の車輪を表しています。ここでは、両方「100」にしているので、リモコンを地面と水平な状態から手前に傾けるとサッカーロボットは前進します。

8 同じようにしてその下に、「無線で送信 "R"=100」というブロックを作ります。

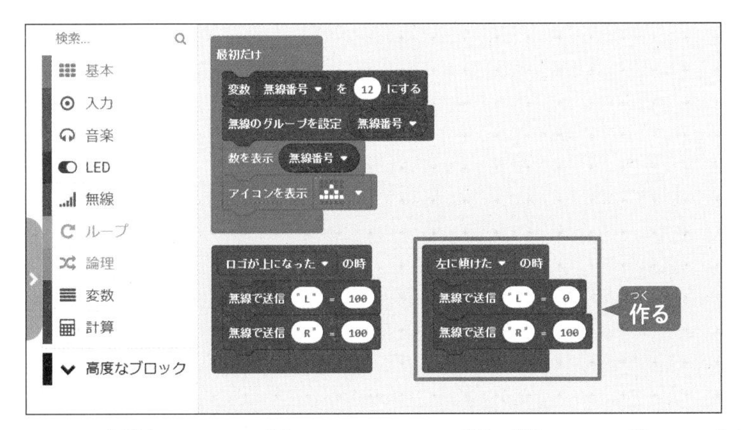

9 手順4～8と同じようにして、「左に傾けた の時」→「無線で送信 "L"=0」「無線で送信 "R"=100」というプログラムを作ります。

➡ Lが「0」でRが「100」なので右の車輪だけが回転し、リモコンを左に傾けるとサッカーロボットは左に回ります。

➡ 同じようなプログラムを作るときは、「複製」の機能を利用すると便利です。ブロックを右クリックして「複製する」を選ぶと、黄色で囲まれた範囲のブロックがコピーされます。

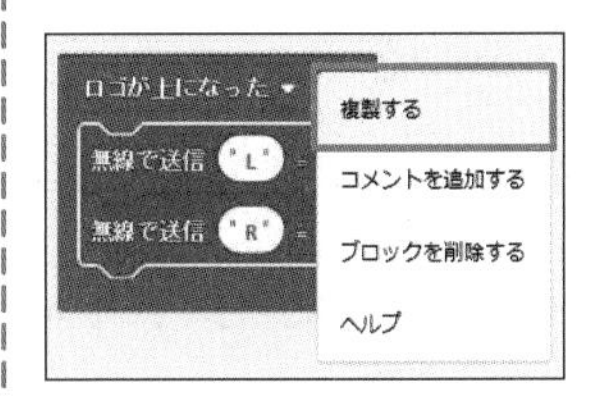

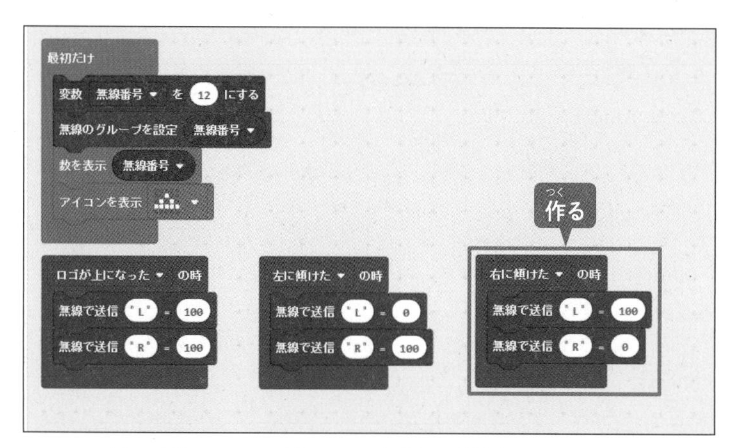

10 「右に傾けた の時」→「無線で送信 "L"=100」「無線で送信 "R"=0」というプログラムを作ります。

➡ Lが「100」でRが「0」なので左の車輪だけが回転し、リモコンを右に傾けるとサッカーロボットは右に回ります。

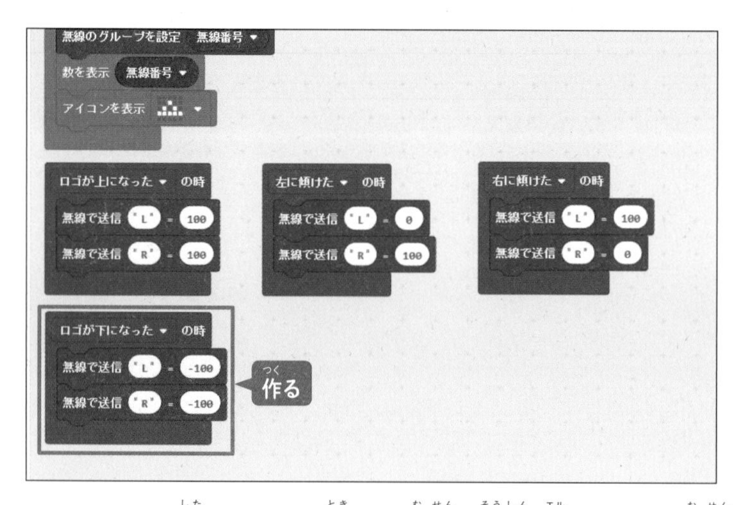

11 「ロゴが下になった の時」→「無線で送信 "L"=-100」「無線で送信 "R"=-100」というプログラムを作ります。

➡ LもRも「-100」なので、リモコンをロゴを下向きに傾けるとサッカーロボットは後進します。

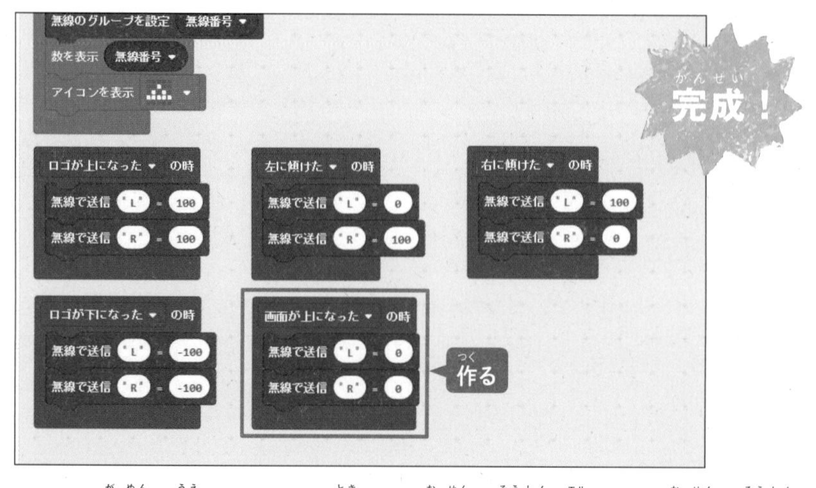

12 「画面が上になった の時」→「無線で送信 "L"=0」「無線で送信 "R"=0」というプログラムを作れば、プログラムは完成です！

➡ LもRも「0」なので、リモコンを地面と水平に持つとサッカーロボットは停止します。

ステップ3▶サッカーロボットのプログラム

サッカーロボット側のプログラムを作ります。ワークショップや授業などで行うときは、あらかじめ主さい者側がこのプログラムを作り、micro:bit に書きこんでおきます。時間に余裕があれば、参加者に作ってもらってもよいでしょう。

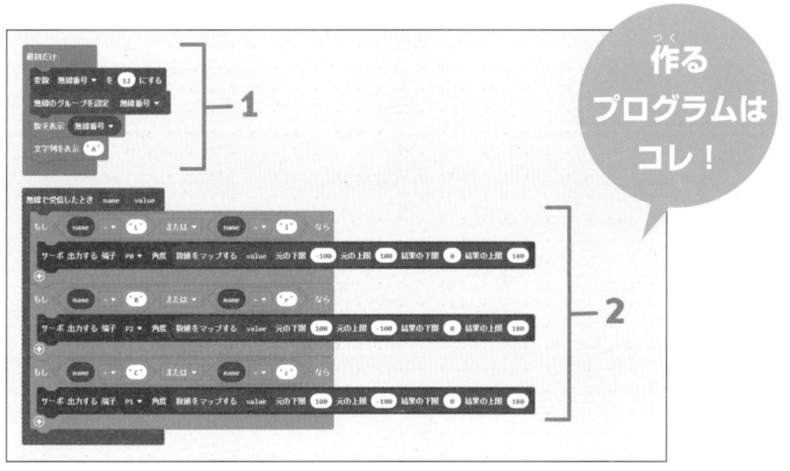

1 無線通信をするためのグループを設定します。

2 リモコンからのデータに応じて回転サーボモーターを動かし、サッカーロボットの動きをコントロールするプログラムを作ります。

サッカーロボット側のプログラムを作ろう

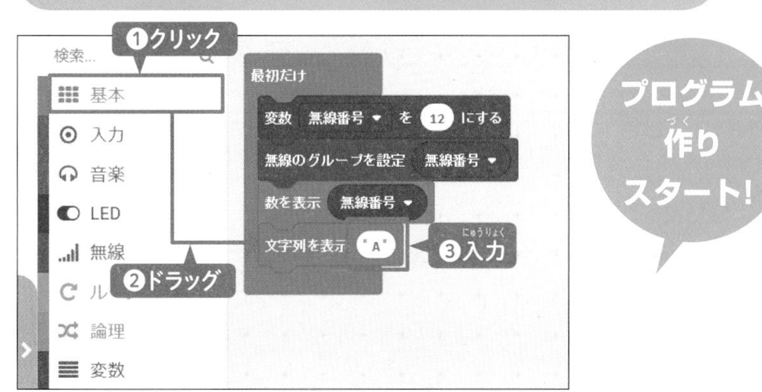

1 新しいプロジェクトを始めます。「サッカーロボット」と名前を入力しましょう。ステップ1の手順1～5（133～135ページ）と同じようにして「最初だけ」ブロックのプログラムを作ります。ツールボックスの「基本」をクリックします。「文字列を表示"Hello!"」ブロックをドラッグして、「数を表示 無線番号」の下につなげます。「Hello!」をクリックして「A」と入力します。

➔「Hello!」をクリックして「A」と入力した理由は、どのサッカーロボットがどのチームのものなのか、分かるようにするためです。この場合は、Aチームに属しているので「A」と表示されるプログラムとなっています。

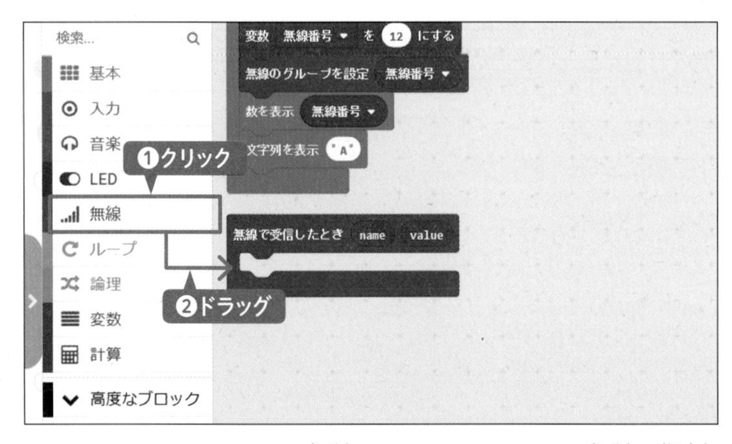

2 ツールボックスの「無線」をクリックします。「無線で受信したとき name value」ブロックをプログラミングエリアにドラッグします。

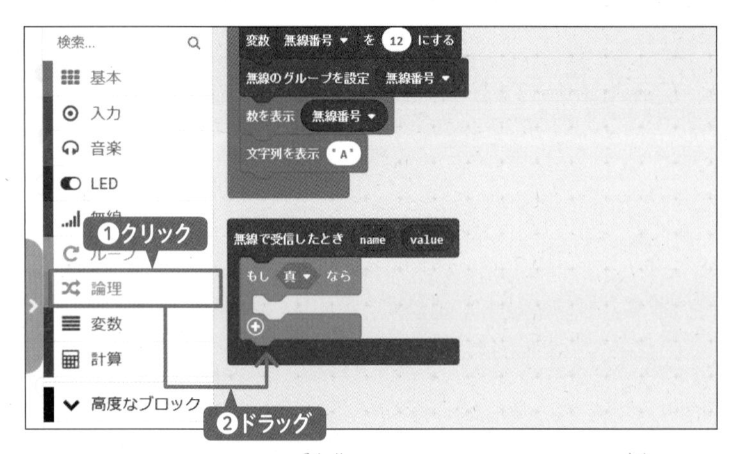

3 ツールボックスの「論理」をクリックします。「もし真なら」ブロックをドラッグして「無線で受信したとき name value」ブロックの間に入れます。

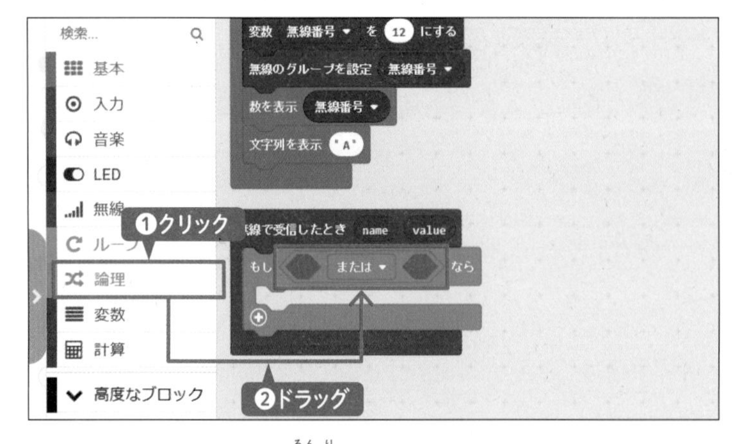

4 ツールボックスの「論理」をクリックします。「[　]または[　]」ブロックをドラッグして「真」のところに入れます。

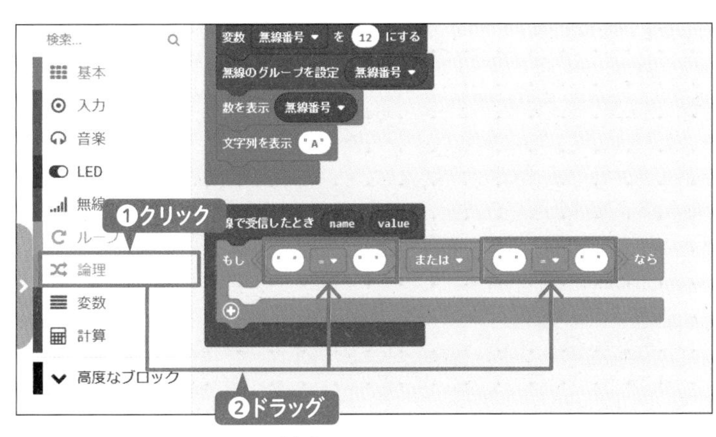

5 ツールボックスの「論理(ろんり)」をクリックします。「" "=" "」ブロックをドラッグして、「[　]または [　]」の両側(りょうがわ)に入(い)れます。

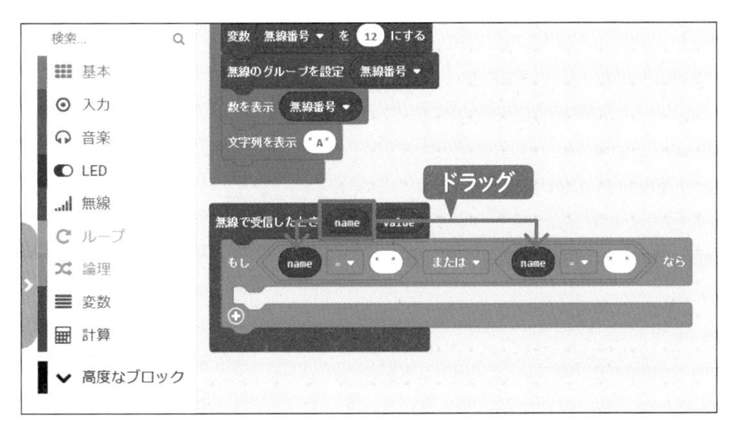

6 「無線(むせん)で受信(じゅしん)したとき name(ネーム) value(バリュー)」ブロックの「name(ネーム)」をドラッグし、それぞれ左側(ひだりがわ)の「" "」のところに入(い)れます。

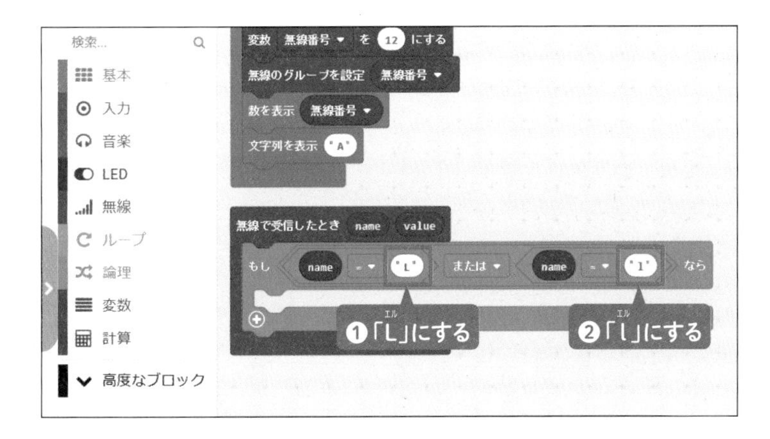

7 左側(ひだりがわ)の「" "」を「L(エル)」に、右側(みぎがわ)の「" "」を「l(エル)」(小文字のL(エル))にします。

➡ ここで「name(ネーム)」を「"L(エル)"または "l(エル)"」としたのは、参加者(さんかしゃ)が大文字(おおもじ)の「L(エル)」を入(い)れても小文字(こもじ)の「l(エル)」を入(い)れてもプログラムが動(うご)くようにするためです。

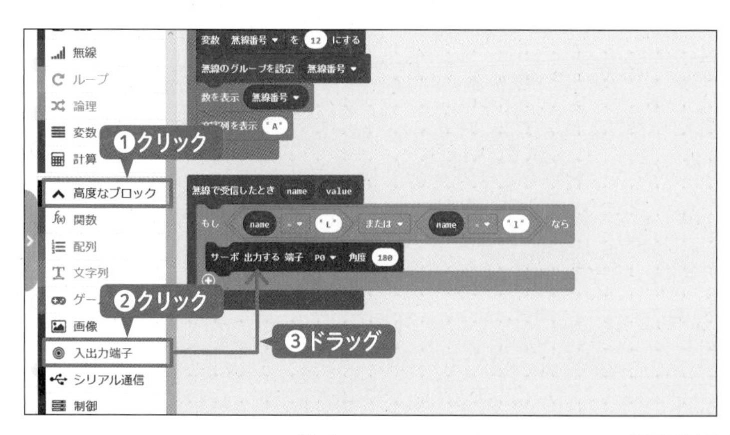

8 ツールボックスの「高度なブロック」をクリックし、「入力端子」をクリックします。「サーボ出力する端子P0角度180」をドラッグして、「もしname="L" または name="l"なら」ブロックの間に入れます。

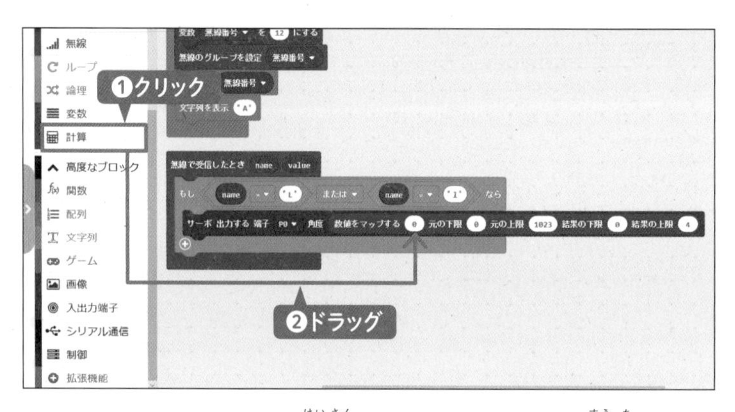

9 ツールボックスの「計算」をクリックします。「数値をマップする0 元の下限0 元の上限1023 結果の下限0 結果の上限4」ブロックをドラッグし、「180」のところに入れます。

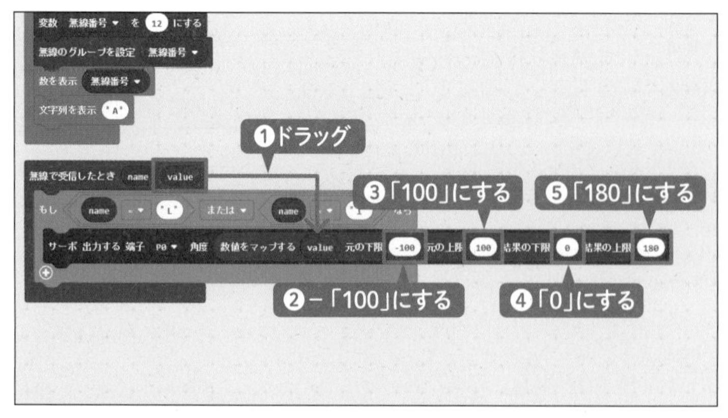

10 「無線で受信したとき name value」ブロックの「value」をドラッグし、「数値をマップする」の後ろに入れます。そのあとの数値は、左から順に「-100」「100」「0」「180」とします。

➡「数値をマップする」ブロックを使って、回転サーボモーターの数値（0〜180）を-100〜100（0で停止）に設定します。リモコン側のプログラムを作る参加者は、-100〜100の数字でサーボを動かせるので、より直感的にプログラミングできます。

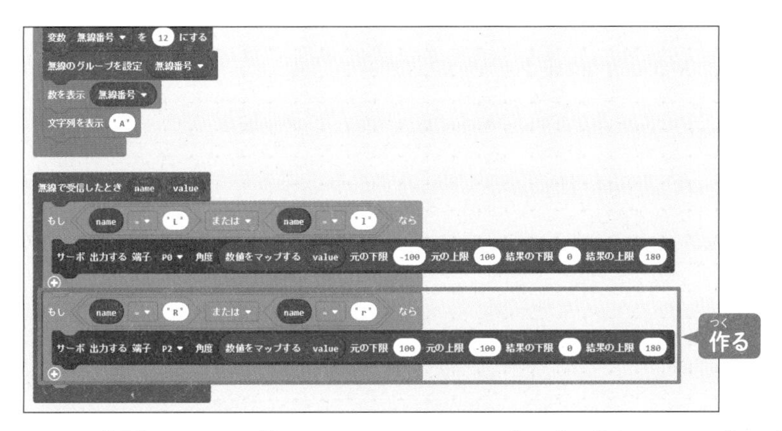

11 手順3～10と同じようにして、「もし name="R" または name="r"なら」→「サーボ出力する端子P2角度数値をマップするvalue元の下限100 元の上限-100 結果の下限0 結果の上限180」というプログラムを作ります。

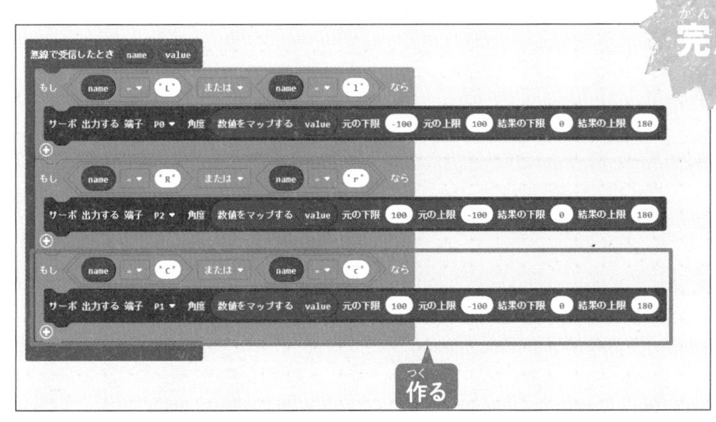

12 さらに同じようにして、「もし name="C" または name="c"なら」→「サーボ出力する端子P1角度数値をマップするvalue元の下限100元の上限-100結果の下限0結果の上限180」というプログラムを作ります。サッカーロボット側のプログラムは、これで完成です！

サッカーロボットを組み立てる

サッカーロボットは、別売の「bitPak:Drive」を組み立て、micro:bitと組み合わせます。ワークショップや授業などで行うときは、事前に組み立てておきます。タイヤの取り付けなどは参加者にやってもらってもよいでしょう。改造工作は、自由に行ってもらいましょう（151ページ参照）。なお、リモコンの組み立てについては129ページを参照してください。

作り方

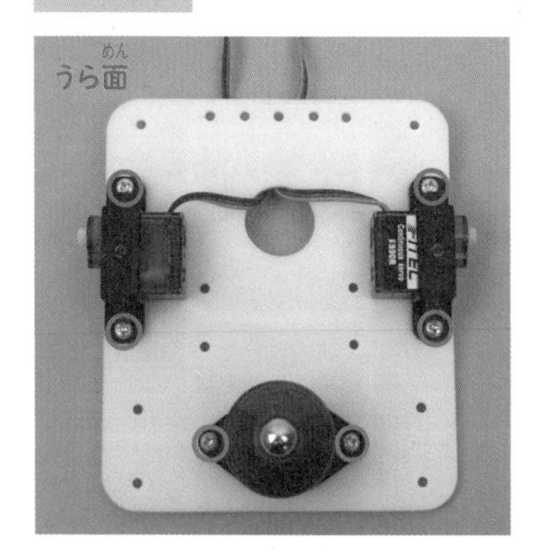

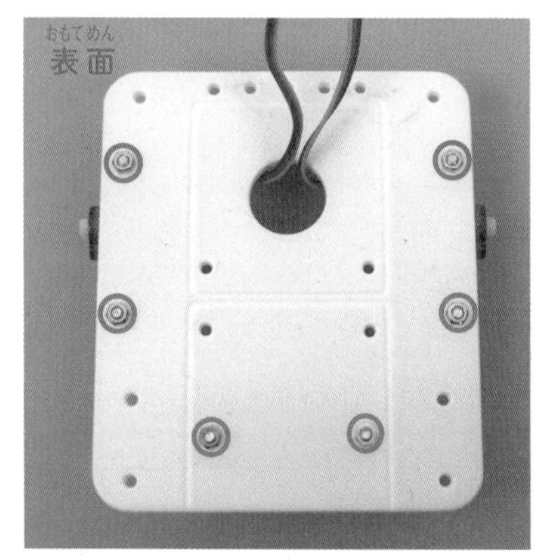

1 土台パネルのうら面（ミゾのない面）に、サーボモーターとキャスターを取り付けます。それぞれネジ2本を使い、うら側からナットを回し入れてドライバーで固定しましょう。サーボモーターのケーブルは、円いあなに通します。

2 青いシールのふくろに入ったネジ（M3×5mm皿ネジ）2本を、電池モジュールの両はしに入れ、うら側からスペーサー（小）を入れて、ドライバーで固定します。micro:bit用のケーブルと、ベーシックモジュール用のケーブルをつなぎます。

メモ 2本のケーブルは、コネクターの大きさがちがいます。大きさをかくにんしてつなぎましょう。

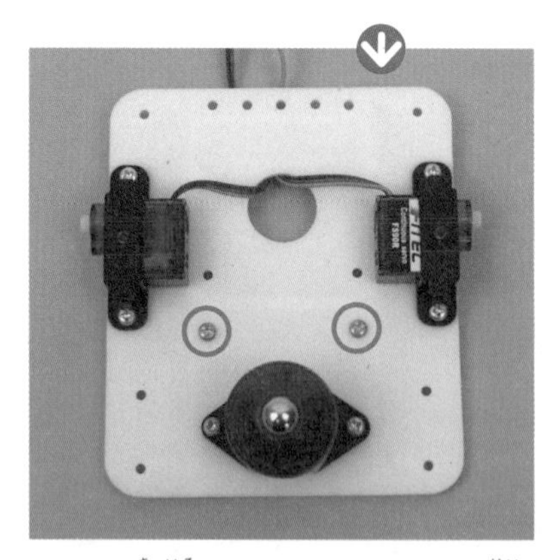

3 黄色いシールのふくろに入ったネジ（M3×6mm小ネジ）2本を、赤円の位置に取り付けます。

bitPak:Driveを使ったサッカーロボットの作り方は下記でもしょうかいされています。

https://switch-education.com/products/bitpak-drive-without-controller/

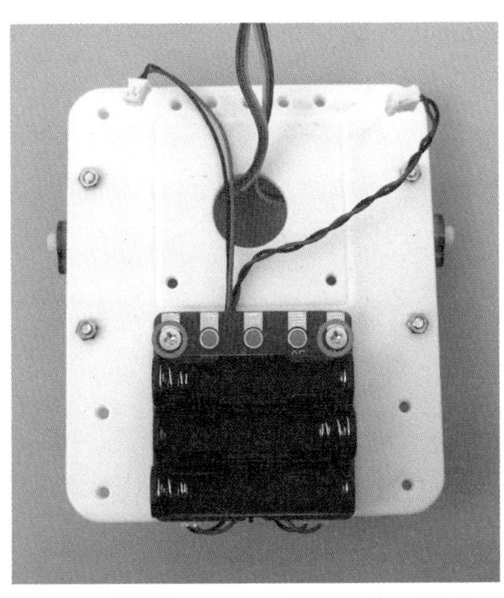

4 土台パネルの表面に、電池モジュールを固定します。ケーブルは円いあなのほうに向けます。

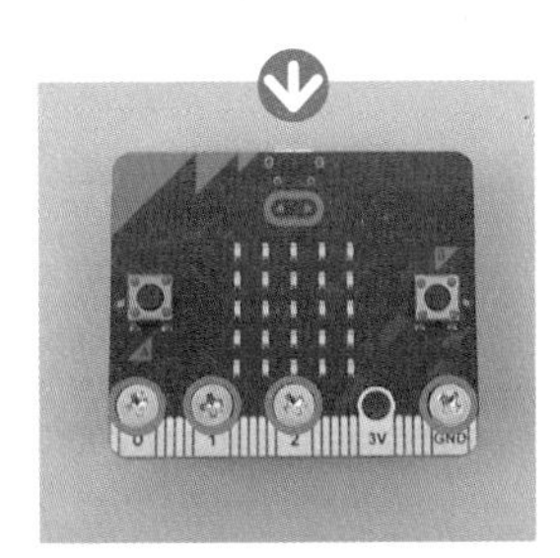

5 青いシールのふくろに入ったネジを、micro:bitの「0」のあなに入れ、うら側からメタルスペーサーを回し入れます。同じように、「1」「2」「GND」にも取り付けます。

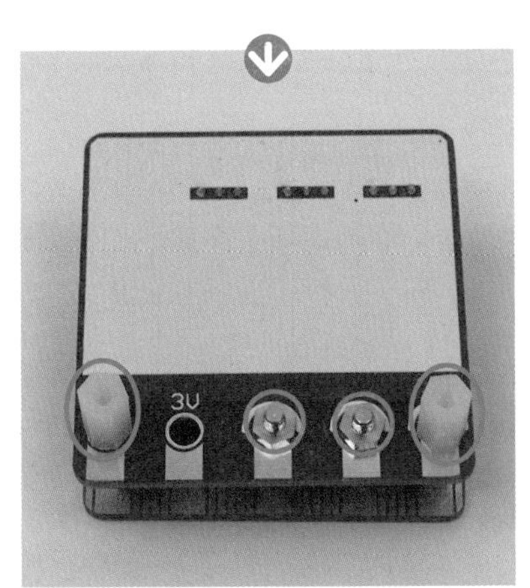

6 ベーシックモジュールとmicro:bitを重ねて、赤円の2カ所にナットを入れて固定します。青円の2カ所にスペーサー（中）2本を取り付けます。

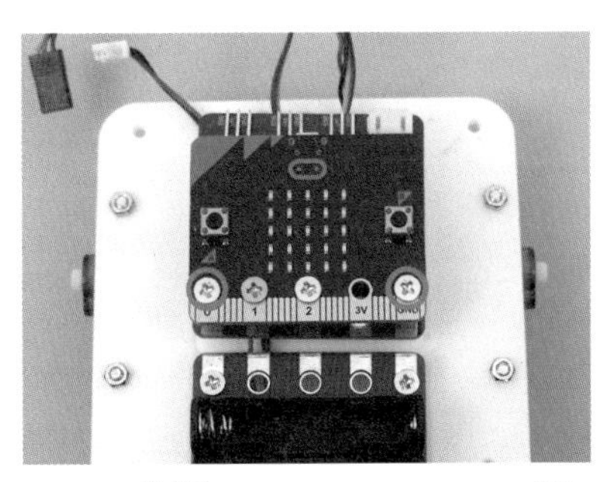

7 黄色いシールのふくろに入ったネジ2本で、土台パネルの表側にmicro:bitとベーシックモジュールを固定します。

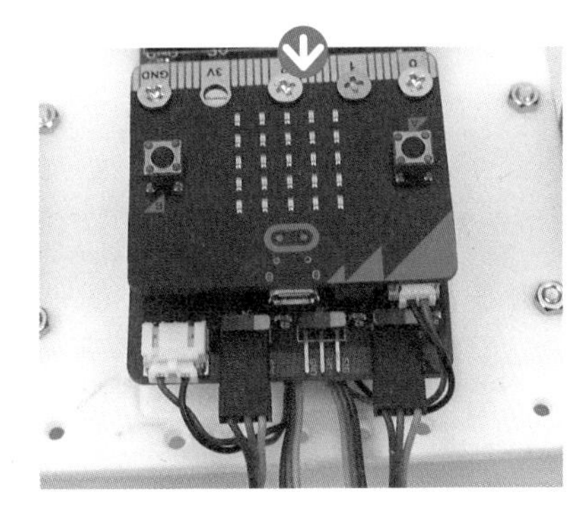

8 左側のサーボモーターのケーブルをベーシックモジュールの左側、右側のサーボモーターのケーブルを右側につなぎます。micro:bit用、ベーシックモジュール用のケーブルもそれぞれつなぎます。

メモ はみ出しているケーブルは、ベーシックモジュールと土台パネルの間に押しこみしょう。

完成！

9 電池モジュールに単4形乾電池3本をセットしたら、4すみにスペーサー（大）を取り付けた天面パネルと土台パネルを組み合わせます。サーボモーターにタイヤを取り付けたら完成です。

ワークショップなどへの展開例

時間	内容
基本操作 15分 ※1章の内容です。	● micro:bit、MakeCodeの説明。 ● パソコンでえがおマークをプログラミング。 ● micro:bit本体への書きこみ方法の説明。
工作 15分	● micro:bitとベーシックモジュール、タイヤなどの取り付け。 ＊そのほかは事前に組み立てておく。
プログラミング（ステップ1） 30分	● サッカーロボットを前後左右に動かす一連のパターンをプログラミングする。 ● 回転サーボモーターの角度、回転方向とサッカーロボットの動きの関係を理解する。 **課題** **→サッカーロボットを前後あるいは左右に動かすには回転サーボモーターをどうコントロールすればいいか？**
プログラミング（ステップ2） 30分	● リモコンからボタンなどでデータが送れるようにプログラミング。 ● リモコンからのデータを受けて、サッカーロボットが動くようにプログラミング。 **課題** **→リモコン側からはどんなデータを送ればいいか？** **→サッカーロボット側ではデータを受信したときにどんな動きをさせればいいか？**
改造工作 30分	● 紙コップ、厚紙、ダンボール、針金、モール、割り箸などの材料とハサミ、カッター、テープ、接着剤、グルーガン等の道具を用意。 ● 使いたい材料でサッカーロボットを改造する。 **課題** **→どんな形にしたらいいか？** **→どうやって作り、サッカーロボットにどう組みこむか？**
競技 30分	● チームを作って総当たりのリーグ戦。 ● 時間内にできるだけ多くゴールしたチームが勝ち。 ● 成績の良かった2チームで決勝戦。

指導者の方へ：展開のポイント

サッカー場は事前に用意します。参加人数にもよりますが、サッカー場の広さは、模造紙1～2枚ほどあればよいでしょう。ボールが出ないよう仕切りを作っておきましょう。またサッカーロボット側のプログラムはあらかじめ書きこんでおきます（143ページ参照）。参加者にはリモコン側のプログラミングをやってもらいます。試行錯誤の時間を設け、参加者がプログラムを試しながらサッカーロボットの動きを自ら調整するよう促します。プログラミング、改造工作とも、できるだけ参加者の発想に任せ、自由にやってもらいましょう。

改造工作のポイント

改造工作では、サッカーロボットに装着しやすい材料を十分用意しておきます。工具としてはハサミ、カッター、テープのほかにグルーガンがあると、いろいろなものを簡単に接着できます。アームなどを付けて、ボールを運ぶ仕組みを工夫するのがポイントです。参加者の発想に任せ、自由に工作してもらいましょう。

いろいろな材料。どれを選ぶかは参加者次第。

紙コップを取りつける参加者。

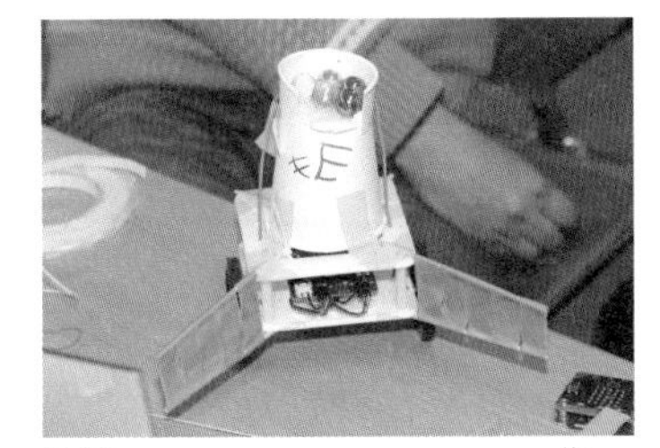

前方にアームをつけてボールを運びやすくした作品。

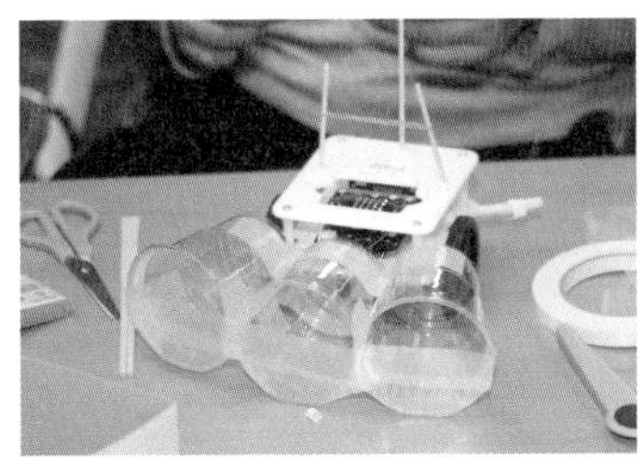

ボールをキャッチするためにプラスチックコップを付けた作品。

グルーガンでビー玉やおはじきを付け、サッカーロボットを飾っています。

競技のポイント

サッカー場として仕切られたスペースを作り、中央、スタート、ゴールなど各ラインを引いておきます。ボールを争って、サッカーロボットどうしがぶつかって膠着状態になるなど、さまざまなことが起きうるので、審判役のスタッフを配置します。事前にシミュレーションしてルールを決めておくのがポイントです。

競技は事前に作ったサッカー場で行います。

競技中にサッカーロボットどうしがぶつかって身動きが取れなくなることも。

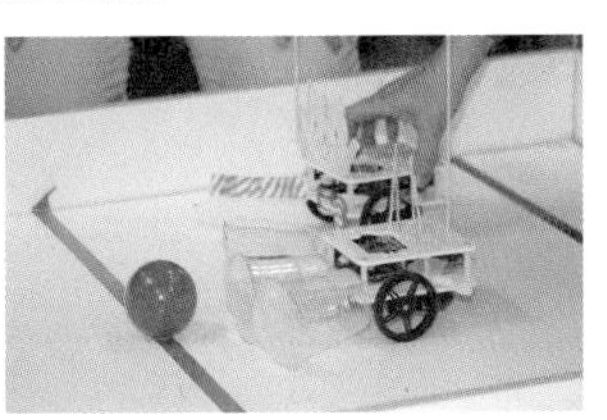

点を取られたら自軍のスタートラインから再スタート。

きょりと信号強度の関係を利用

無線通信で信号をキャッチ！「宝さがしゲーム」

信号を発信するお宝をmicro:bitの通信機能を使って見つけます。
どんなプログラムが役に立つかチームで考えましょう。
メンバーの役わりによってプログラムを変えてもいいかもしれません。

［**レベル**］★★★★☆　［**時間の目安**］120分［プログラミング60分＋競技60分］

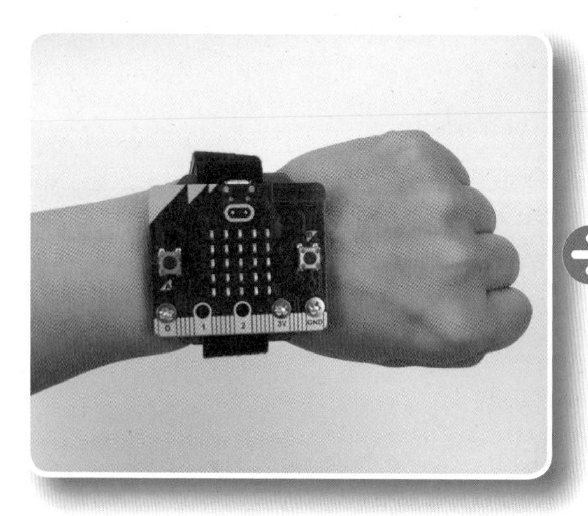

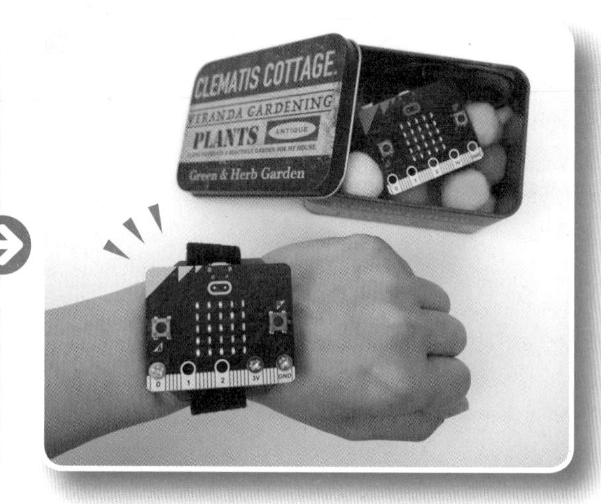

信号を発信する「お宝micro:bit」を、「レーダーmicro:bit」が通信機能を使ってさがします。

用意する物

■ **プログラミング**

micro:bit（2個）、パソコン、USBケーブル

■ **工作**

バングルモジュール、電池ボックス、単4形乾電池2本、ボタン電池（CR2032）、ドライバー、お宝を入れる箱

※この作例では「バングルモジュール」と「電池ボックス」を使います（170ページ参照）。パーツは、スイッチエデュケーションのWebサイトやパーツショップ、ネットショップなどから買えます。

レシピのポイント

通信機能を理解して、お宝側、レーダー側、両方を正しくプログラミングすることが重要です。ゲームとしては、信号強度のブロックの使い方がポイントになります。いろいろ試してみて、チームの作戦にあったプログラムを作りましょう。

バングルモジュールの組み立て方・使い方は下記でしょうかいされています。
https://learn.switch-education.com/microbit-tutorial/8-bangle.html

プログラムを作る

お宝側は信号を送信するプログラムを、レーダー側は信号を受信するプログラムを作ります。信号強度を利用して、近づいたら分かるようなプログラムも作ってみましょう。

ステップ1-1 ▶ お宝側の設定（基本：お宝が1つの場合）

無線のグループを設定し、決められた数字を送信するプログラムです。

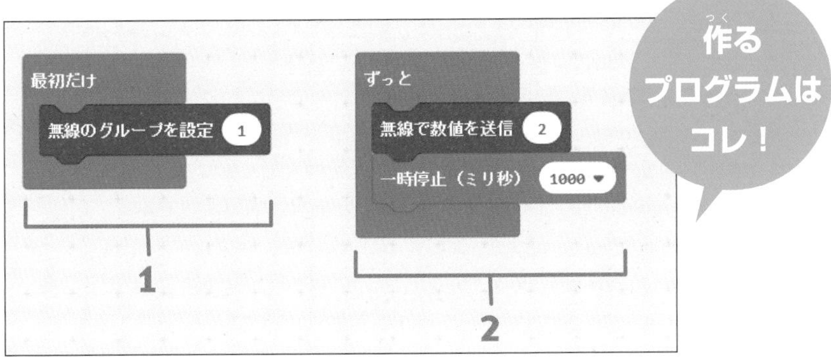

1 無線通信をするためのグループを設定します。

2 数字を送信します。

学びのポイント

このプログラムでは、基本的な通信機能の使い方やグループの設定について学びます。

1秒ごとに数値を送信するプログラムを作ろう

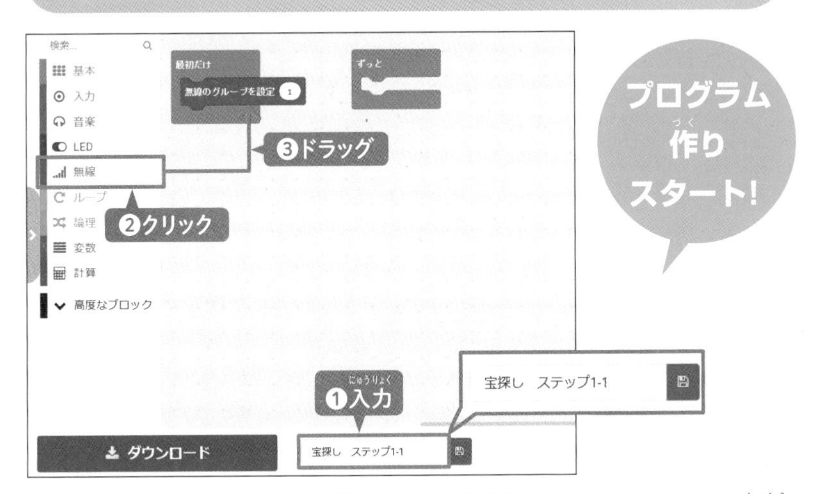

1 新しいプロジェクトを始めます。「宝探し　ステップ1-1」と名前を入力しましょう。ツールボックスの「無線」をクリックします。「無線のグループを設定1」ブロックをドラッグし、「最初だけ」ブロックの間に入れます。

➡ ツールボックスのメニューは、ドラッグを始めると消えます。手順ではメニューの画面を省略しています。

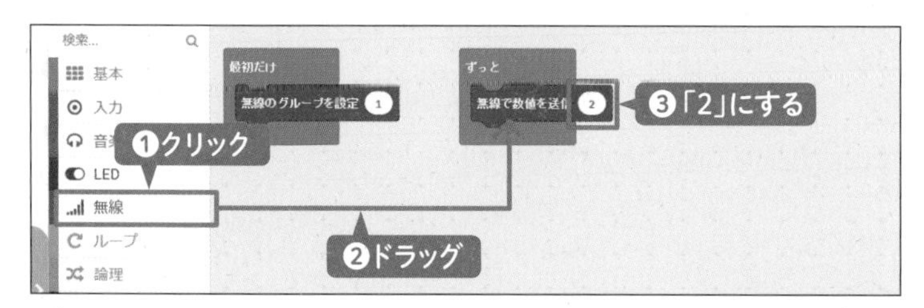

➡「無線で数値を送信0」の「0」を「2」としたのは、お宝が2つある場合を想定しているためです。

2 ツールボックスの「無線」をクリックします。「無線で数値を送信0」ブロックをドラッグして「ずっと」ブロックの間に入れます。「0」を「2」にします。

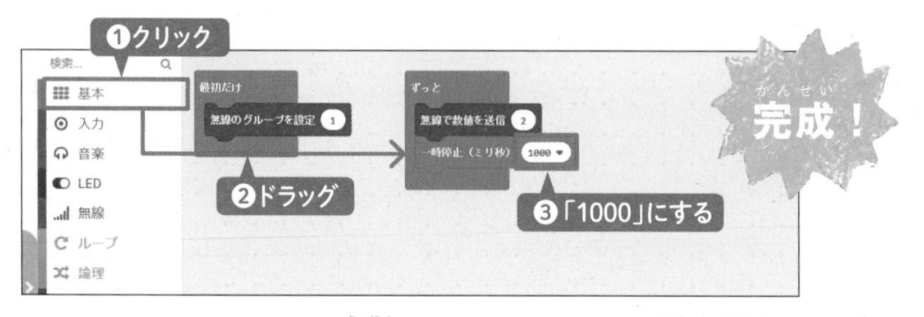

➡このブロックの時間の単位は「ミリ秒」です。1秒＝1000ミリ秒なので、メニューから「1second」（1秒）を選ぶと、ブロックには「1000」と入力されます。「100」をクリックして、直接数字を入力してもかまいません。その場合は、「1000」と入力しましょう。

3 ツールボックスの「基本」をクリックします。「一時停止（ミリ秒）100」ブロックをドラッグし、「無線で数値を送信2」ブロックの下につなげます。「100」を「1000（1second）」にします。これで1秒ごとに「2」という数字を送り続けるプログラムの完成です。

ステップ1-2▶お宝側の設定（応用：お宝が2つ以上の場合）

複数のお宝につけられた個別の番号を送信できるプログラムです。端子P0をタッチしたらお宝番号が表示されるようにしておけば、ゲームのときに便利です。

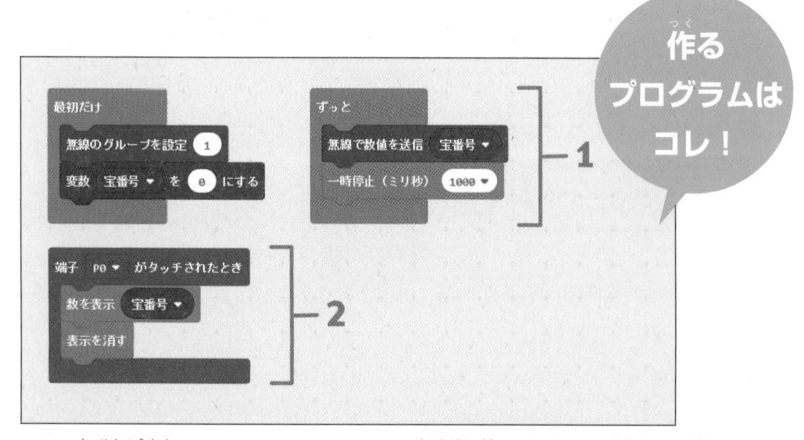

1 無線通信をするためのグループと宝番号を設定し、数字を送信します。

2 端子P0をタッチすると宝番号を表示します。

1秒ごとにお宝の番号を送信するプログラムを作ろう

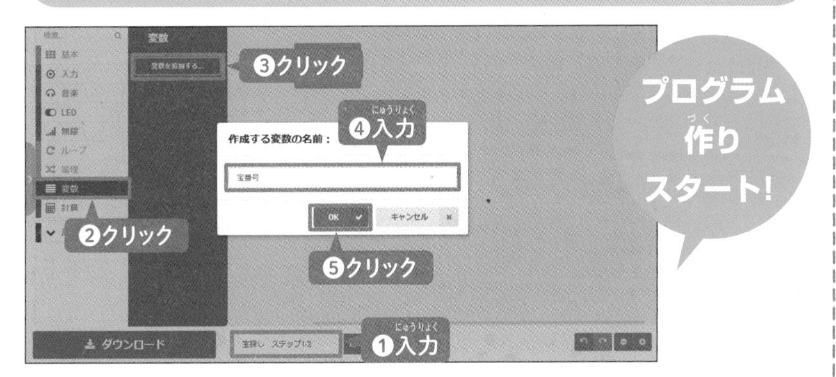

1 新しいプロジェクトを始めます。「宝探し　ステップ1-2」と名前を入力しましょう。ツールボックスの「変数」をクリックし、「変数を追加する」をクリックします。「宝番号」と名前を入力し、「OK」をクリックします。

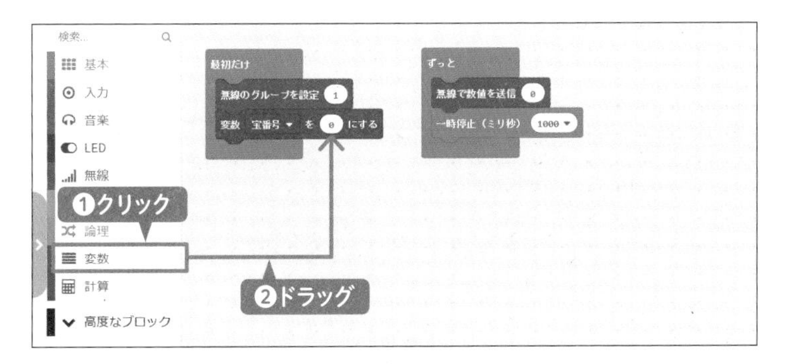

2 「最初だけ」ブロックと「ずっと」ブロックの内容は、ステップ1-1とほぼ同じです。ツールボックスの「変数」をクリックします。「変数 宝番号を0にする」ブロックをドラッグして、「最初だけ」ブロックの「無線のグループを設定1」ブロックの下につなげます。

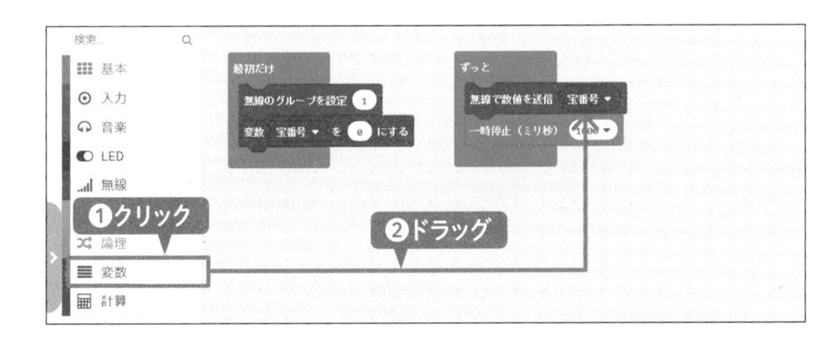

3 ツールボックスの「変数」をクリックします。「宝番号」ブロックをドラッグして、「ずっと」ブロックの「無線で数値を送信」ブロックの「0」の部分に入れます。これで1秒ごとに決められたお宝番号を送り続けるようになります。

➡ プログラムを作成したあと、新しいプロジェクトを始めたい場合は、プログラミング画面で「ホーム」をクリックします。ホーム画面にもどったら、［新しいプロジェクト］をクリックします。

➡ 変数を追加すると、
「宝番号（変数の名前）」
「変数 宝番号を0にする」
「変数 宝番号を1だけ増やす」
ブロックが作られます。

➡ 入れたいブロックを「0」の上までドラッグし、「0」のわくが黄色で表示されたらマウスボタンから指をはなしてドラッグしましょう。

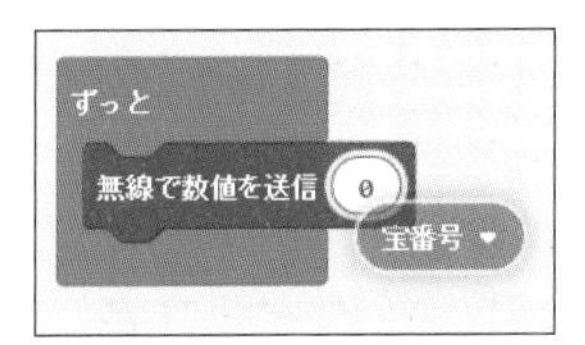

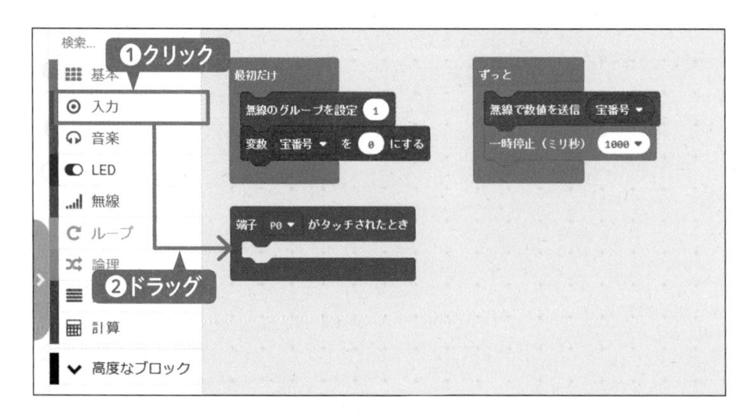

➡ プログラミングエリアのどの位置にブロックをドロップしても、プログラムの実行には影響はありませんが、全体の構造を考え、分かりやすい位置に配置するとよいでしょう。

4 ツールボックスの「入力」をクリックします。「端子P0がタッチされたとき」ブロックをプログラミングエリアにドラッグします。

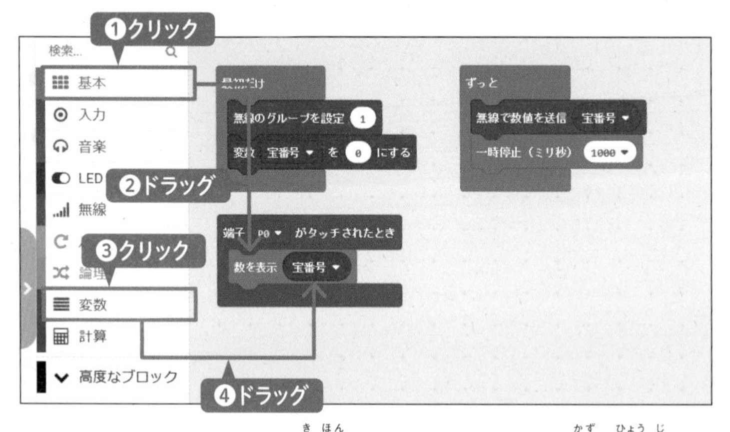

5 ツールボックスの「基本」をクリックします。「数を表示0」ブロックをドラッグして、「端子P0がタッチされたとき」ブロックの間に入れます。次に、ツールボックスの「変数」をクリックします。「宝番号」ブロックをドラッグして、「0」のところに入れます。

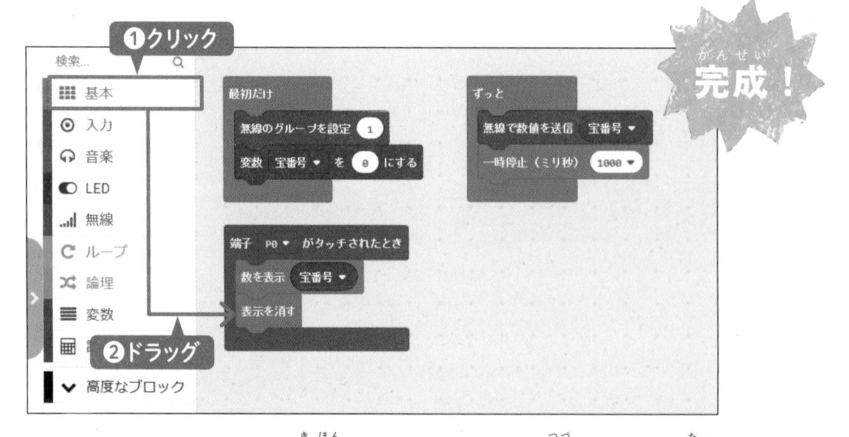

➡「表示を消す」ブロックを追加しないと、P0端子をタッチしたあと、お宝番号が表示されたままになってしまいます。

6 ツールボックスの「基本」をクリックします。続けて「その他」をクリックします。「表示を消す」ブロックをドラッグして「数を表示 宝番号」ブロックの下につなげます。これで、端子P0をタッチしたときに、お宝番号が表示されるようになります。

ステップ2-1 ▶ レーダー側の設定（基本：受け取った数字をすべて表示）

お宝から送信されているすべての数字をレーダー側に表示するプログラムです。

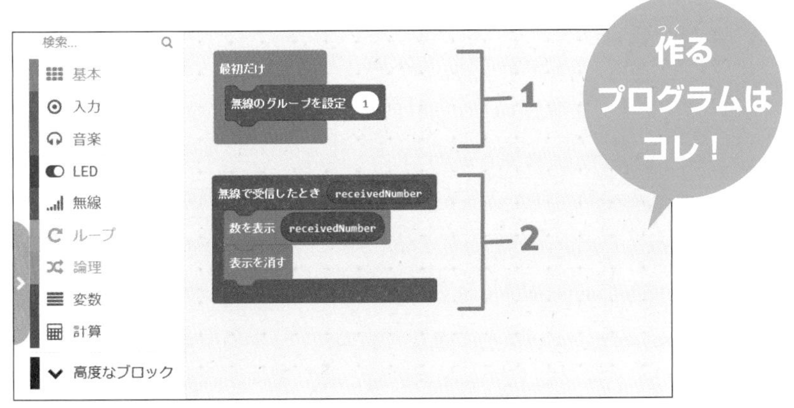

1 無線通信をするためのグループを設定します。

2 お宝の数字を受け取って表示します。

お宝の数字を受信したら表示するプログラムを作ろう

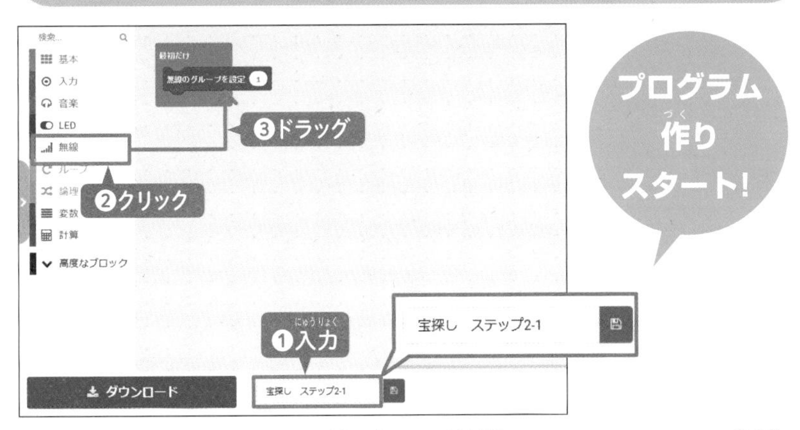

1 新しいプロジェクトを始めます。「宝探し　ステップ2-1」と名前を入力しましょう。「ずっと」ブロックは使わないので、ツールボックスまでドラッグして消しましょう。ツールボックスの「無線」をクリックします。「無線のグループを設定1」ブロックをドラッグし、「最初だけ」ブロックの間に入れます。

➡ ブロックを右クリックして、表示されるメニューから「ブロックを削除する」を選ぶか、「delete」キーを押して消す方法もあります。

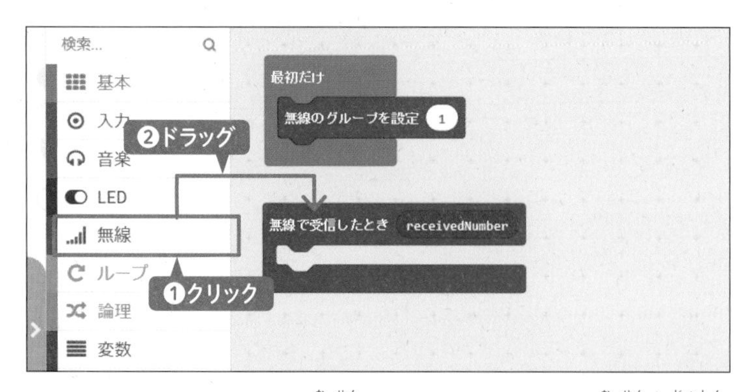

2 ツールボックスの「無線」をクリックします。「無線で受信したときreceivedNumber」ブロックをプログラミングエリアにドラッグします。

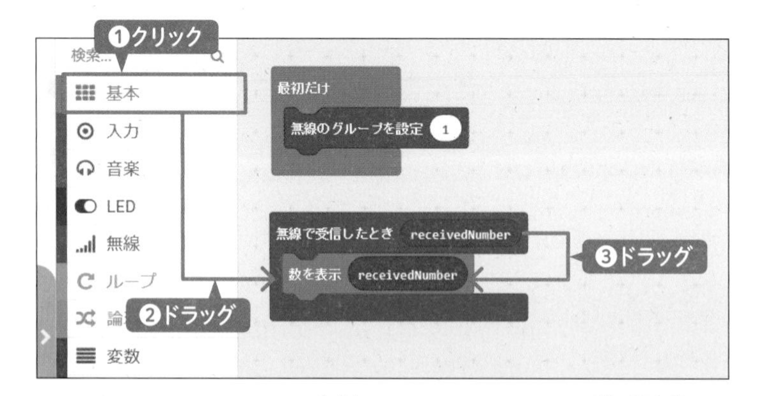

3 ツールボックスの「基本」をクリックします。「数を表示0」ブロックをドラッグして、「無線で受信したときreceivedNumber」ブロックの間に入れます。「無線で受信したときreceivedNumber」ブロックの「receivedNumber」をドラッグして「0」のところに入れます。

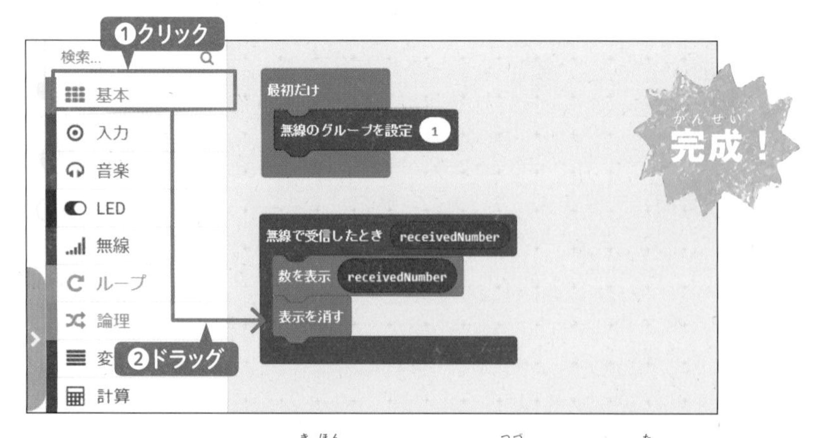

4 ツールボックスの「基本」をクリックし、続けて「その他」をクリックします。「表示を消す」ブロックをドラッグして「数を表示 receivedNumber」ブロックの下につなげます。これで、お宝から発信されている数字を受信したら表示されるようになります。

➡「無線で受信したときreceivedNumber」は、無線で数字を受信したときに動かすプログラムです。

➡ 英語が書かれた、よく似たブロックがあります。使うブロックをまちがえないように気を付けましょう。※この作例では、上のブロックを使います。

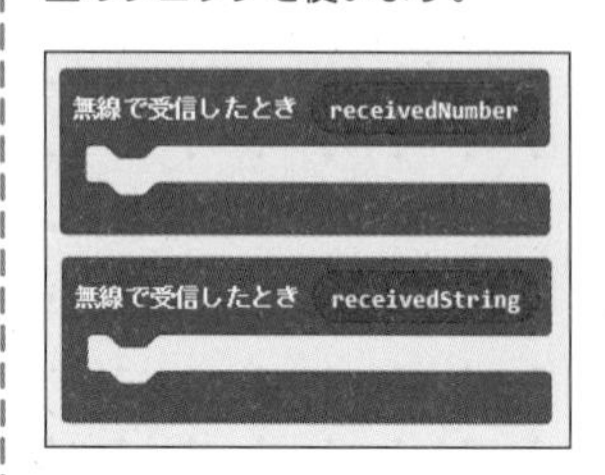

ステップ2-2 ▶ レーダー側の設定（応用：お宝が2つ以上の場合）

お宝から発信された特定の数字だけをレーダー側に表示するプログラムです。特定の番号のお宝をさがすことができます。

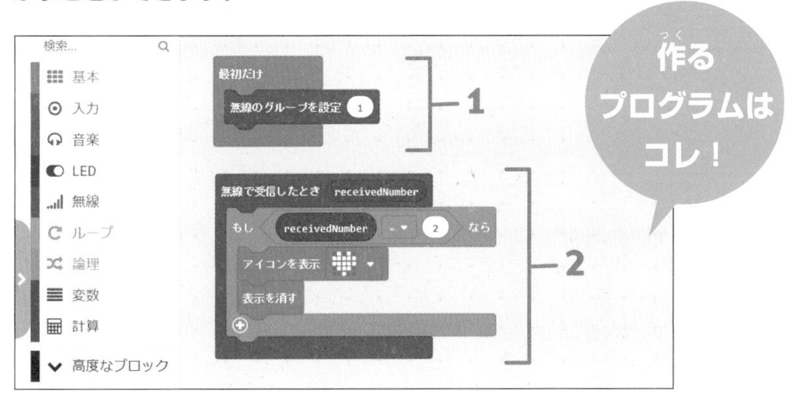

1 無線通信をするためのグループを設定します。

2 特定のお宝の番号を受信するとハートマークを表示します。

特定のお宝の数字だけを表示するプログラムを作ろう

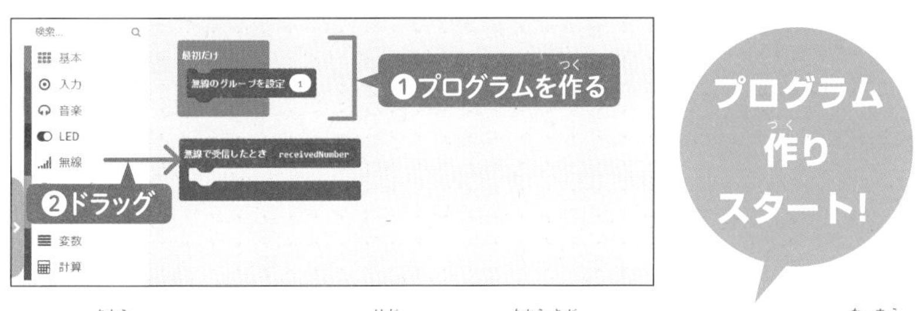

1 新しいプロジェクトを始めます。「宝探し　ステップ2-2」と名前を入力しましょう。ステップ2-1の手順1～2と同じようにして、「最初だけ」ブロックを作り、「無線」の「無線で受信したときreceivedNumber」ブロックをプログラミングエリアにドラッグします。

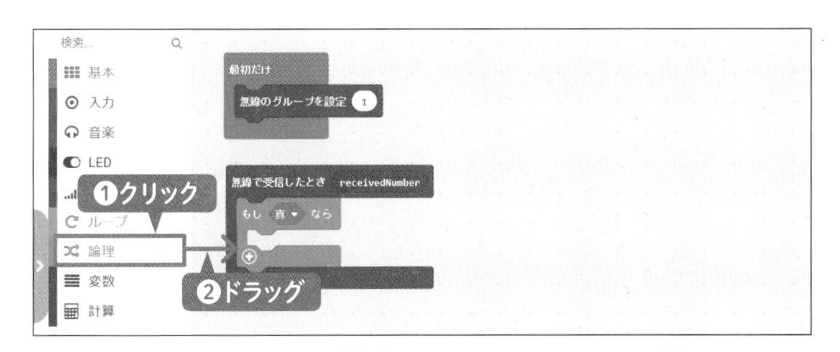

2 ツールボックスの「論理」をクリックし、「もし真なら」ブロックをドラッグして、「無線で受信したときreceivedNumber」ブロックの間に入れます。

➡ プログラムを作成したあと、新しいプロジェクトを始めたい場合は、プログラミング画面で「ホーム」をクリックします。ホーム画面にもどったら、［新しいプロジェクト］をクリックします。

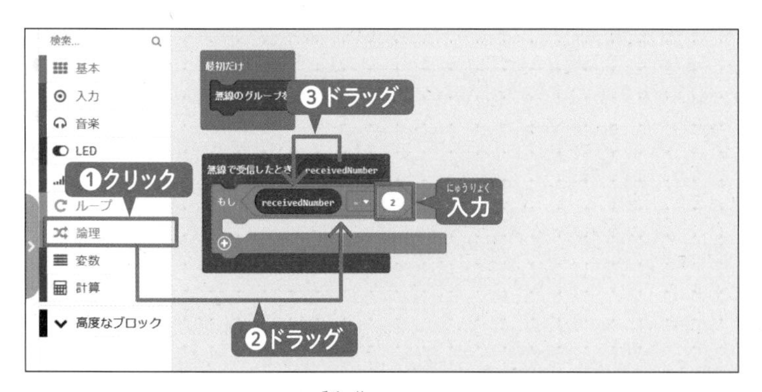

3 ツールボックスの「論理」をクリックします。「0=0」ブロックをドラッグして「真」のところに入れます。「無線で受信したとき receivedNumber」ブロックの「receivedNumber」をドラッグして左側の「0」のところに入れ、右側の「0」は探したいお宝の番号（ここでは「2」としています）にします。

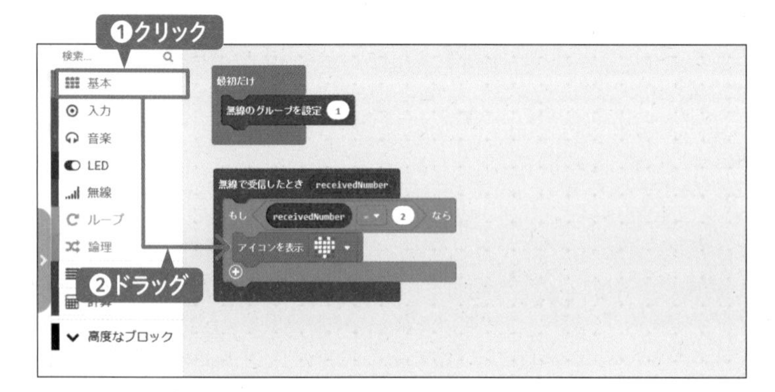

4 ツールボックスの「基本」をクリックします。「アイコンを表示」ブロックをドラッグして「もしreceivedNumber＝2なら」ブロックの間に入れます。

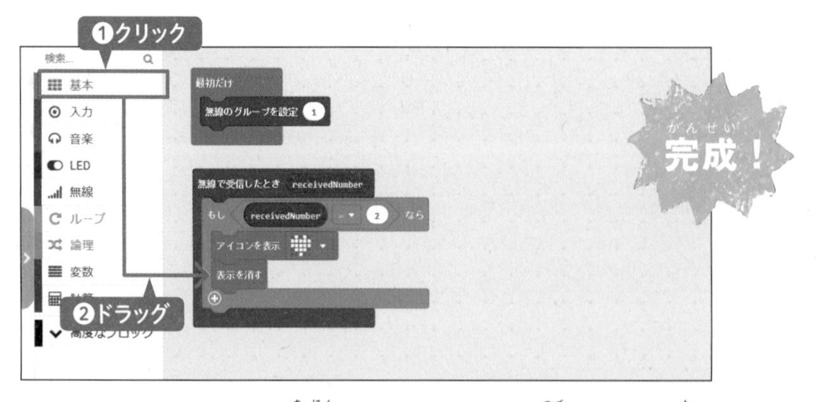

5 ツールボックスの「基本」をクリックします。続けて「その他」をクリックします。「表示を消す」ブロックをドラッグして「アイコンを表示」ブロックの下につなげます。これで、特定のお宝の番号を受信するとLED画面にハートマークが表示されるようになります。

➡ ブロックを入れたい場所までドラッグし、わくが黄色で表示されたらマウスボタンから指をはなしてドラッグします。

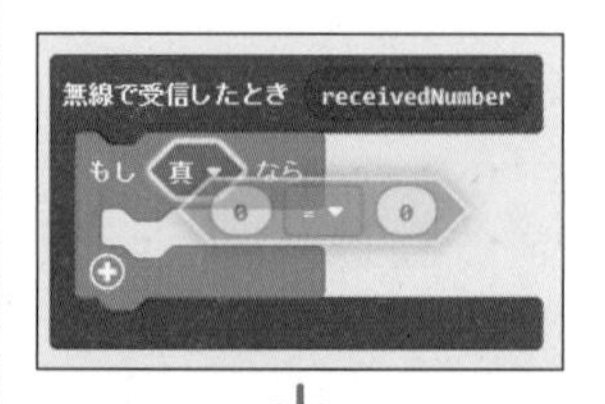

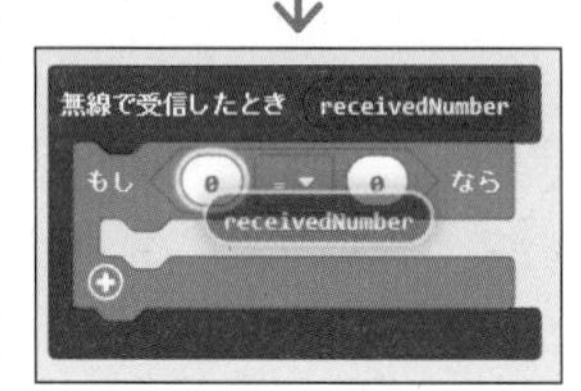

ステップ3-1 ▶ 基本1：すべての数字の信号強度を利用する

micro:bitの発信はんいは約10mです。信号を受信しても、お宝は10mのはん囲のどこかにあるため、さがすには広すぎます。実は、信号は近づけば強く、はなれれば弱くなります。信号強度のブロックを使って、お宝に近づいたことが分かるようにしましょう。

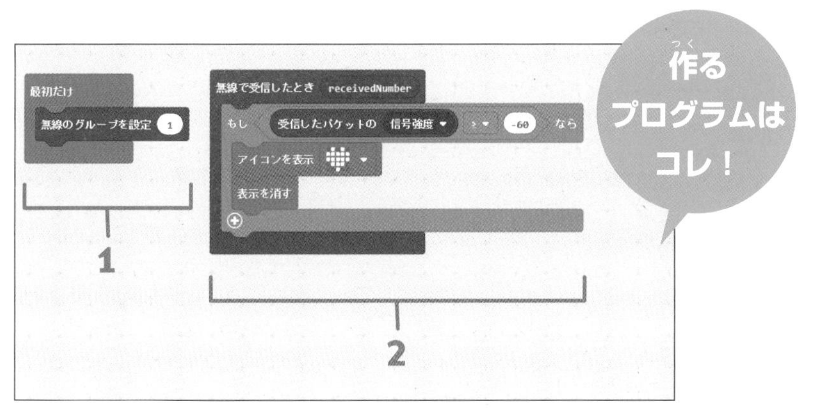

1 無線通信をするためのグループを設定します。

2 すべての数字をキャッチし、信号強度が指定した数値をこえると、ハートマークを表示します。

➡ 信号強度は信号に近づけば強く、はなれれば弱くなるのが基本ですが、障害物や建物の状況など、環境によって当てはまらなくなるときもあります。実際に試しながら使いましょう。また、micro:bitが動くとうまく信号をキャッチできない場合があるので、いったん体の動きを止め、静止した状態で使いましょう。

お宝に近づいたらハートマークを表示するプログラムを作ろう

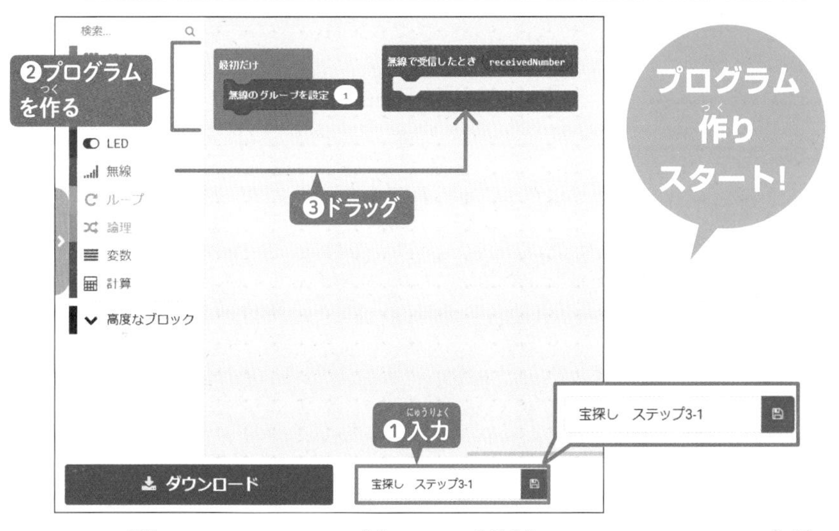

1 新しいプロジェクトを始めます。「宝探し　ステップ3-1」と名前を入力しましょう。ステップ2-1の手順 1 ～ 2 と同じようにして、「最初だけ」ブロックを作り、「無線」の「無線で受信したときreceivedNumber」ブロックをプログラミングエリアにドラッグします。

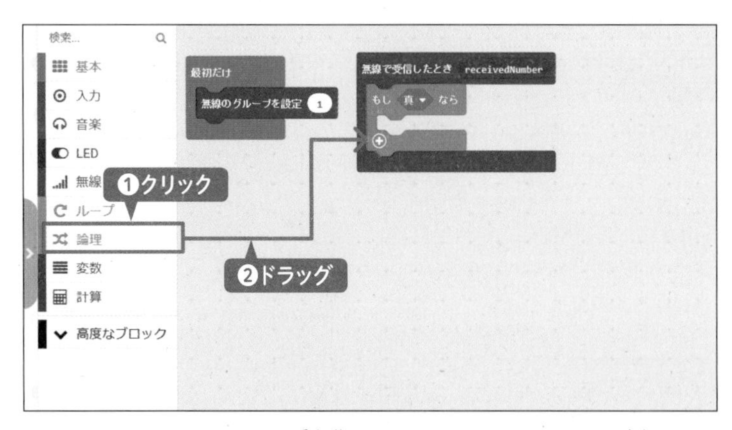

2 ツールボックスの「論理(ろんり)」をクリックします。「もし真(しん)なら」ブロックをドラッグして、「無線(むせん)で受信(じゅしん)したときreceivedNumber(レシーブドナンバー)」ブロックの間(あいだ)に入(い)れます。

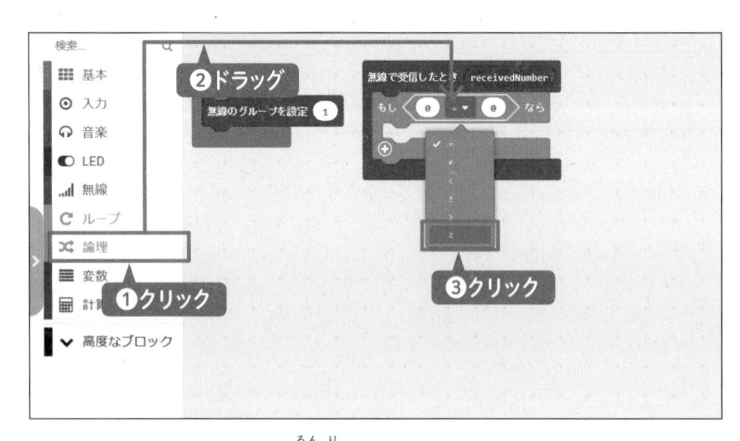

3 ツールボックスの「論理(ろんり)」をクリックします。「0=0」ブロックをドラッグして、「真(しん)」のところに入(い)れます。▼をクリックして「≥」をクリックして選(えら)びます。

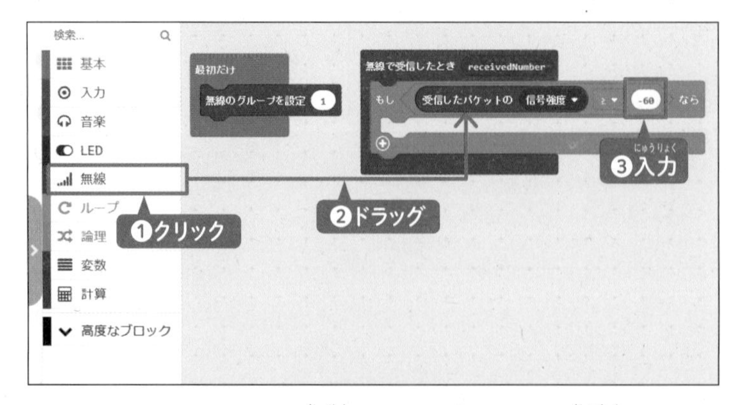

4 ツールボックスの「無線(むせん)」をクリックします。「受信(じゅしん)したパケットの信号強度(しんごうきょうど)」ブロックをドラッグして、左側(ひだりがわ)の「0」のところに入(い)れます。右側(みぎがわ)の「0」は「-60」にします。

➡ お宝(たから)までの距離(きょり)と信号強度(しんごうきょうど)の関係(かんけい)は数値(すうち)を試しながらでないと分(わ)かりません。試すときは、信号強度(しんごうきょうど)の数値(すうち)を-90〜-45の範囲(はんい)で設定(せってい)しましょう。数値(すうち)は距離(きょり)が近いほど-45に近(ちか)く、遠(とお)いほど-90に近(ちか)づきます。

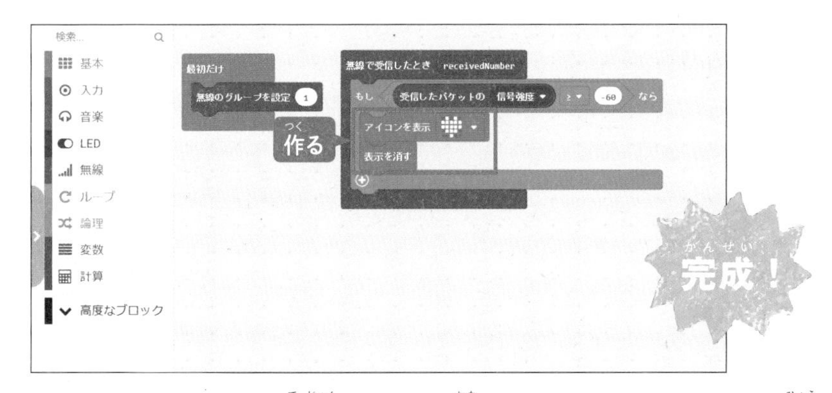

5 ステップ2-2の手順5～6と同じようにして、「アイコンを表示」「表示を消す」ブロックを、「もし受信したパケットの信号強度≥-60なら」ブロックの間に入れます。これで、お宝に近づいて信号強度が-60以上になったときに、LED画面にハートマークが表示されるようになります。

かくにんしよう

お宝側のmicro:bitにレーダー側のmicro:bitを近づけてハートマークが出るか、かくにんします。お宝までのきょりと信号強度の関係は、実際に試しながら調整します。

ステップ3-2 ▶ 基本2：特定の数字の信号強度を利用する

信号強度を利用して、お宝から発信された特定の数字だけをレーダー側に表示するプログラムです。特定の番号のお宝をさがすときに使います。

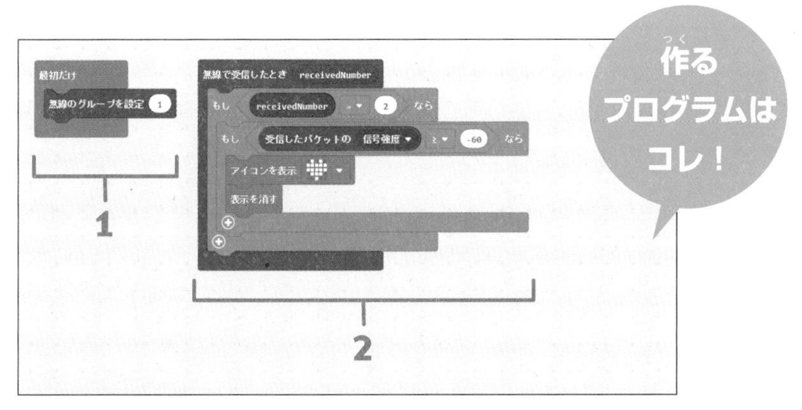

1 無線通信をするためのグループを設定します。

2 特定のお宝の番号を受信し、かつ信号強度が指定した数値をこえると、ハートマークを表示します。

特定のお宝に近づいたらハートマークを表示する

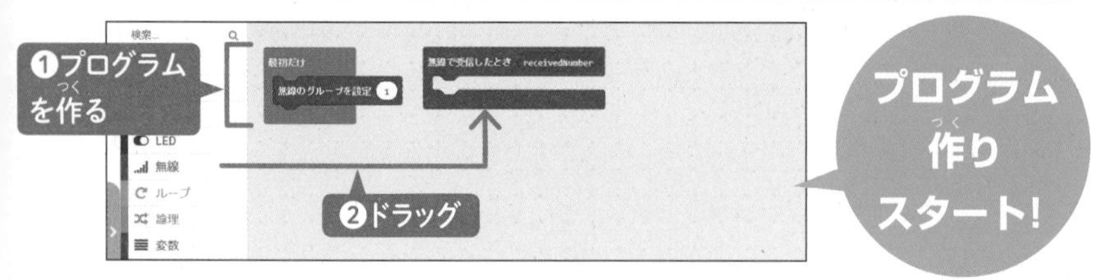

1 新しいプロジェクトを始めます。「宝探し　ステップ3-2」と名前を入力しましょう。プログラミングはステップ3-1とほとんど同じです。まずは手順 **1** と同じようにして、「最初だけ」ブロックを作り、「無線」の「無線で受信したときreceivedNumber」ブロックをプログラミングエリアにドラッグします。

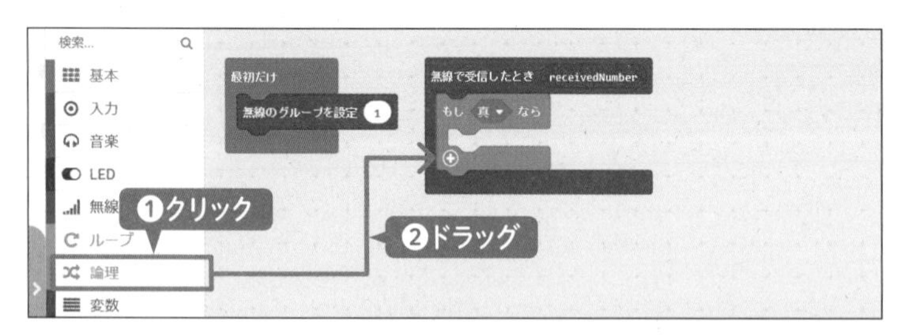

2 ツールボックスの「論理」をクリックします。「もし真なら」ブロックをドラッグして、「無線で受信したときreceivedNumber」ブロックの間に入れます。

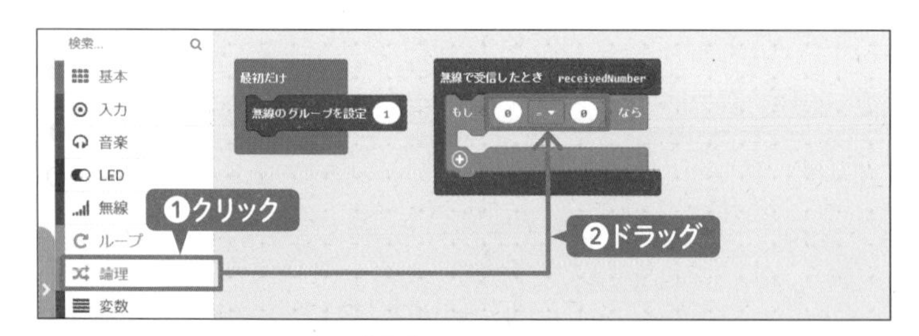

3 ツールボックスの「論理」をクリックします。「0=0」ブロックをドラッグして、「真」のところに入れます。

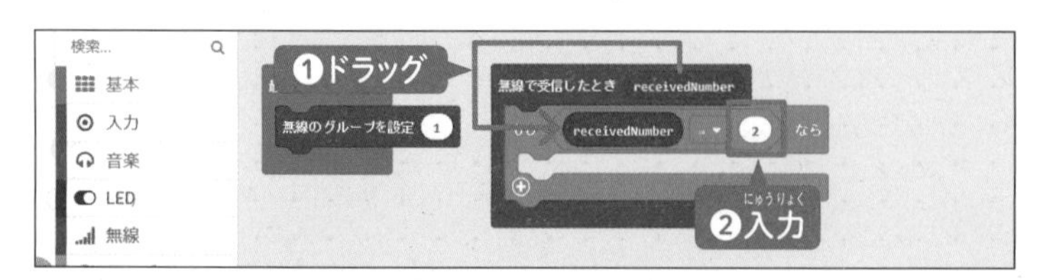

4 「無線で受信したときreceivedNumber」ブロックの「receivedNumber」をドラッグし、左側の「0」のところに入れます。右側はさがしたいお宝の番号（ここでは「2」としています）にします。

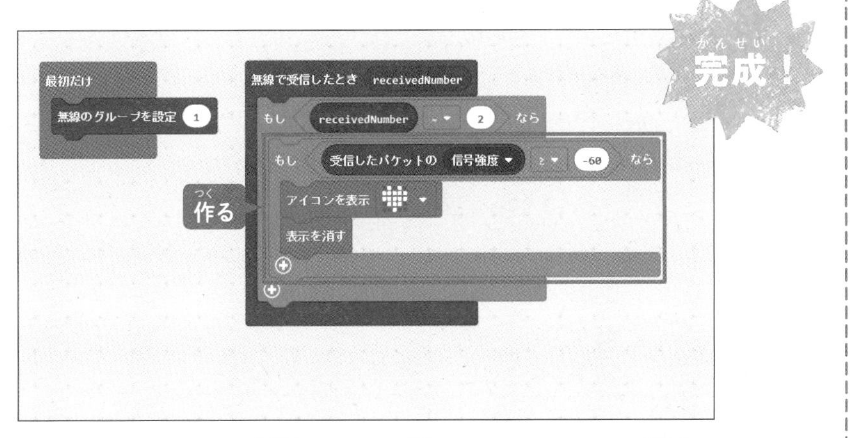

5 ステップ3-1の手順 **2** ～ **5** と同じようにして、「もし受信したパケットの信号強度≥-60なら」「アイコンを表示」「表示を消す」ブロックを、「もしreceivedNumber=2なら」ブロックの間に入れます。これで、特定のお宝に近づいて信号強度が-60以上になったときに、ＬＥＤ画面にハートマークが表示されるようになります。

ステップ3-3 ▶ 応用：信号強度をバーで表示する

お宝までのきょり（信号強度の強弱）をLEDのバーの高さで表示するプログラムです。お宝に近いほどバーが高くなり、どれだけ近づいているのかを見て判断できます。

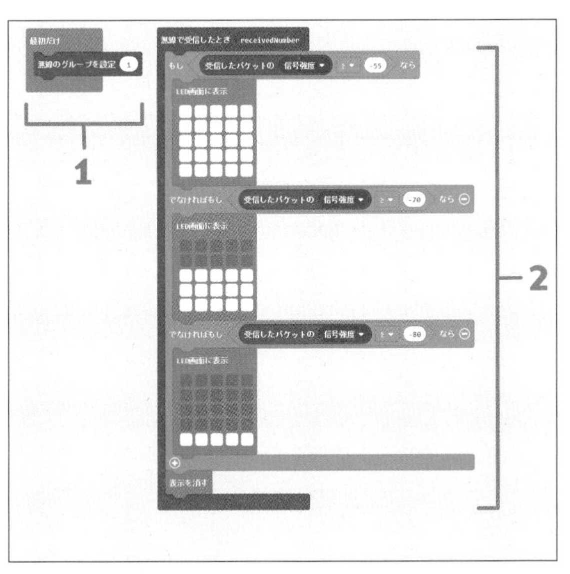

作る
プログラムは
コレ！

➡ このプログラムの場合、受信したパケットの信号強度を「-55」→「-70」→「-90」と大きい数字から小さい数字へと順番に変えていくことが重要です。

1 無線通信をするためのグループを設定します。

2 数字をキャッチしたら、信号強度によってバーの高さが変わります。

お宝とのきょりをバーで表すプログラムを作ろう

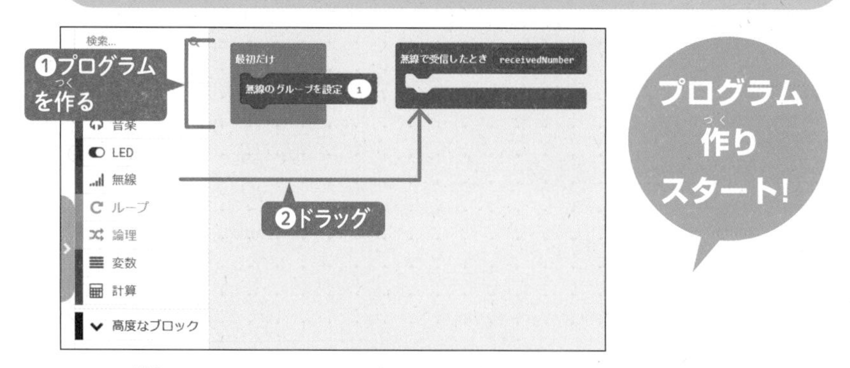

1 新しいプロジェクトを始めます。「宝探し　ステップ3-3」と名前を入力しましょう。ステップ3-1の手順 1 〜 2 と同じようにして、「最初だけ」ブロックを作り、「無線」の「無線で受信したときreceivedNumber」ブロックをプログラミングエリアにドラッグします。

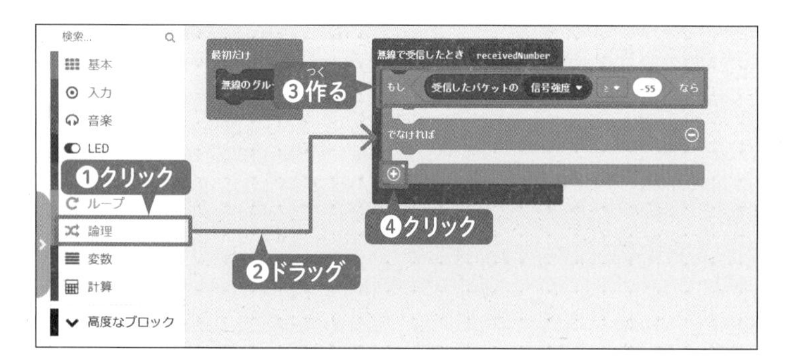

2 ツールボックスの「論理」をクリックします。「もし真なら〜でなければ」ブロックをドラッグして、「無線で受信したときreceivedNumber」ブロックの間に入れます。ステップ3-1の手順 3 〜 4 と同じようにして、「もし受信したパケットの信号強度≥-55なら〜でなければ」とします。「+」を2回クリックします。

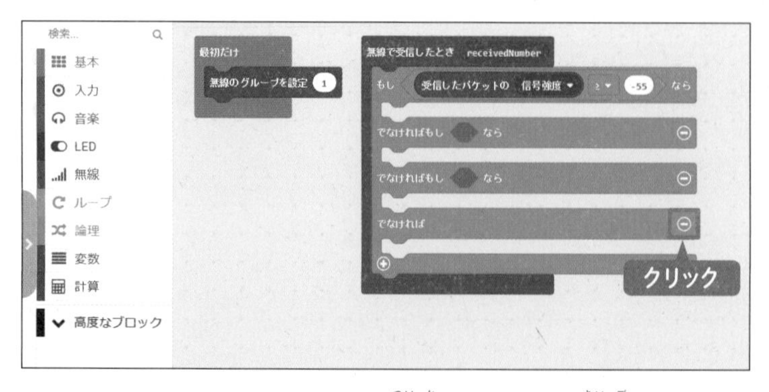

3 「でなければもし〜なら」が追加されました。最後の「でなければ」はいらないので、右側の「−」をクリックして消します。

➡ 必要な条件の数に合わせて「+」「−」でブロックの形を変えます。

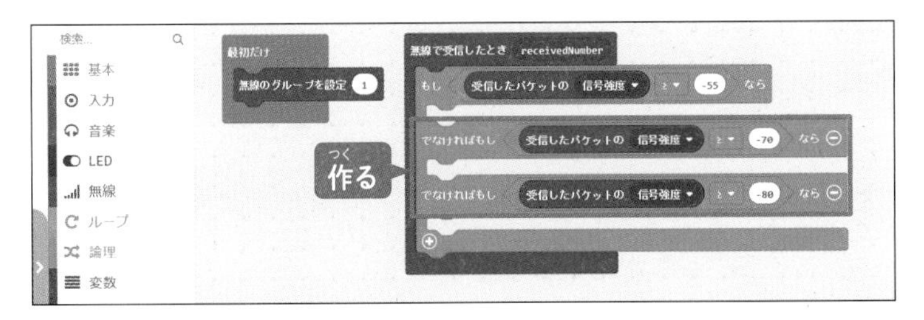

4 ステップ3-1の手順3～4と同じようにして、「でなければもし受信したパケットの信号強度≥-70なら」「でなければもし受信したパケットの信号強度≥-80なら」とします。

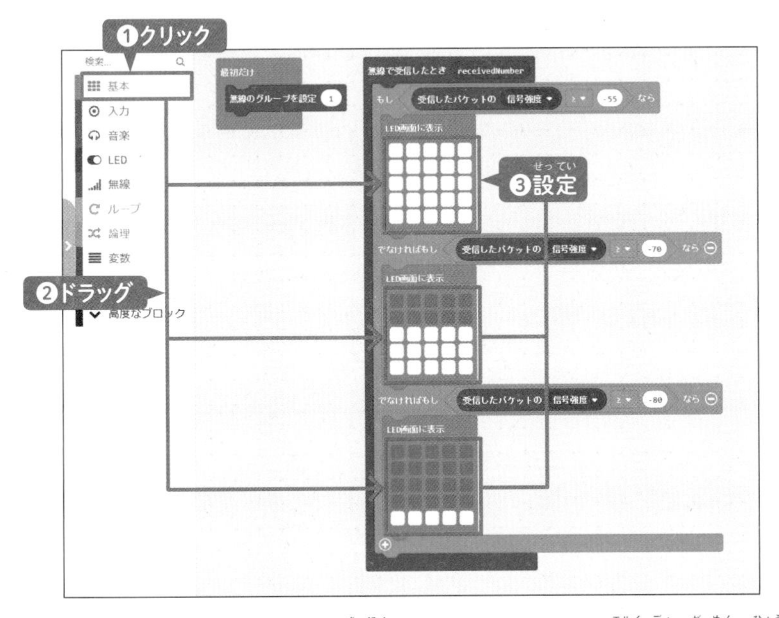

5 ツールボックスの「基本」をクリックします。「LED画面に表示」ブロックをドラッグして、ブロックの間3カ所に入れます。四角い部分をクリックして、光らせるLEDを設定します。1番上は全部、2番目は下から3だん目まで、3番目は一番下だけにしています。

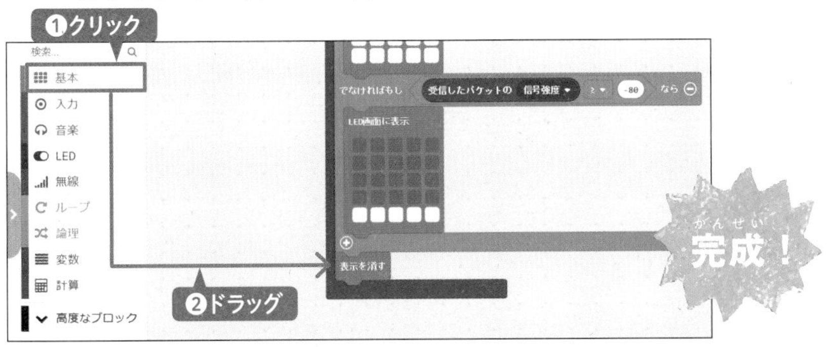

6 ツールボックスの「基本」をクリックし、続けて「その他」をクリックします。「表示を消す」ブロックをドラッグして「もし～なら」ブロックの下につなげます。これで、お宝が近づくにつれてLEDのバーが高くなるプログラムの完成です。

➡ どの信号強度のときにバーの高さをどれくらいにするかは、実際に試しながら決めていきましょう。

➡ 同じようなプログラムを作るときは、「複製」の機能を利用すると便利です。ブロックを右クリックして「複製する」を選ぶと、黄色で囲まれた範囲のブロックがコピーされます。今回の例では、コピーして数字を変えるだけとなり、効率よく作れます。

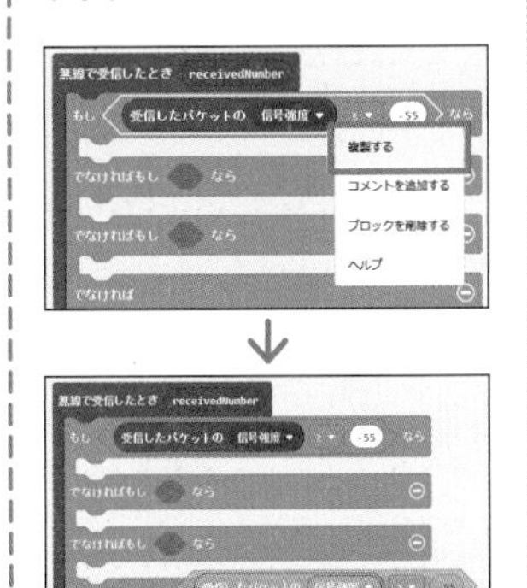

ワークショップなどへの展開例

時間	内容
基本操作 15分 ※1章の内容です。	● micro:bit、MakeCodeの説明。 ● パソコンでえがおマークをプログラミング。 ● micro:bit本体への書きこみ方法の説明。
ゲームの説明 10分	● ゲームの内容、ルールの説明。 ● ゲームのためにmicro:bitで作るプログラムの説明。
プログラミング 35分	● お宝側の発信プログラムを作る。 ● レーダー側のプログラムを作る。 **課題** **→お宝側から発信された数字をレーダー側に表示するには？** **→お宝側から発信された特定の数字をレーダー側に表示するには？** **→お宝に近づくほど信号強度が強くなる機能をレーダー側に持たせるには？** ● 実際に動かしてみる。 ※使いながら改善していく。
ミーティング 25分	● 同じチームのメンバーと作戦を考える。 ● メンバーの役割を考える。 ● 作戦に応じてプログラムを修正する。→実際に試しながら調整する。
競技 35分	● 時間内に適切なお宝を見つけ、多くのポイントを獲得したチームの優勝。 **課題** **→作戦通りお宝がさがせたか？** ※競技時間内であれば、プログラムを修正して作戦を変えてもよい。

指導者の方へ：展開のポイント

レーダー側のプログラムは、基本だけを教えたら、より便利に使うにはどうしたらいいか、参加者に自由に発想してもらうようにします。チーム競技となるので、ミーティングの時間に、しっかり作戦を立てるよう、アドバイスすることも重要です。

主催者は、「番号を設定したお宝をかくす」、「審判ブースを用意する」といった事前準備も必要です。また、競技中は、夢中になって走り回る参加者も出てくるので、「走らない」「危ない場所に行かない」などのルールを徹底し、スタッフを配置するなどして、安全面には十分配慮しましょう。

宝さがしゲームのルール（例）

- 1チームは3人（3人ともバングルモジュールでmicro:bitを携帯）
- ゲーム中は3人で行動
- お宝を見つけても箱を開いてはいけない（箱を開けることができるのは審判だけ）
- 見つけたら、そのたびに審判のところに運び、チェックを受ける
- お宝による獲得ポイント
  - ・自分のチームの番号：プラス5点
  - ・ほかのチームの番号：マイナス1点
  - ・どのチームの番号でもない：プラス3点
- 制限時間内に一番多くのポイントをあげたチームが優勝

＜たとえば7チームが参加する場合＞

＊お宝を10個用意して、発信する数字を0～9で割り当てます。

＊チーム番号を1～7とすれば、0、8、9は、どのチームの番号でもないので、見つければプラス3点となります。

＊チームの番号が「2」なら、

→チーム番号の「2」のお宝を見つけると、プラス5点

→「0」「8」「9」のお宝を見つけると、プラス3点

→ほかのチームの番号「1、3、4、5、6、7」のお宝だとマイナス1点

ミーティングのときのポイント

3人1組で行動するゲームなので、チームとしての作戦が大事です。作戦に応じて、3人が違うプログラムのレーダーを使い、役割を分けることもできます。たとえば、ひとりは番号を気にせずお宝をさがす係、もうひとりはチーム番号のお宝をさがす係、残ったひとりは、プラス3点がもらえるお宝だけをさがす係など。役割にあったプログラムを工夫することがポイントになります。いろいろ試行錯誤しましょう。

工作する：「お宝」と「レーダー」の準備

ワークショップや授業などで行うときは、事前に「お宝」と「レーダー」の装置を準備しておきます。時間に余裕があれば、プログラミングの前後に、参加者にやってもらいましょう。

「お宝」はチームの数と同じか、少し多めに用意する、「レーダー」は参加人数またはチーム数と同じなど、ルールに応じて用意してください。

お宝用のmicro:bitは、単4形乾電池2本をセットした電池ボックスとつなぎます。

レーダー用のmicro:bitは、まず、バングルモジュールにボタン電池（CR2032）をセットします。LED画面を上にしてmicro:bitを乗せ、バングルモジュールに付属のネジ3本で固定します。

micro:bit以外の周辺パーツしょうかい

micro:bitと組み合わせて使うことのできる、さまざまなパーツがあります。組み合わせることで、パソコンから外して使え、音を鳴らしたり、工作したものを動かしたり、車をコントロールしたり、できることが広がります。

●電池ボックス（フタ・スイッチ付き）

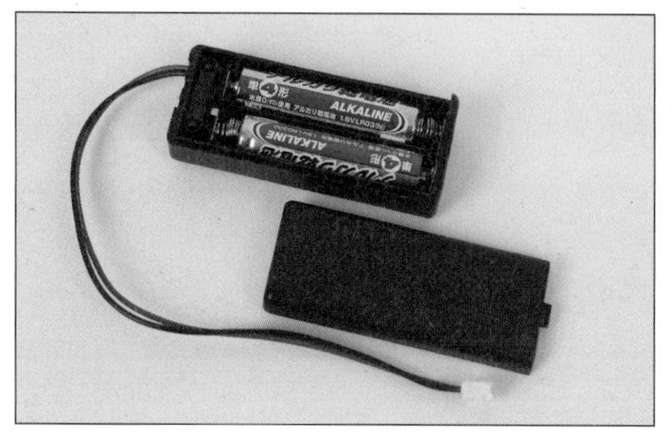

コネクターの付いた電池ボックスです。単4形乾電池を2本セットし、micro:bitにつないで使います。スイッチがないタイプもありますが、スイッチで電げんをオン／オフできると便利です。

使用レシピ→「デジタルサイコロ」(28ページ)、「宝さがしゲーム」(152ページ)

●バングルモジュール

micro:bitと重ねるように固定して使います。ボタン電池（CR2032）1個で動き、音を鳴らせるようになり、付属のバンドを付ければうでにまいて使えます。

使用レシピ→「バースデーカード」(40ページ)、「輪くぐりゲーム」(54ページ)、「宝さがしゲーム」(152ページ)

●ワークショップモジュール

micro:bitは差しこむだけ。ネジで固定しないので、取り付けやすくて便利です。単4形乾電池3本で動き、サーボモーターやフルカラーシリアルLEDテープ、フォトインタラプターなど、さまざまなパーツとコネクターでつないで使えます。

使用レシピ→「光る剣」(66ページ)、「おみくじ」(76ページ)、「貯金箱」(88ページ)、「測量計」(100ページ)

micro:bitといっしょに使えるパーツは、スイッチエデュケーションのWebサイトやパーツショップ、ネットショップなどから買えます。「bitPak:Light」のように、複数のパーツがセットになったものも便利です。

スイッチエデュケーション　https://switch-education.com/

付録　ブロック一覧

micro:bitのプログラミングで使えるブロックをしょうかいします。

「基本」ブロック

ブロック	説明
数を表示 [0]	ＬＥＤ画面に数字を表示します。数字が2ケタ以上の場合は、テロップのように横にスクロールして表示されます。
LED画面に表示	このブロックで指定したLEDを光らせます。
アイコンを表示	あらかじめ登録されたアイコンでLEDを光らせます。「ハート」や「うれしい顔」など、40種類から選べます。
文字列を表示 [“Hello!”]	ＬＥＤ画面に文字列を表示します。文字列が2文字以上の場合は、テロップのように横にスクロールして表示されます。
ずっと	このブロックの中（間）に入れた内容は、プログラム実行中にずっとくり返して実行されます。
一時停止（ミリ秒）[100]	このブロックで指定された時間の間、直前のプログラムが実行されたままになります。時間はミリ秒（1秒＝1000ミリ秒）の数値で指定してください。
最初だけ	このブロックの中（間）に入れた内容は、プログラムを起動して最初に一度だけ実行されます。
表示を消す	ＬＥＤ画面のすべてのLEDが消えます。
矢印を表示 [上向き↑]	ＬＥＤ画面に矢印を表示します。矢印は、上下左右とななめ方向の合計8種類から選べます。

「入力」ブロック

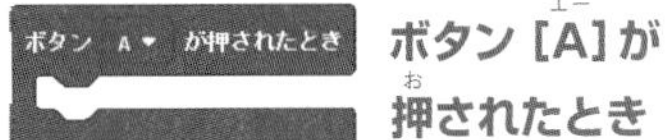

ボタン [A] が押されたとき

このブロックの中（間）に入れた内容は、ボタンが押されたときに実行されます。ボタンは「A」「B」「A＋B（同時押し）」の3種類から選べます。

[ゆさぶられた] の時

このブロックの中（間）に入れた内容は、micro:bitに動きが加えられたときに実行されます。動きは、「ゆさぶられた」「ロゴが上になった」「左に傾けた」など11種類から選べます。

※ブロックの情報は2020年2月末日現在のものです。

ブロック	説明
端子 P0 ▾ がタッチされたとき **端子［P0］がタッチされたとき**	このブロックの中（間）に入れた内容は、micro:bitにある端子がタッチされたときに実行されます。端子は、「P0」「P1」「P2」の3種類から選べます。タッチする前に、もう一方の手で端子GNDにもさわっている必要があります。
ボタン A ▾ が押されている **ボタン［A］が押されている**	ボタンが押されているかどうかを調べて、正しい（真）か正しくない（偽）かを返します。ボタンは「A」「B」「A＋B（同時押し）」の3種類から選べます。
端子 P0 ▾ がタッチされている **端子［P0］がタッチされている**	micro:bitにある端子がさわられているかどうかを調べて、正しい（真）か正しくない（偽）かを返します。端子は、「P0」「P1」「P2」の3種類から選べます。もう一方の手で端子GNDにもさわっている必要があります。
加速度 X ▾ **加速度［X］**	micro:bitに加わっている加速度を調べて、ミリG（重力加速度の1/1023※）の単位の数値で返します。LED画面からボタンBに向かう方向が「X」、ロゴに向かう方向が「Y」、LED画面を正面に見て、こちらに向かってくる方向が「Z」です。「絶対値」は方向に関係なく、加速度の大きさを示します。 ※ミリGは、重力加速度の1/1000を意味しますが、micro:bitでは、正確には重力加速度の1/1023をミリGとしています。
明るさ **明るさ**	まわりの明るさを調べて、0～255の間の数値で返します。ここでの明るさは、科学的に正確な数値ではありません。日常的な感覚で、暗いときに「0」、明るいときに「255」になるようにしてあります。
方角（°） **方角（°）**	micro:bitが向いている方角を調べて、北から右回りに測った角度の数値で返します。micro:bitをつくえの上に水平に置いて、ロゴが真北（磁北）を向いているときが0°です。ここからロゴの向きを右回りに回していくと角度が増え、真北で0°にもどります。
温度（℃） **温度（℃）**	まわりの温度を調べて、セ氏（℃）の数値で返します。正確にはmicro:bitのマイコンチップの中の温度を調べています。そのため、まわりの温度より数度高い値を示しやすいです。
ゆさぶられた ▾ 動き **［ゆさぶられた］動き**	micro:bitにどのような動きが加えられたかを調べて、正しい（真）か正しくない（偽）かを返します。動きは、「ゆさぶられた」「ロゴが上になった」「左に傾けた」など11種類から選べます。
傾斜（°） ピッチ ▾ **傾斜（°）［ピッチ］**	micro:bitがどのくらいかたむいているかを調べて、角度の数値を返します。調べる方法は「ピッチ」と「ロール」から選べます。つくえの上に水平に置いた状態から手前にかたむけると「ピッチ」がプラスに、向こう側にかたむけるとマイナスの値になります。右にかたむけると「ロール」がプラスに、左にかたむけるとマイナスの値になります。

ブロック	説明
磁力 (μT) X ▾ **磁力（μ T）[X]**	micro:bitにかかっている磁力を調べて、μ T（マイクロテスラ）の単位で数値を返します。調べる値は、「X」「Y」「Z」「絶対値」の4種類から選べます。この機能はシミュレーターでは動きません。
稼働時間（ミリ秒） **稼働時間（ミリ秒）**	プログラムが動作し続けている時間（micro:bitに電げんが入ってから、またはリセットボタンが押されてからの時間）を調べて、「ミリ秒」単位で数値を返します。
稼働時間（マイクロ秒） **稼働時間（マイクロ秒）**	プログラムが動作し続けている時間（micro:bitに電げんが入ってから、またはリセットボタンが押されてからの時間）を調べて、「マイクロ秒」単位で数値を返します。
コンパスを調整する **コンパスを調整する**	micro:bitの磁力センサーを使っていて、精度が落ちてきたときに、地磁気センサー（コンパス）を調整するそうさを行うと、精度を回復させることができます。
端子 P0 ▾ がタッチされなくなったとき **端子 [P0] がタッチされなくなったとき**	このブロックの中（間）に入れた内容は、micro:bitの端子がタッチされなくなったときに実行されます。端子は「P0」「P1」「P2」の3種類から選べます。タッチする前に、もう一方の手で端子GNDにもさわっている必要があります。
加速度センサーの計測範囲を設定する 1G ▾ **加速度センサーの計測範囲を設定する [1G]**	加速度センサーが計測する値の範囲を設定します。設定する範囲は、「1G」「2G」「4G」「8G」の4種類から選べます。

「音楽」ブロック

ブロック	説明
音を鳴らす 高さ (Hz) 真ん中のド 長さ 1 ▾ 拍 **音を鳴らす 高さ（Hz）[真ん中のド] 長さ [1] 拍**	音の高さと長さを指定して音を鳴らします。音の高さは、周波数か、けんばんの図から選べます。音の長さは、ミリ秒単位の数値か拍数で指定します。1拍の速さは「テンポを設定する（bpm）」ブロックで指定できます。micro:bitにはスピーカー機能は付いていないので、実際に音を鳴らすには、端子P0とGNDにスピーカーなどをつなげる必要があります。
音を鳴らす 高さ (Hz) 真ん中のド **音を鳴らす 高さ（Hz）[真ん中のド]**	鳴らす音の高さを指定することができます。ほかの音を鳴らすまで、この音が鳴りっぱなしになります。
休符（ミリ秒） 1 ▾ 拍 **休 符（ミリ秒）[1] 拍**	休 符、つまり音を鳴らさない状態で少し時間を置きます。音を鳴らさない時間は、ミリ秒単位の数値か拍数で指定してください。

ブロック	説明
メロディを開始する [ダダダム] くり返し [一度だけ]	メロディを鳴らします。メロディが終わるのを待たずに、次のブロックの実行に進みます。メロディは20種類から選べます。くり返しの方法は、「一度だけ」「ずっと」「バックグラウンドで一度だけ」「バックグラウンドでずっと」の4種類から選べます。
音楽 [メロディの音を出した] とき	このブロックの中（間）に入れた内容は、メロディについて何かが起きたときに実行されます。「何か」の部分は、「メロディを開始した」「メロディが終わった」など10種類から選べます。
メロディを停止する [すべて]	メロディを停止します。停止するメロディは、「すべて」「フォアグラウンド再生」「バックグラウンド再生」から選べます。
真ん中のド	音符の音の高さを、周波数の数値で返します。音の高さについては、「音を鳴らす 高さ（HZ）[真ん中のド] 長さ [1] 拍」ブロックと同様です。
[1] 拍	音符の音の長さを、ミリ秒単位の数値で返します。音符の音の長さは、「1拍」「1/2拍」など7種類から選べます。1拍の速さは、「テンポを設定する（bpm）」ブロックで指定できます。
テンポ（bpm）	1拍の速さを、1分間の拍数の数値で返します。
テンポを増やす（bpm）[20]	1拍の拍数を増やしたり減らしたりします。指定した数値がプラスの値なら、1分間の拍数をその数だけ増やします（速くなります）。マイナスの値なら、1分間の拍数をその数だけ減らします（おそくなります）。
テンポを設定する（bpm）[120]	1分間の拍数を設定します。

「LED」ブロック

ブロック	説明
 **点灯 x [0] y [0]**	5×5のＬＥＤ画面の上で、ｘとyの座標で指定されたLEDを点灯させます。ｘ座標は左はしから右に向かって0～4、y座標は一番上から下に向かって0～4となります。ｘ＝0、y＝0なら、左上のＬＥＤを示します。
 **消灯 x [0] y [0]**	5×5のＬＥＤ画面の上で、ｘとyの座標で指定されたLEDを消灯させます。

ブロック	説明
反転 x [0]y [0]	5×5のＬＥＤ画面の上で、ｘとyの座標で指定されたLEDについて、消灯なら点灯に、点灯なら消灯に変えます。
ＬＥＤ x [0]y [0] が点灯している	ｘ とyの座標で指定されたLEDが点灯していれば正しい (真)、消灯していれば正しくない (偽) を返します。
棒グラフを表示する 値 [0] 最大値 [0]	ＬＥＤ画面に棒グラフを表示します。「値」には表示したい値を、「最大値」にはこの画面で表示できる最大の値を入れてください。
点灯 x [0]y [0] 明るさ [255]	ＬＥＤ画面の、ｘとyの座標で指定されたLEDを、指定された明るさで点灯させます。
明るさ	「明るさを設定する255」ブロックで設定した画面全体の明るさを調べて、数値で返します。
明るさを設定する [255]	ＬＥＤ画面全体の明るさを設定します。明るさは、255のときが一番明るく、0は消灯と同じです。この機能は表示モードが「白黒」のときだけ働きます。
アニメーションを停止	通常、ＬＥＤ画面に1文字より長い数字や文字列を表示すると、横スクロールして全体が表示されますが、そのスクロールをとちゅうで停止させます。
ＬＥＤ表示を有効にする [偽]	ＬＥＤ画面全体の表示を有効または無効にします。指定した値が正しい (真) なら有効、正しくない (偽) なら無効にします。無効にしても画面の内容は残っているので、再び有効にすれば表示は元どおりになります。
表示モードを設定する [白黒]	ＬＥＤ画面全体の表示モードを「白黒」または「グレースケール」に設定します。表示モードが「白黒」の場合は、明るさ0なら消灯、それ以外なら最大の明るさで点灯します。

「無線」ブロック

ブロック	説明
無線のグループを設定 [1]	無線のグループを設定します。グループは数値で指定します。同じグループ番号が設定されたmicro:bitどうしの間でのみ、無線通信ができます。

ブロック	説明
無線で数値を送信 [0]	数値を無線で送信します。無線の電波がとどくはんいにあり、同じ番号のグループにいるすべてのmicro:bitにとどきます。
無線で送信 ["name"] = [0]	キーワードと数値の組み合わせを無線で送信します。無線の電波がとどくはんいにあり、同じ番号のグループにいるすべてのmicro:bitにとどきます。
無線で文字列を送信 [" "]	文字列を無線で送信します。無線の電波がとどくはんいにあり、同じ番号のグループにいるすべてのmicro:bitにとどきます。
無線で受信したとき [receivedNumber]	このブロックの中（間）に入れた内容は、数値を無線で受信したときに実行されます。「receivedNumber」の部分には、受信したデータを入れる変数を指定してください。
無線で受信したとき [name] [value]	このブロックの中（間）に入れた内容は、キーワードと数値の組み合わせを無線で受信したときに実行されます。「name」の部分には受信したキーワードを入れる変数を、「value」の部分には受信した数値を入れる変数を、それぞれ指定してください。
無線で受信したとき [receivedString]	このブロックの中（間）に入れた内容は、文字列を無線で受信したときに実行されます。「receivedString」の部分には、受信したデータを入れる変数を指定してください。
受信したパケットの [信号強度]	受信したパケットの「信号強度」「時刻」「シリアル番号」のいずれかを返します。 「信号強度」は、電波の強さをdBm（デシベルミリワット）の数値で返します。「時刻」は、送信側のmicro:bitの電げんが入ってから、またはリセットボタンが押されてからパケットが送られるまでに経過した時間をミリ秒単位の数値で返します。「シリアル番号」を選んだ場合は、送信側のmicro:bitのシリアル番号を返します。シリアル番号とは、micro:bitの個体ごとにわりふられた番号です。
無線の送信強度を設定 [7]	無線の送信強度を設定します。強度は0～7の間の数値で設定でき、0が最も弱く、7が最も強くなります。設定を行わなかったときは、強度を6に設定したときと同じになります。
シリアル番号の送信の有無を設定 [真]	無線でデータを送信するときに、同時にmicro:bitのシリアル番号を送信するかどうかを設定します。「真」ならシリアル番号を送信します。「偽」ならシリアル番号を送信しません。

無線で最後に受信したパケットをシリアルポートに書き込む

無線で最後に受信したパケットをシリアルポートに書き込む

無線で最後に受信したパケットの内容を、シリアルポートに書き込みます。

無線でイベントを送信する 発生源 [MICROBIT_ID_BUTTON_A] 値 [MICROBIT_EVT_ANY]

ボタンが押された、端子に信号がとどいたといった、micro:bitで起きたできごとは、「イベント」というデータとしてしょりされています。「イベント」を、ほかのmicro:bitに送信します。受信したmicro:bitでは、受信した「イベント」に相当するできごとが実際に起きたかのようにしょりします。

「ループ」ブロック

くりかえし [4] 回

このブロックの中（間）に入れた内容を、指定された回数だけくり返して実行します。

もし [真] ならくりかえし

このブロックの中（間）に入れた内容を、「真」の部分が実際に真である場合に限って、くり返して実行します。「真」の部分には、条件判断のブロックを入れて使ってください。

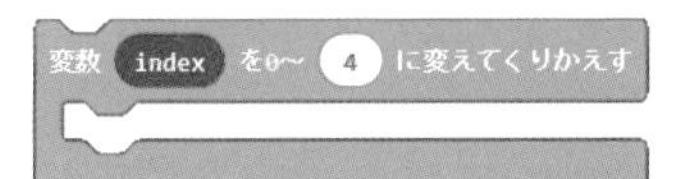

変数 [index] を0～ [4] に変えてくりかえす

変数の値を、0から終わりの値まで1ずつ変えながら、この中に入れた内容をくり返して実行します。終わりの値がマイナスなら、内容は実行されません。

配列 [list] の値を変数 [value] に入れてくりかえす

このブロックの中（間）に入れた内容をくり返して実行します。実行する際は、配列に入っている値を先頭から順に1つずつ読み出し、この値に変数を入れます。「list」の部分には、対象とする配列が入っている変数を、「値」の部分には、配列から読み出した値を入れる変数を指定してください。

「論理」ブロック

●条件判断

もし [真] なら

「真」の部分の値が実際に真（正しい）である場合にだけ、このブロックの中（間）に入れた内容を実行します。「＋」マークや「－」マークをクリックすると、「でなければ」や「でなければもし」を増やしたり減らしたりすることができます。

ブロック	説明
もし 真 なら / でなければ **もし [真] なら〜でなければ**	「真」の部分の値が真（正しい）である場合には、最初のかたまりの内容を実行します。「真」の部分が偽（正しくない）である場合には、2番目のかたまりの内容を実行します。「＋」マークや「－」マークをクリックすると、「でなければ」や「でなければもし」を増やしたり減らしたりすることができます。

●くらべる

ブロック	説明
0 = 0 **[0] = [0]**	左右の値が等しい場合には正しい（真）を、そうでない場合には正しくない（偽）を返します。左右の値は、どちらも数値である必要があります。「＝」の部分をクリックすると、判断の条件を「≠（ことなる）」「<（より小さい）」「≦（以下）」「>（より大きい）」「≧（以上）」に変えることができます。
0 < 0 **[0] < [0]**	左の値が、右の値より小さい場合に正しい（真）を、そうでない場合には正しくない（偽）を返します。左右の値は、どちらも数値である必要があります。
" " = " " **[" "] = [" "]**	左右の値が等しい場合には正しい（真）を、そうでない場合には正しくない（偽）を返します。
かつ **[　]かつ[　]**	左右の値がいずれも正しい（真）であるなら真を、そうでない場合には偽を返します。「かつ」の部分をクリックすると、「または」に変えることができます。
または **[　]または[　]**	左右の値がいずれも正しい（真）であるなら真を、そうでない場合には偽を返します。「または」の部分をクリックすると、「かつ」に変えることができます。
ではない **[　]ではない**	入力した値が正しい（真）であるなら偽を、正しくない（偽）なら真を返します。
真 **[真]**	真偽値の真の値を返します。クリックすると「偽」に変えることができます。
偽 **[偽]**	真偽値の偽の値を返します。クリックすると「真」に変えることができます。

「変数」ブロック

ブロック	説明
変数を追加する… **変数を追加する**	このプログラミングで使う変数を追加することができます。このボタンをクリックしてから、新しく追加したい変数の名前を入力してください。

ブロック	説明
変数▼ [(変数名)]	変数名を返します。このプログラムで変数が使われていない場合は、このブロックはありません。
変数 変数▼ を 0 にする 変数 [(変数名)] を [0] にする	変数に値を入れます。このプログラムで変数が使われていない場合は、このブロックはありません。「変数」の部分をクリックすると、このプログラムで使えるほかの変数に変えることができます。「0」の部分には、変数に入れたい値を入れてください。この値には、数値だけでなく、文字列、真偽値、配列も使えます。
変数 変数▼ を 1 だけ増やす 変数 [(変数名)] を [1] だけ増やす	変数の値を、指定された数値だけ増やします。このプログラムで変数が使われていない場合は、このブロックはありません。この変数には、数値が入っている必要があります。

「計算」ブロック

ブロック	説明
0 +▼ 0 [0] + [0]	左右の値を足した結果の値を返します。左右の値は、どちらも数値である必要があります。「+」の部分をクリックすると、計算の方法を「−」「×」「÷」「べき乗」に変えることができます。
0 −▼ 0 [0] − [0]	左の値から右の値を引いた結果の値を返します。左右の値は、どちらも数値である必要があります。「−」の部分をクリックすると、計算の方法を「+」「×」「÷」「べき乗」に変えることができます。
0 ×▼ 0 [0] × [0]	左右の値をかけた結果の値を返します。左右の値は、どちらも数値である必要があります。「×」の部分をクリックすると、計算の方法を「+」「−」「÷」「べき乗」に変えることができます。
0 ÷▼ 0 [0] ÷ [0]	左の値を、右の値でわった結果の値を返します。左右の値は、どちらも数値である必要があります。「÷」の部分をクリックすると、計算の方法を「+」「−」「×」「べき乗」に変えることができます。
0 べき乗▼ 0 [0] べき乗 [0]	左の値を、右の値の回数だけかけ合わせた結果の値を返します。これを「べき乗」とよびます。このブロックはツールボックスにはありません。上記4つのいずれかのブロックをプログラミングエリアに置いたあと、メニューから切りかえます。
0 0	数値を返します。「0」の部分には、好きな数値（整数または小数）を入力して使ってください。
0 を 1 で割ったあまり [0] を [1] で割ったあまり	左の値を右の値で割ったあまりの値を返します。左右の値は、どちらも数値である必要があります。

ブロック	説明
[0] と [0] のうち [小さい方]	左右の値を比べて、小さい方の値を返します。「小さい方」の部分をクリックすると、「大きい方」に変えることができます。
[0] と [0] のうち [大きい方]	左右の値を比べて、大きい方の値を返します。「大きい方」の部分をクリックすると、「小さい方」に変えることができます。
[0] の絶対値	指定された値がプラスの値なら同じ値を、マイナスの値ならマイナスを取ってプラスに変えたあとの数値を返します。
[平方根] [0]	指定された値の平方根の値を返します。指定する値は、数値である必要があります。「平方根」の部分をクリックすると、「sin」「cos」「tan」「a t a n2」「整数の÷」「整数の×」に変えることができます。
[小数点以下四捨五入] [0]	指定された値の小数点以下を四捨五入した結果の値を返します。指定する値は、数値である必要があります。 「小数点以下四捨五入」の部分をクリックすると、「小数点以下切り上げ」「小数点以下切り下げ」「小数点以下切り捨て」に変えることができます。
[0] から [10] までの乱数	0と、指定された値のいずれかの整数から、ランダムに選んで返します。このはんいには、両はしをふくみます。
[0] を [0] 以上 [0] 以下の範囲に制限	指定された値を、一定のはんいから出ないように制限します。指定することのできる3個の値を左から順に x 、a、bとしたとき、x がaよりも小さければaを返し、x がbよりも大きければbを返し、それ以外の場合には x を返します。
数値をマップする [0] 元の下限 [0] 元の上限 [1023] 結果の下限 [0] 結果の上限 [4]	あるはんいの数値を、別のはんいに置きかえます。指定することのできる5個の値を左から順に x 、a、b、c、dとしたとき、a～bのはんいの値がc～ d のはんいの値に置きかえられるように、x を変えて返します。つまり、x がaと等しい場合にはcを返し、x がbと等しい場合にはdを返し、それ以外の値である場合には比例的に決まる値を返します。なお、x がa～bのはんいを外れていても問題なく、比例的に決まる値を返します。
ランダムに真か偽に決める	正しい（真）か正しくない（偽）をランダムに決めて返します。

高度なブロックー「関数」ブロック

ブロック	説明
関数を作成する	関数を作るときに使うボタンです。このボタンをクリックして、作りたい関数の名前を入力してください。
呼び出す [関数]	作成した関数を呼び出します。

高度なブロックー「配列」ブロック

ブロック	説明
変数 [list] を (この要素の配列 [1] [2] (−) (+)) にする	「変数 [list] を (　) にする」ブロックと「この要素の配列 [1] [2]」ブロックが組み合わされた状態で入っています。必要に応じてばらばらにすることもできます。変数の値を、あたえられた値と同じにします。
変数 [text list] を (この要素の配列 [1] [2] (−) (+)) にする	「変数 [text list] を (　) にする」ブロックと「この要素の配列 "a" "b" "c"」ブロックが組み合わされた状態で入っています。必要に応じてばらばらにすることもできます。変数の値を、あたえられた値と同じにします。
配列 [list] の長さ	配列に入っている値の個数を返します。「list」の部分には、配列である値を指定してください。
[list] の [0] 番目の値	配列に入っている値のうち、指定された場所にある値を返します。「0」の部分には、先頭から0、1、2……と数えたときに何番目なのかを、整数で指定してください。
[list] の [0] 番目の値を [　] にする	配列に入っている値のうち、指定された場所にある値を、別の値に変えます。「0」の部分には、先頭から0、1、2……と数えたときに何番目なのかを、整数で指定してください。空白の部分には、指定された場所に入れたい値を指定してください。
[配列] の最後に [　] を追加する	配列の最後に、新しい値を付け加えます。配列の長さは、1だけ長くなります。空白の部分には、付け加えたい値を指定してください。
[配列] の最後の値を返して取り除く	配列に入っている値のうち、最後の値を取り除いて、その値を返します。この値は配列から取り除かれるので、配列の長さは1だけ短くなります。
[配列] 中の [　] の場所	配列の中で、指定された値を先頭から順にさがして、何番目でみつかったかを整数の値で返します。先頭を「0」とし、みつからなかった場合は「-1」を返します。指定されたのと同じ値が2個以上ある場合は、先頭に近いほうの値のみ返します。

ブロック	説明
配列 ▾ の最初の値を返して取り除く **[配列] の最初の値を返して取り除く**	配列に入っている値のうち、最初の値を取り除いて、その値を返します。この値は配列から取り除かれるので、配列の長さは1だけ短くなります。取り除かれずに残った値は、すべて前にずれます。
配列 ▾ の先頭に を挿入する **[配列] の先頭に [　] を挿入する**	配列の先頭に新しい値を付け加え、付け加えたあとの配列の長さを返します。配列の長さは、1つだけ長くなります。もともと入っていた値はすべて後ろにずれます。空白の部分には、入れたい値を指定してください。
配列 ▾ の 0 番目に を挿入する **[配列] の [0] 番目に [　] を挿入する**	配列の中の指定した場所に、新しい値を付け加えます。配列の長さは、1だけ長くなります。空白の部分には、入れたい値を指定してください。
配列 ▾ の 0 番目の値を返して取り除く **[配列] の [0] 番目の値を返して取り除く**	配列に入っている値のうち、指定された場所にある値を取り除いて、この値を返します。この値は配列から取り除かれるので、配列の長さは1だけ短くなります。この場所からあとにあった値はすべて前にずれます。
配列 ▾ を逆順にする **[配列] を逆順にする**	配列に入っている値のならび順を、逆の順番に変えます。
empty array ⊕ **empty array (+)**	新しい配列を作ります。

高度なブロックー「文字列」ブロック

ブロック	説明
 **[“　”]**	指定された内容の文字列を返します。
文字列 "Hello" の長さ **文字列 [“Hello”] の長さ**	文字列の長さを返します。「“Hello”」部分には、文字列を指定してください。
文字列をつなげる "Hello" "World" ⊖ ⊕ **文字列をつなげる [“Hello”] [“World”] (−)(+)**	2個以上の文字列がつながった、新しい文字列を作って返します。「+」「−」マークをクリックすると、つなげる文字列の数を増やしたり減らしたりすることができます。
文字列を比べる " " と " " **文字列を比べる [“ ”] [“ ”]**	2つの文字列を比べて、辞書順で前後のどちらかであるかによって、-1、0、1のどれかを返します。辞書順で、1つ目の文字列のほうが前なら「-1」、1つめの文字列のほうが後ろなら「1」を返します。2つの文字列がまったく同じなら、「0」を返します。

ブロック	説明
文字列 " " の 0 番目から 10 文字 **文字列の [" "] の [0] 番目から [10] 文字**	文字列から、指定したはんいの文字列を読み取って、新しい文字列として返します。どの部分を読み取るかの指定が元の文字列よりはみ出た場合には、はみ出た部分は新しい文字列にはふくまれません。
" " が空 **[" "] が空**	文字列が空の場合は真（正しい）、空でない場合は偽（正しくない）を返します。
文字列 "123" を数値に変換する **文字列 ["123"] を数値に変換する**	文字列を読み取って数値に置きかえて返します。文字列が表す数値として有効なのは、整数、小数、指数表記（たとえば「1e10」）です。いずれも、マイナスの値も使えます。
文字列 " " の 0 番目の文字 **文字列の [" "] の [0] 番目の文字**	文字列の中から指定された場所にある1文字を読み取って、新しい文字列として返します。「0」の部分には、先頭から0、1、2……と数えたときに何番目であるかを、整数で指定してください。指定が元の文字列からはみ出た場合には、空の文字列を返します。
文字コード 0 の文字 **文字コード [0] の文字**	指定された文字コードから、その文字コードに相当する文字1文字だけをふくむ文字列を作ります。
数値 0 を文字列に変換する **数値 [0] を文字列に変換する**	数値を文字列に置きかえます。

高度なブロックー「ゲーム」ブロック

ブロック	説明
スプライトを作成 X: 2 Y: 2 **スプライトを作成 x：[2]y：[2]**	スプライトを作成して返します。このスプライトの最初の位置を、X 軸、Y軸それぞれ0～4の間の値で指定してください。 スプライトとは、LED1個の大きさで、5×5個のＬＥＤ画面のどこかにいることのできる生き物だと考えてください。ＬＥＤ画面の上で、同時に複数個をあつかえます。スプライトを作成すると、ＬＥＤ画面にすぐに表示されます。
スプライト ▾ を削除 **[スプライト] を削除**	指定したスプライトを削除します。ＬＥＤ画面から、指定されたスプライトが消えます。
スプライト ▾ を 1 ドット進める **[スプライト] を [1] ドット進める**	指定したスプライトを、現在の進行方向に動かします。動かした結果、ＬＥＤ画面のはんいからはみ出る場合は、ＬＥＤ画面のはんいにもどります。
スプライト ▾ 方向転換 右 ▾ に 45 ° **[スプライト] 方向転換 [右] に [45]°**	指定したスプライトの進行方向を、右または左に、指定された角度だけ変えます。スプライトには進行方向があり、ＬＥＤ画面の上方向が0°で、45°単位で右回りに増えます。

ブロック	説明
[スプライト]の[x]を[1]だけ増やす	指定したスプライトの持つ状態を、指定された値だけ増やします。「X」の部分をクリックすると、状態のうちどの値を変えるのかを、「X」「Y」「方向」「明るさ」「点滅」の5種類から選べます。「X」と「Y」は、LED画面の上の位置とX軸とY軸の値です（0～4）。「方向」は、進行方向の角度です。「明るさ」は、このスプライトのLEDを光らせる明るさです（0～255）。「点滅」は、点灯または消灯している時間（ミリ秒）です（0ならずっと点灯）。
[スプライト]の[x]に[0]を設定する	指定したスプライトの持つ状態を、指定された値に変えます。「X」の部分をクリックすると、状態のうちどの値を変えるのかを、「X」「Y」「方向」「明るさ」「点滅」の5種類から選べます。
[スプライト]の[x]	指定したスプライトの持つ状態を返します。「X」の部分をクリックすると、状態のうちどの値を変えるのかを、「X」「Y」「方向」「明るさ」「点滅」の5種類から選べます。
[スプライト]が他のスプライト[ ]にさわっている	2つのスプライトが同じ位置にあるかどうかを調べて、同じ位置にあるなら真（正しい）、そうでなければ偽（正しくない）を返します。
[スプライト]が端にある	指定したスプライトがLED画面の端にあるかどうかを調べて、端にあるなら真（正しい）、そうでなければ偽（正しくない）を返します。
[スプライト]が端にあれば反射させる	指定したスプライトがLED画面の端にあり、進行方向がLED画面の外側に向かっているならば、進行方向を反対方向に変えます。
点数を[1]だけ増やす	ゲームの点数を、指定された数だけ増やします。また、ちょっとした短いアニメーションを表示します。マイナスの値が指定された場合は、点数を減らします。
点数を[0]にする	ゲームの点数を、指定された数値に変えます。
ライフ数を[0]にする	ライフ数を設定します。「0」の部分には、ライフ数に設定したい数値を指定してください。0またはマイナスの値を指定すると、ゲームオーバーになります。
ライフ数を[0]だけ増やす	ライフ数を増やします。「0」の部分には、ライフ数に加えたい数値を指定してください。ライフ数は、プログラムが始まった直後は「3」です。
ライフ数を[0]だけ減らす	ライフ数を減らします。「0」の部分には、ライフ数から減らしたい数値を指定してください。ライフ数は、プログラムが始まった直後は「3」です。ライフ数を減らしたことによって、ライフ数が0またはマイナスの値になると、ゲームオーバーになります。

ブロック	説明
点数	現在の点数を返します。
カウントダウンを開始（ミリ秒）[10000]	このブロックを実行してから、指定された時間が経過したら、自動的にゲームオーバーにします。決まった時間のうちに何かをするようなゲームを作る場合に便利です。
ゲームオーバー	ゲームオーバーにします。プログラムの動きを停止し、ちょっとしたアニメーションを表示したあと、「GAMEOVER」と「SCORE」に続いて点数の表示をくり返します。プログラムを再開するには、リセットボタンを押す必要があります。
ゲームオーバーである	ゲームオーバーとなっている場合は真（正しい）、なっていない場合は偽（正しくない）を返します。
一時停止中である	一時停止中である場合は真（正しい）、ゲーム中である場合は偽（正しくない）を返します。
ゲーム中である	ゲーム中である場合は真（正しい）、そうでない場合は偽（正しくない）を返します。
一時停止	ゲームを一時停止させます。一時停止している間、ＬＥＤ画面にほかの内容を表示することができます。
再開する	一時停止していたゲームを再開させます。

高度なブロックー「画像」ブロック

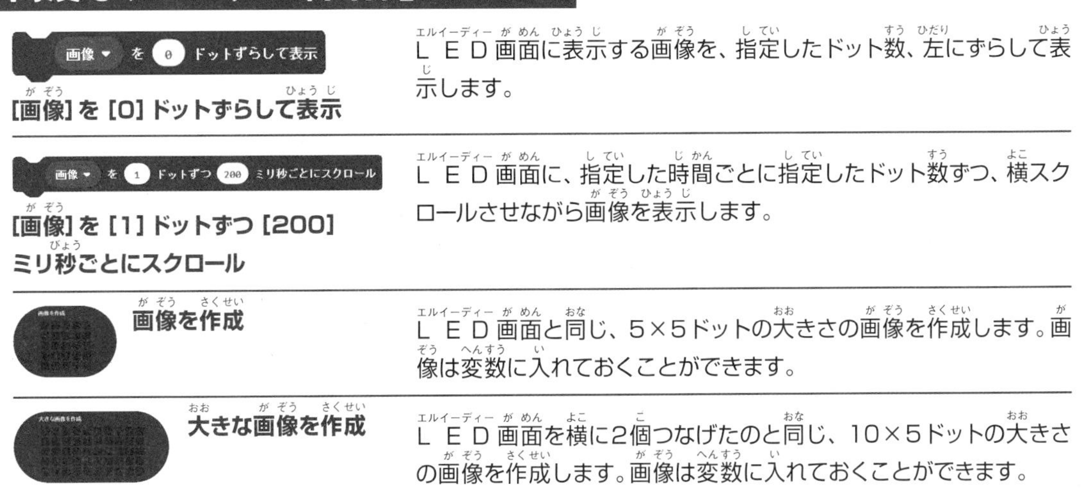

ブロック	説明
[画像] を [0] ドットずらして表示	ＬＥＤ画面に表示する画像を、指定したドット数、左にずらして表示します。
[画像] を [1] ドットずつ [200] ミリ秒ごとにスクロール	ＬＥＤ画面に、指定した時間ごとに指定したドット数ずつ、横スクロールさせながら画像を表示します。
画像を作成	ＬＥＤ画面と同じ、5×5ドットの大きさの画像を作成します。画像は変数に入れておくことができます。
大きな画像を作成	ＬＥＤ画面を横に2個つなげたのと同じ、10×5ドットの大きさの画像を作成します。画像は変数に入れておくことができます。

矢印の画像 [上向き ↑]

矢印の画像を作成します。矢印の画像は、ななめ方向をふくむ8種類から選べます。画像は変数に入れておくことができます。

アイコンの画像

アイコンの画像を作成します。アイコンの画像は40種類から選べます。画像は変数に入れておくことができます。

[上向き ↑]

矢印の画像に対応づけられた番号を返します。矢印の画像は、ななめ方向をふくむ8種類から選べます。番号は、上向きが0で、右回りに1ずつ増えます。

高度なブロックー「入力端子」ブロック

デジタルで読み取る 端子 [P0]

端子にとどいている電圧をデジタル的に読み取り、「0」または「1」の数値として返します。「P0」の部分をクリックすると、端子を19種類から選べます。

デジタルで出力する 端子 [P0] 値 [0]

端子に対して、デジタル的に電圧を出力します。「P0」の部分をクリックすると、端子を19種類から選べます。「0」の部分には、出力したい値を0または1の数値で指定してください。

アナログ値を読み取る 端子 [P0]

端子にとどいている電圧をアナログ的に読み取り、0～1023の間の数値として返します。
「P0」の部分をクリックすると、端子を「P0」「P1」「P2」「P3」「P4」「P10」の6種類から選べます。メニューには19種類が表示されますが、上記の6種類以外はうまく動きません。

アナログで出力する 端子 [P0] 値 [1023]

端子に対して、アナログ的に電圧を出力します。「P0」の部分をクリックすると、端子を19種類から選べます。[1023] 部分には、出力したい値を0～1023の間の数値で指定してください。

アナログ出力 パルス周期を設定する 端子 [P0] 周期 (マイクロ秒) [20000]

アナログ出力で使うＰＷＭのパルス周期を設定します。「P0」の部分をクリックすると、端子を19種類から選べます。「20000」の部分には、パルスの周期をマイクロ秒で指定してください。事前に「アナログで出力する 端子 [P0] 値 [1023]」ブロックを実行することで、ここで使う端子をアナログ出力用に設定しておく必要があります。そうでない場合、このブロックは機能しません。

数値をマップする [0] 元の下限 [0] 元の上限 [1023] 結果の下限 [0] 結果の上限 [4]

数値を、あるはんいから別のはんいに置きかて返します。数値が「元の下限」に指定された値と同じなら、「結果の下限」に指定された値になります。数値が「元の上限」に指定された値と同じなら、「結果の上限」に指定された値になります。数値が「元の下限」に指定された値と、「元の上限」に指定された値の間なら、間の値になります。

ブロック	説明
サーボ 出力する 端子 P0 ▾ 角度 180 **サーボ 出力する端子 [P0] 角度 [180]**	端子に対して、リモートコントロール用サーボモーターを動かすための信号を出力します。「P0」の部分をクリックすると、端子を19種類から選べます。「180」の部分には、サーボモーターの出力軸を向けたい角度に指定してください。
サーボ 設定する 端子 P0 ▾ パルス幅（マイクロ秒） 1500 **サーボ 設定する端子 [P0] パルス幅（マイクロ秒）[1500]**	端子に対して、リモートコントロール用サーボモーターを動かすための信号を出力します。「P0」の部分をクリックすると、端子を19種類から選べます。1500」の部分には、ＰＷＭのパルス幅をマイクロ秒で指定してください。通常のリモートコントロール用サーボモーターでは、パルス幅が1500マイクロ秒なら90°、1000マイクロ秒なら0°、2000マイクロ秒なら1800°になります。
端子 P0 ▾ に 正パルス ▾ が入力されたとき **端子 [P0] に [正パルス] が入力されたとき**	この中に入れた内容は、端子にパルスが入力されたときに実行されます。「P0」の部分をクリックすると、端子を19種類から選べます。「正パルス」の部分をクリックすると、正パルスと負パルスのどちらかが入力されたときに実行されるのかを選ぶことができます。
受け取ったパルスの長さ（マイクロ秒） **受け取ったパルスの長さ（マイクロ秒）**	受け取ったパルスの長さを、マイクロ秒の数値で返します。このブロックは、「端子 [P0] に [正パルス] が入力されたとき」ブロックの中で使ってください。それ以外の場所では、値には意味がありません。
パルスの長さを測る（マイクロ秒） 端子 P0 ▾ パルス 正パルス ▾ **パルスの長さを測る（マイクロ秒）端子 [P0] パルス [正パルス]**	端子にとどく電圧をデジタル的に読み取り、パルスの時間的長さを測って、マイクロ秒の数値で返します。「P0」の部分をクリックすると、端子を19種類から選べます。「正パルス」の部分をクリックすると、正パルスと負パルスのどちらの長さを測るのかを選ぶことができます。
i2c read number at address 0 of format Int8LE ▾ repeated 偽 ▾ **i2c read number at address [0]of format [Int8LE] repeated [偽]**	I2C（アイスクエアシー）バスを使って、外部に接続したセンサーなどのI2C対応機器から数値を読み取ります。「0」の部分には、I2C対応機器が接続されているI2Cアドレスを指定してください。「Int8LE」の部分をクリックすると、I2C対応機器から読み取る数値の形式を選ぶことができます。I2Cバスを開放せずに次のそうさを行う場合は真、すぐに解放する場合は偽を指定してください。
i2c write number at address 0 with value 0 of format Int8LE ▾ repeated 偽 ▾ **i2c write number at address [0] with value [0]of format [Int8LE] repeated [偽]**	I2C（アイスクエアシー）バスを使って、I2C対応機器に対して数値を書き出します。「0」の部分には、I2C対応機器が接続されているI2Cアドレスを指定してください。「Int8LE」の部分をクリックすると、I2C対応機器に書き出す数値の形式を選ぶことができます。I2Cバスは解放せずに次のそうさを行う場合は真、すぐに解放する場合は偽を指定してください。
SPI 書き出す 0 **ＳＰＩ書き出す [0]**	ＳＰＩバスに対して数値を書き出し、受け取った応答の数値を返します。

ブロック	説明
音を鳴らす (Hz) [0] 長さ (ミリ秒) [0]	周波数と長さを指定して、音を鳴らします。長さはミリ秒の単位で指定してください。
端子 [P0] が発生するイベントの種類を設定する [変化]	端子が発生するイベントの種類を設定します。「変化」をクリックすると、イベントの種類を「変化」「パルス」「タッチ」「なし」から選ぶことができます。これによって発生したイベントは、「制御」のカテゴリーの「イベントが届いたとき」ブロックで利用できます。
SPI 周波数を設定する (Hz) [1000000]	SPIバスのクロック周波数を設定します。「1000000」の部分には、クロック周波数をHz単位で指定してください。
音を鳴らす端子を [P0] にする	音を鳴らすアナログ信号を出力する端子を設定します。「P0」の部分をクリックすると、どの端子から音のアナログ信号を出力するのかを、19種類から選ぶことができます。
端子 [P0] のプルアップ・プルダウンを設定する [プルアップ]	デジタル入力として使う端子について、プルアップするのか、プルダウンするのか、どちらもしないのかを設定します。
SPI形式を設定する ビット数 [8] モード [3]	SPIバスの通信の形式を設定します。1回の送受信で通信するデータのビット数と、SPIの規格で定められた「通信モード」を設定することができます。
SPI端子を決めるMOSI [P0] MISO [P0]SCK [P0]	SPIバスとして使う端子を決めます。SPIバスには、MOSI、MISO、SCKの3本の信号が必要です。それぞれにどの端子を使うのかを、「P0」の部分をクリックして選んでください。

高度なブロックー「シリアル通信」ブロック

ブロック	説明
シリアル通信 1行書き出す [“ ”]	文字列と、その直後に復帰コード (0x0D)、改行コード (0x0A) をシリアル通信で書き出します。「“ ”」の部分には、書き出したい文字列を指定してください。書き出すバイト数が32バイトの整数倍になるように、復帰コードの直前に半角空白文字が0個以上入れられます。
シリアル通信 数値を文字で書き出す [0]	数値を数字に変えてから、シリアル通信で書き出します。「0」の部分には、書き出したい数値を指定してください。復帰コード (0x0D)、改行コード (0x0A) は書き出しません。復帰コードと改行コードが必要な場合は、このブロックの直後に「シリアル通信1行書き出す」ブロックを追加してください。このとき、「シリアル通信1行書き出す」ブロックには、文字列を指定せず、空のままにしておいてください。

シリアル通信 名前と数値を書き出す ["x"] = [0]

名前の文字列、「:」、数値を数字に変えたもの、復帰コード(0x0D)、改行コード(0x0A)を順にシリアル通信で書き出します。たとえば、温度、明るさなど複数種類のデータを書き出したいときに、データの種類と数値とを関連付けた状態で書き出すことができるので便利です。「" "」の部分には、名前の文字列を指定してください。「0」の部分には、数値を指定してください。

シリアル通信 文字列を書き出す [" "]

シリアル通信で文字列を書き出します。「" "」の部分には、書き出したい文字列を指定してください。復帰コード(0x0D)、改行コード(0x0A)は書き出しません。

シリアル通信 複数の数値をカンマくぎりで書き出す (この要素の配列 [1] [2]] [3] (−) (+))

配列に入っている複数の数値を、順にカンマ区切りにした文字列と、復帰コード(0x0D)、改行コード(0x0A)をシリアル通信で書き出します。空白の部分には、書き出したい数値が入っている配列を指定してください。正確には、復帰コードの直線に半角空白文字が30個入るので注意してください。

シリアル通信 1行読み取る

シリアル通信で1行読み取って、文字列として返します。1行とは、文字が続いて、最後に改行コード(0x0A)があるものをいいます。ですからこのブロックは、シリアル通信でとどく文字を最初から順番に調べながらきおくし、改行コードがとどくまで待ち、最初から改行コードの手前までの文字をつなげて文字列にして返します。

シリアル通信 つぎのいずれかの文字の手前まで読み取る [改行]

シリアル通信で、指定された文字列にふくまれるいずれかの文字の手前までを読み取って、文字列として返します。シリアル通信でとどく文字を最初から順番に調べながらきおくし、指定された文字列にふくまれるいずれかの文字がとどくまで待ち、最初からその文字の手前までの文字をつなげて文字列にして返します。「改行」の部分には、文字列を指定してください。また、「改行」の部分をクリックすると、「改行」「カンマ(,)」「ドルマーク($)」「コロン(:)」「ピリオド(.)」「シャープ(#)」から選ぶこともできます。

シリアル通信 文字列を読み取る

シリアル通信ですでにとどいている文字をすべて読み取って、文字列として返します。シリアル通信で文字がとどくのを待つことはしません。文字がとどいていなければ、空の文字列を返します。

シリアル通信 つぎのいずれかの文字を受信したとき [改行]

このブロックの中(間)に入れた内容は、指定された文字列にふくまれるいずれかの文字が、シリアル通信でとどいたときに実行されます。「改行」の部分には、文字列を指定してください。また、「改行」の部分をクリックすると、「改行」「カンマ(,)」「ドルマーク($)」「コロン(:)」「ピリオド(.)」「シャープ(#)」から選ぶこともできます。

シリアル通信 通信先を変更する 送信端子[P0]受信端子[P1]通信速度[115200]

シリアル通信の通信先をmicro:bitの端子に変えます。「P0」の部分をクリックすると、送信に使う端子を9種類から選ぶことができます。「P1」の部分をクリックすると、受信に使う端子を9種類から選べます。送信と受信とで、同じ端子を選んでもエラーにはなりませんが、うまく動きません。

シリアル通信 USBにリダイレクト

シリアル通信の通信先を、USB上の仮想シリアルポートに変えます。

シリアル通信 受信バッファーの大きさを[32]にする

シリアル通信の受信バッファーの大きさを指定します。

シリアル通信 送信バッファーの大きさを[32]にする

シリアル通信の送信バッファーの大きさを指定します。

シリアル通信 バッファーから書き出す シリアル通信バッファーに読み取る 最大文字数[64]

ツールボックスには、「シリアル通信 バッファーから書き出す」ブロックと、「シリアル通信バッファーに読み取る 最大文字数[64]」ブロックとが組み合わされた状態で入っています。必要に応じてばらばらにすることもできます。後者のブロックはシリアル通信でとどいた文字をバッファーに読み取って返すので、組み合わされた全体では、シリアル通信でとどいた文字をそのままシリアル通信で送り返すという働きをします。「64」の部分には、一度に読み取る最大の文字数を指定してください。

シリアル通信 バッファーに読み取る 最大文字数[64]

シリアル通信でとどいた文字をバッファーに読み取って返します。「64」の部分には、一度に読み取る最大の文字数を指定してください。

シリアル通信 1行書き出すときのパディング[0]文字にする

シリアル通信で1行書き出すときにケタ数（文字数）をそろえるために入れる、補完の文字数を指定します。

高度なブロックー「制御」ブロック

バックグラウンドで実行する

このブロックの中（間）に入れた内容を、バックグラウンドで実行します。バックグラウンドとは、ほかの「ずっと」や「〜のとき」のブロックと同時に実行することをいいます。

リセット

micro:bitをリセットします。プログラムは最初から実行されます。